John Davidson · *Am Anfang ist der Geist*

John Davidson

# *Am Anfang ist der Geist*

## Die Geburt von Materie und Leben aus dem schöpferischen Geist

Otto Wilhelm Barth Verlag

1. Auflage 1994
Einzig berechtigte Übersetzung aus dem Englischen
von Jochen Eggert.
Die Originalausgabe erschien unter dem Titel
«Natural Creation & the Formative Mind» bei
Element Books Ltd., Shaftesbury, Dorset, England.

Schutzumschlag von Zembsch' Werkstatt unter
Verwendung eines Gemäldes von Peter de Mer

# Inhalt

Die Wahrheit ist in uns; sie entspringt nicht
den äußeren Dingen, was du auch glauben magst.
Es gibt in einem jeden eine innerste Mitte,
da die Wahrheit in ihrer ganzen Fülle ist; und ringsumher
Mauer um Mauer, umschließt das grobe Fleisch
dieses vollkommene, klare Erkennen, das die Wahrheit ist.
Ein täuschend Netz aus Fleisch
bindet und verfälscht die Wahrheit:
Und Erkennen bedeutet eher, dem eingesperrten Glanz
einen Weg ins Freie zu bahnen,
als einem Licht Einlaß zu verschaffen,
das sich vermeintlich außerhalb befindet.

Robert Browning, *Paracelsus*

Manchmal habe ich mich konzentriert und durch fortgesetzte Willensausübung alles Gefühl von äußeren Erscheinungen vertrieben. Mit der vollen Kraft meines Geistes einwärts auf mich selbst blickend, sehe ich, daß «ich» da bin, ein «Ich», das ich nicht ganz verstehe oder kenne; etwas ist da, das verschieden ist von Erde und Holz, von Fleisch und Knochen.
Und indem ich es gewahre, fühle ich mich wie an der Schwelle zu einem neuen Leben, sehr nah, fast so, als berührte ich es; in Reichweite von Kräften, die, könnte ich sie ergreifen, mir eine ungeheure Weite des Daseins erschließen würden, die Fähigkeit zu tun, was ich mir jetzt nur vorstelle – und sehr wahrscheinlich weitaus mehr.

Richard Jeffries, *The Story of My Heart*

Die Stunden, in denen der Geist in Schönheit versunken ist, sind die einzigen, in denen wir wahrhaft leben . . . Es sind die einzigen nicht vergeudeten Stunden – diese Stunden, die die Seele ganz ergreifen und mit Schönheit erfüllen. Das ist das wahre Leben, und alles andere ist Illusion.

Richard Jeffries, *The Story of My Heart*

# Vorwort

Eine meiner Jugendlieben – und eine Liebe geblieben – ist die Naturgeschichte. Die erstaunliche Vielfalt und Komplexität des Lebens ist für mich heute so interessant wie eh und je. Geändert hat sich jedoch mein Augenmerk. Wo ich zuvor hingerissen war von Schönheit, Formenreichtum und Lebensgeschichte der Lebewesen, ist mir jetzt das Leben und der Geist in ihnen deutlicher gegenwärtig, das also, was die Manifestation der äußeren Form bewirkt. Und eben dieses Sich-Äußern von Leben und Geist – die dynamische Manifestation innerer Muster, die dann die äußere Erscheinung entstehen läßt – soll Hauptgegenstand des vorliegenden Buches sein.

Sich selbst und die Natur verstehen, das ist jedem von uns erreichbar. Die Fähigkeit der mystischen Selbsterkenntnis und von dort aus der Erkenntnis von allem anderen ist das Erbe des Menschen. Der Mensch ist der Mikrokosmos, in dem die Schlüssel zum größeren Empyreum liegen. Und unterwegs auf dieser mystischen Reise zum innersten Zentrum des Universums werden wir der tiefen Harmonie, Ausgewogenheit und Rhythmik aller Naturprozesse gewahr, mag auch das oberflächliche Erscheinungsbild manchmal anders aussehen.

Diese Welt ist nie ein ungebrochenes Paradies gewesen, aber die

Bedingungen waren schon besser und werden es wieder sein. Auch jetzt leben die Menschen und andere Kreaturen unter sehr verschiedenen Umständen. Nur hat uns die einseitige Ausrichtung auf Naturwissenschaft und Technik jetzt so weit gebracht, daß wir das Leben auf unserem Planeten zerstören können, und in der Tat haben wir ja auch schon viele Lebensformen vernichtet.

Das wirft ein sehr bezeichnendes Licht auf unser eigenes inneres Leben. Keinesfalls kann hier von Fortschritt die Rede sein, denn die einzig wahre Befähigung zu Fortschritt und Evolution liegt im spirituellen Bewußtsein. Spirituell befinden wir uns zur Zeit in einer Niedergangsphase, doch die Natur wird dafür ganz von selbst einen Ausgleich schaffen. Einen ersten Hinweis darauf geben uns bereits die überall auf der Welt stärker werdenden spirituellen Unterströmungen. Doch der Prozeß des Ausgleichs, wenn er auch schließlich zu innerer Entwicklung führt, ist immer schwierig und schmerzhaft.

Ich hoffe, daß das hier formulierte Naturverständnis dem sanften Vorantreiben dieses Ausgleichsprozesses dienen kann und den Weg ein wenig glatter macht. Wenn wir – aufgrund der Einsicht, daß alles Leben gestaltgewordene Liebe ist – alle unsere Mitkreaturen lieben lernten, dann würden wir unserem Planeten und allen Seelen, die auf ihm leben, die Achtung entgegenbringen, die dem Schöpfer – der in uns allen lebendigen Höchsten Schöpferischen Lebenskraft – gebührt.

Deshalb möchte ich in diesem Buch ein wenig vom inneren Leben und Geist der Menschen und unserer Mitkreaturen schildern. Das soll vor allem von der Erfahrung her geschehen, nicht so sehr von einem intellektuellen und analytischen Standpunkt aus. Dazu gehört zunächst eine Betrachtung der Natur und ihrer Lebewesen aus der mystischen Perspektive. Mystik ist die praktische Erkundung dessen, was ist, durch direkte Erfahrung; und Liebe ist dabei das treibende und leitende Prinzip.

Diese Erkundung führt uns direkt zu der Einsicht, daß diese

Welt nicht von fester stofflicher Realität ist, sondern eine Geist-Welt. Das Panorama, das unsere Körpersinne uns als die materielle Welt bieten, aber auch unser individueller Geist und andere Aspekte unseres Seins, sind Manifestationen von etwas, das in einem größeren Geist, dem Universalen oder Formativen Geist, konzipiert wurde.

Doch auch dieser große Strukturbildner ist nur ein Mittler im Göttlichen Schöpfungsprozeß. Dieser größere Geist setzt zwar den Tanz der Schöpfung ins Werk, ist aber nicht das, was die innerste Mitte von allem ausmacht, der Eine Göttliche Quell des Seins. Und ein Tropfen dieses göttlichen Ozeans ist auch die Essenz unseres eigenen Seins, unserer Seele.

John Davidson

# 1. Mystik und Natur

## Die Ganzheit der Natur und der geteilte Geist des Menschen

In unserem Garten steht ein alter, prachtvoller Kastanienbaum, der das Haus weit überragt. In guten Jahren regnet es förmlich Kastanien, wenn das satte Grün der Blätter sich im Herbst in Gelb und Braun und Gold verwandelt. Ein herrlicher Anblick, und dazu rasseln dann die stachligen Früchte durch das Laub, schlagen mit einem dumpfen Laut auf dem Rasen auf und lassen, wenn sie dabei aufspringen, ihre wunderschönen, schimmernden, so unberührten Früchte sichtbar werden. Sie zu sammeln und für die Eichhörnchen, oder wer auch immer sich an ihnen gütlich tun möchte, in kleinen Haufen um den Stamm zu legen, ist eine meiner größten Freuden.

Es heißt, solch eine reiche Ernte von Kastanien, Hagebutten, Weißdornbeeren und Samen kündige einen harten Winter an, wenn es auch Ausnahmen von dieser Regel gibt. Die Natur, sagen die weisen alten Frauen, trifft Vorsorge für die Notzeiten, die all ihren Kreaturen bevorstehen. Wir mit unserem modernen logischen Verstand und der Annahme, daß es nur eine lineare, von der Vergangenheit zur Zukunft verlaufende Zeit gibt, tun uns schwer, die eine Ganzheit der Natur wahrzunehmen – eine Ganzheit und eine implizite Ordnung, in der Vergangenheit, Gegenwart und Zukunft *einen* großen Tanz, *ein* mystisches Ganzes bilden. Es ist nicht leicht zu sehen, daß diese Vorstellung von linearer Progression eher über unser Bewußtsein als über die tatsächliche Organisation der Natur etwas aussagt.

Wie die Beziehungen und Rhythmen in der Matrix der Natur zu einem Ganzen gefügt sind, vermag unser Verstand nicht ganz zu erfassen. Die Kräfte, die unser Leben und Schicksal bestimmen, die Zufälle und die Strukturen – sind sie wahllos und ohne Sinn? Gibt es kein höheres Bewußtsein als unseres? Doch es gibt dieses Bewußtsein, und wir sind nicht einem haltlosen Driften ausgeliefert, in dem allenfalls Statistik und Mathematik gewisse Entwicklungswahrscheinlichkeiten ausmachen können.

Diese Ganzheit ist überall und in allem. Sie beginnt in uns. Wir sind es, die dies alles wahrnehmen und erfahren. Keine akademische Institution, kein wissenschaftliches Dogma ist zuständig für unsere innere Erfahrung von Leben und Bewußtsein. Freiheit ist allein Sache des Geistes – nicht unseres von Gewohnheiten gefesselten Verstandes und ganz gewiß nicht des Körpers in seiner allseitigen Bedingtheit, auf die wir kaum einen Einfluß haben.

Alles aufgeben heißt alles gewinnen. Wenn wir eins werden mit dem Strom des Lebens, wenn wir uns einstimmen auf die Muster unserer Bestimmung und die Rhythmen der Natur, können wir uns über die einengenden Kräfte des Intellekts erheben. Dann sehen wir unser Leben und alle Dinge mit einem intuitiveren, inneren Auge. Schlechte Zeiten und gute Zeiten halten sich die Waage. Die Natur gibt, und sie verweigert auch. Aber es steckt weit mehr dahinter als ein blind sich fortsetzendes Ineinandergreifen von Ursachen und Wirkungen. Es ist ein Gewebe wechselseitiger Bezogenheit, zweifellos einem Kausalitätsgesetz unterliegend, dessen feine Verästelungen wir nicht ganz verstehen können, jedenfalls aber über das Ganze der Zeit, Vergangenheit und Zukunft, ausgebreitet. Und in diesen Teppich sind eingewebt nicht nur alle inneren und äußeren Aspekte unseres Lebens, sondern auch die Muster der Jahrhunderte und Jahrmillionen. Die Zeitskala erstreckt sich Abermillionen Jahre in die Vergangenheit.

Wir haben gleichsam angeborene Überzeugungen, und derer müssen wir uns bewußt werden. Wir glauben, daß sich im wesentlichen immer die gleichen Grundmuster wiederholen, wenn auch mit Abwandlungen. Wir gehen von der Konstanz der Naturgesetze aus. Wir nehmen an, daß die Sonne morgen früh wieder aufgehen wird. Wir bezweifeln nicht, daß Elektrizität, Schwerkraft und Licht sich in einem Jahr noch genauso verhalten werden wie heute. Wir erwarten, daß unsere Angehörigen, Freunde und Bekannten uns auch in Zukunft als Menschen entgegentreten werden und nicht als kafkaeske Zerrgestalten, die wir nicht wiedererkennen. Das ist unser unbewußter, naturgegebener Glaube. Wir müssen ihn uns nur noch bewußtmachen, um dann als aktiv Mitwirkende in der Naturgesetzlichkeit der Schöpfungsmuster zu leben.

Die Indianer und viele andere nennen es das Leben in der Gegenwart des Großen Geistes. Religiös Gesinnte sprechen vom Leben in Seinem Willen. Das tun wir zwar alle schon, ob wir es wissen oder nicht, denn unser «freier Wille» kann nur in den Grenzen dieses größeren Willens wirken; doch je mehr wir unsere egozentrische Beschränktheit hinter uns lassen, desto deutlicher erkennen wir die Große Kraft am Werk und unserer Unvermögen, an den Grund- oder Urmustern der Schöpfung etwas zu ändern, sei es auch nur am Vorhandensein eines einzigen subatomaren Teilchens. Wir können nichts wirklich erschaffen; wir können nur die Energiemuster umarrangieren. Und selbst das nur nach Maßgabe des verborgenen Gesetzes.

Sommer und Herbst bringen eine Ernte hervor, von der die Lebewesen in den kargen Wintermonaten zehren können. Für einen anderen Geschmack freilich bildet das Fleisch anderer Lebewesen die Ernte. Kann das ein gütiger Schöpfer sein, der die Welt so gemacht hat, daß das Leben sich nur durch die Vernichtung anderen Lebens erhalten kann? Wie mag solch ein merkwürdiger Zustand entstanden sein? Die Mystiker haben schon immer gesagt, daß diese Welt nur eine Bewußtseinsebene, nur eine Wahrnehmungsebene ist und daß wir das Ganze nicht sehen können. Sie sagen sogar, daß sie nur eine Illusion ist. Leben stirbt niemals. Der Körper stirbt, aber Seele und Geist ziehen weiter, und das nach Gesetzen, deren Wirkung wir als Menschen gewöhnlich nicht wahrnehmen können.

Um diese Wahrnehmung zu gewinnen, müssen wir die Natur als ein ganzheitliches, geeintes Geflecht sehen lernen, in dem die inneren Kräfte von Leben und Bewußtsein als Schöpfer und Erhalter wirken. Ein linearer, logischer Scheuklappenblick nimmt das nicht wahr. Für den Intellekt besteht eine strikte Marschordnung, nach der Wirkungen den Ursachen folgen müssen. Er sieht sich nicht eingebunden in einen kosmischen Plan und Tanz, in dem selbst die Zeit etwas Erschaffenes und ohne absolute Wirklichkeit ist.

Der Tod ist nicht das Ende der Seele, sondern einfach ein Moment des Kostümwechsels. Aber die Verantwortung für den Tod anderer Kreaturen bringt uns immer wieder hierher zurück. Auch das gehört zum großen Plan. Deshalb legen die höchsten yogischen Lehren soviel Wert auf die Achtung des Lebens. Das Leben muß in dieser stofflichen Welt vom Leben leben, und wenn man sich in der mystischen Erfahrung darüber erheben will, muß dieser Zug nach unten möglichst gering gehalten werden. Daher der Rat, uns nur von den Kreaturen des Pflanzenreichs zu ernähren, die am wenigsten leiden, wenn Geist und Seele ihrer zeitlichen stofflichen Behausung beraubt werden.

Und diese Aussage hat nicht die körperliche Gesundheit im Auge, sondern beruht auf einer tiefen mystischen Sicht der Dinge. Das materialistische Denken jedoch betrachtet das Leben als ein bloßes Nebenprodukt molekularer Prozesse – kein Blick für die subtilen geistigen Kräfte und das verborgene Wirken der Lebenskraft.

# Mensch und Natur

Im Abendland widmen wir uns der Erforschung des Lebens so, als wären der Mensch und alle anderen Arten von Lebewesen nichts weiter als der Stoff, aus denen ihr Körper besteht. Kaum je stellen wir uns die Frage: «Wie mag es sein, als Pflanze oder als Insekt, als Fisch, Vogel oder Säugetier zu leben?» Das liegt daran, daß wir der Prozesse von Geist, Psyche und Körper in uns selbst so wenig gewahr sind. Wir fragen uns nicht: «Was bin ich?», und so stellen wir diese Frage auch nicht im Hinblick auf die niederen Spezies, ja nicht einmal im Hinblick auf unsere Mitmenschen.

So leben wir im Grunde blind, und diese Blindheit spiegelt sich wider in unserem naturwissenschaftlichen und materialistischen «Verstehen». Wenn man ein wissenschaftliches Lehrbuch über Insekten oder irgendwelche anderen Lebewesen einschließlich des Menschen aufschlägt, findet man dort beschrieben, wie sie aussehen und funktionieren – Nervensystem, Verdauungssystem, Zeugungsorgane und so weiter. Auch die Sinnesorgane sind beschrieben und vielleicht auch manche Verhaltensweisen – aber kaum je die Aufforderung, sich einmal vorzustellen, wie es wohl sein mag, als solch eine Kreatur zu leben. Auch das Verhalten wird immer nur aus der Außenperspektive betrachtet, nie so, daß wir uns angeregt fühlen könnten zu dem Versuch, die Erfahrung dieses Lebewesens einmal wirklich nachzuvollziehen.

Auch die Medizin wird ähnlich gelehrt. Wie ein Kranker sich fühlt und seinen Zustand erfährt, ist weit weniger wichtig als seine «objektive» Symptomatik. Und sogar die Psychiatrie, das Studium der inneren Vorgänge, wird weitgehend anhand des äußeren Verhaltens und der Symptome gelehrt und praktiziert. Erst seit Carl Gustav Jung (1875–1961) versuchen einige der klarsichtigeren Schulen der modernen Psychologie sich einfühlsamer und verständnisvoller der menschlichen Psyche zu nähern, und das ist Anzeichen eines erweiterten und vertieften Gewahrseins. Der Zug in diese Richtung nimmt zu, aber wir haben noch ein gutes Stück Wegs vor uns.

So betrachten wir die Natur jetzt auch genauer und bekommen allmählich ein Gefühl für die Lebenskraft und das Sein eines jeden Lebewesens. Aus diesem Grund neigen viele Menschen heute instinktiv zu einer vegetarischen Ernährung; allerdings ist kaum jemand bereit zuzugeben, daß es aus einem Gefühl der Verantwortung und des Erbarmens für die anderen Kreaturen geschieht – als könnte dieses sehr hochherzige Empfinden uns lächerlich, wenn nicht verächtlich machen. Dabei ist die vegetarische Lebensweise einfach ein Ausdruck der Tatsache, daß unser Bewußtsein sich entwickelt hat und wir dem Leben in allen Kreaturen und in uns selbst mehr Achtung entgegenbringen.

Wenn ich durchs Fenster in meinen Garten schaue, sehe ich alle möglichen Lebewesen – Pflanzen, Vögel, Insekten, Spitzmäuse, Feldmäuse, Wühlmäuse, Eichhörnchen und Fledermäuse. Nachts haben wir Dachse und Igel. Mein Leben lang habe ich mich für diese Wesen interessiert, und Zoologie war neben Medizin sogar eines meiner Hauptfächer an der Universität. Aber ich würde all das Wissen, so nützlich es zum Teil auch sein mag, dafür geben, wenn ich wissen könnte, wie eine Pflanze sich als Pflanze *fühlt*, wie sie sich selbst erfährt. Erfahrung ist immer von größerem Wert als intellektuelles Wissen. Erfahrung haucht dem Wissen Leben ein.

In diesem Sommer wie auch im letzten kommen die Mitglieder einer Eichhörnchenfamilie regelmäßig ins Haus, um sich Nüsse abzuholen. Die Mutter, Knutkin, springt aufs Fensterbrett und klopft ans Küchenfenster, wenn ich am Morgen nach unten komme und eigentlich nichts als die Teekanne im Sinn habe. Sie steht auf den Hinterbeinen und fixiert mich. Ich verstehe, was sie «meint», und greife in den Nußkrug. Sofort springt sie vom Fensterbrett und läuft zur Hintertür. Wenn ich die Tür öffne, lugt sie ganz aufgeregt und erwartungsvoll herein. Ich sehe ihr zu, wie sie knabbert, die großen glänzenden Augen stets wachsam. Ich frage mich, von welcher Natur ihr Geist, ihre innere Verfassung, sein mag, denn sie hat die Einzelheiten ihres Umgangs mit mir zweifellos *gelernt.* Und obgleich sie sich auch anderen vertrauensvoll nähert, hat sie offenbar zu mir die tiefste Beziehung. Ich meinerseits nehme Rücksicht auf ihre Gefühle und Instinktreaktionen und vermeide laute Geräusche und plötzliche Bewegungen. Sie mag es, wenn ich ihr beruhigend zurede, und selbst wenn Fremde auftauchen, bleibt sie da, wenn ich mit ihr spreche, mich in sie einfühle, ihr vermittle, daß alles in Ordnung ist.

Aber ich weiß nicht, wie sie ihr Leben empfindet oder erfährt, wie sie sich an einem regnerischen Tag fühlt, wenn ihr das nasse Fell am Leib klebt, wie sie das kalte Sommerwetter empfindet, das im regnerischen England trotz Treibhauseffekt so häufig unser Los ist. Im Frühling, als sie trächtig war, hat sie die Nüsse, die ich ihr gab, manchmal vergraben. Das wirkte alles sehr zielstrebig, wenn sie kleine Löcher in meine Beete buddelte, sorgsam eine Nuß hineinlegte und dann geschickt die Erde wieder an ihren Platz schob und festklopfte. Ich weiß nicht, ob sie die Nüsse je wiederfand. Und wenn ich mal ein Wochenende oder auch nur einen Tag weg war, freut sie sich sichtlich, mich wiederzusehen – zweifellos sind die zu erwartenden Leckereien ein Grund dafür, aber nicht der einzige, glaube ich.

Ich bin mir nicht sicher, ob ich sie abgerichtet habe oder sie mich. Jedenfalls ist sie ganz allein darauf gekommen, aufs Fensterbrett zu springen, sich auf die Hinterbeine zu stellen, Vorderpfoten und Nase an der Scheibe, um mich auffordernd anzublicken, bis ich in den Nüssekrug lange. Sagen wir einfach, die Sache habe sich aus beiderseitigem Eigeninteresse entwickelt: Für sie geht es um Nahrung und vielleicht auch Gesellschaft; für mich auch um Gesellschaft und dazu um ihre innere Befindlichkeit.

Ihre drei Kinder, die sie im ersten Jahr unserer Bekanntschaft großzog, waren eine einzige Wonne; das kleinste freilich verlor sie bald, vielleicht bei einer unerfreulichen Begegnung mit Krähe oder

Katze. An allem fanden diese kleinen Eichhörnchen ein unbändiges Vergnügen, während sie die Welt und ihr neues Leben eroberten. Jeder noch so kleine Zweig wurde untersucht, auf jede Pflanze mußten sie springen, während sie schnuppernd und wuselnd die kleinen überwachsenen Pfade und Gartenbeete erkundeten. Aber wie fühlte sich das für sie an? Ihre Körpersprache war sehr beredt und sagte mir viel, aber nicht das, was ich gern gewußt hätte. Wie ist das, ein Eichhörnchen zu sein – und gar ein junges Eichhörnchen?

Naturwissenschaftler im allgemeinen und Zoologen im besonderen sind meist der Auffassung, daß man solche subjektiven und «anthropomorphisierenden» Fragen lieber meiden solle. Um aber im Einklang mit der Natur leben zu können, müssen wir lernen, uns einzustimmen und einzufühlen. Ohne das empfinden wir die Natur leicht als feindselig, und dann neigen wir dazu, ihr durch Unterwerfung und Ausbeutung Gewalt anzutun. Aber wir sind nun mal ein Teil der Natur, und was wir ihr antun, muß auf uns selbst zurückfallen. Irgendwann wird der Ausgleich stattfinden, denn Gleichgewicht ist stets das letzte Wort der Natur.

Dann ist da noch das Amselmännchen, das Korinthen so liebt. Im Sommer braucht er sie wohl für seine Frau, die auf den Eiern sitzt, dann für die Kinder; jedenfalls stopft er sich immer den Schnabel voll und schleppt sie weg. Aber bis zum Winter bekommt er immer nur ein paar, denn im Frühling und Sommer kann er selber bessere Sachen finden. Er hockt im Baum, wenn er mich am Eßzimmertisch sitzen sieht, und starrt mich einfach an, bis ich nachgebe und zum Korinthenglas gehe. Sofort fliegt er auf das Vordach über der Küchentür und wartet, bis ich erscheine; wenn ich mich dann ein paar Schritte zurückgezogen habe, macht er sich über die Leckereien her.

Ich nenne ihn Scruff, weil er im ersten Jahr unserer Bekanntschaft aussah, als wäre er nur sehr knapp dem Tod entronnen; etliche Schwanz- und Flügelfedern fehlten. Dazu noch die strapaziöse

Aufgabe, pro Sommer mindestens zwei Generationen von Nachkommen großzuziehen, und dann auch noch die Sommermauser – er sah wirklich unmöglich aus. Ansonsten aber war er völlig ungebrochen und glich die Lücken im Gefieder durch verdoppeltes Flattern aus; wenn er vom Rasen aufs Hausdach schwirrte, von wo aus er die ganze Gegend im Auge hatte, war er einem Minihubschrauber täuschend ähnlich.

Dann das Buchfinkenmännchen, das sich mit lautem «Tschink, tschink, tschink» bemerkbar macht, aufgeregt vor der gläsernen Küchentür herumhüpft und mir immer wieder auffordernde Blicke zuwirft, bis es schließlich seine Körnchen oder Krümel bekommt. Auch er hat seine ganz eigene Persönlichkeit und Daseinsart, die ihn von Scruff und Knutkin deutlich unterscheidet. Er heißt natürlich Chink.

Das Rotkehlchen kommt wie das Eichhörnchen ins Haus, wenn ich die Tür offenlasse, oder fixiert mich mit seinen Knopfaugen vom Wäscheleinenpfahl herunter. Manchmal flattert es am Fenster auf und ab, um mich auf sich aufmerksam zu machen und sein Anliegen vorzubringen. Es weiß, daß es bei mir Toastkrümel gibt; man muß mir nur zeigen, daß man da ist. Mit seiner Tollkühnheit steht es in scharfem Gegensatz zu einem Amselweibchen, das im Winter zwar gern alle anderen Vögel vom Futterhäuschen vertreibt, aber als erste Reißaus nimmt und unter einem kriechenden Wacholder Deckung sucht, wenn ich die Küchentür aufmache; die Spatzen und Meisen dagegen stört das nicht im mindesten.

Auch Pflanzen, viele Menschen wissen das, sind durchaus empfänglich für echtes fürsorgliches Interesse, und so hat sich mancher interessante Samen in meinem Garten eingefunden und ist dort heimisch geworden. Harmonie zieht Harmonie an, Leben zieht Leben an, und die subtilen Muster und Rhythmen fließen vielfältig in breitem Strom weiter. Aber was empfinden sie, Bruder Raupe und Schwester Eichhörnchen? Wie ist ihre eigene Erfahrung des Lebendigseins?

Für die meisten Menschen erschöpft sich «Erfahrung» in den Sinneswahrnehmungen, dem äußeren Tun und deren bewußter und unterbewußter mentaler und emotionaler Verarbeitung. Der Mystiker kennt darüber hinaus die innere Erfahrung nicht nur der Natur seines persönlichen Geistes, sondern noch tieferer Bereiche. Wir dürfen wohl annehmen, daß es bei den niederen Arten im großen und ganzen ähnlich ist. Sie beziehen ihr Daseinsgefühl aus ihren Sinnesempfindungen, ihrer motorischen Aktivität, ihren instinkthaften oder erlernten inneren Mustern. Beobachten können wir freilich nur das äußere Verhalten.

Mit den Körpersinnen können wir auch den Geist und das innere Leben unserer Mitmenschen nicht wahrnehmen, aber wir bezweifeln nicht, daß es sie gibt. Sollten wir nicht entsprechend annehmen, daß auch andere Spezies auf ihre ganz eigene Art Geist und Bewußtsein haben? Aber worin sie bestehen und wie die Erfahrung für das Lebewesen selbst ist, läßt sich schwer sagen. Wir neigen beispielsweise dazu, uns das Sehvermögen anderer Lebewesen als unserem ähnlich vorzustellen, wenn auch wenig dafür spricht, daß es so ist. Nehmen wir etwa Motten und Nachtfalter und wahrscheinlich auch viele andere Insekten, die zum Sehen ein ganz anderes Band des elektromagnetischen Spektrums benutzen.

Die Fühler vieler Nachtfalterarten sind wie komplexe Fernseh- oder Radarantennen so abgestimmt, daß sie mit ihren Fibrillen ganz bestimmte elektromagnetische Muster im Infrarot- und Mikrowellenbereich aufnehmen können (siehe Abb. 1). Dadurch sehen die Tiere die Dinge in ihrer Umgebung anhand ihrer spezifischen Wärmeabstrahlung. Natürlich gehören die Pflanzen und alle Lebewesen zu den Dingen, die so unterschieden werden können. Nachtfalter erkennen auf diese Weise Angehörige ihrer eigenen Art sowie ihre Nahrungspflanzen und alles andere. Wir werden darauf später noch näher eingehen.

Manche Vögel können sich nicht nur nach der Sonne und den Nachtgestirnen orientieren, sondern reagieren außerdem auf das

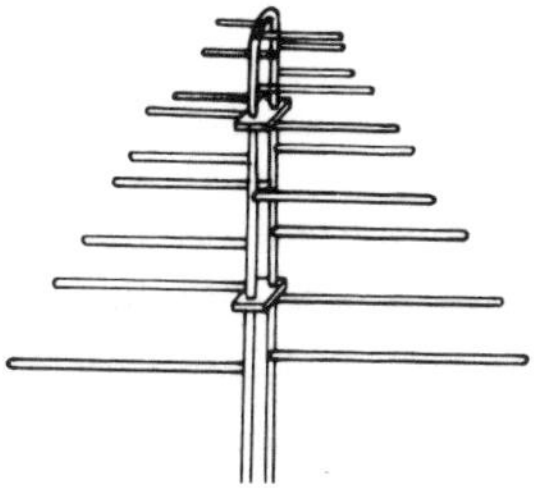

Reihenantenne mit Elementen, deren Länge nach einer mathematischen Skala abgestuft ist; dadurch gute Empfangseigenschaften über ein breites Frequenzband.

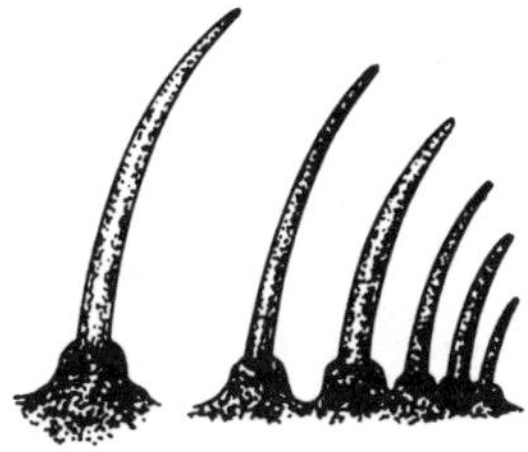

Die feinen Härchen oder Sensillen auf den Fühlern mancher Eulenfalter sind nach der gleichen mathematischen Skala angeordnet.

Winkelkonstante Spiralenantenne, ebenfalls von mathematischer Präzision.

Konische Fühler findet man bei einer in Florida lebenden Milbenart. Viele Wespenarten besitzen dünne geschraubte Sensillen.

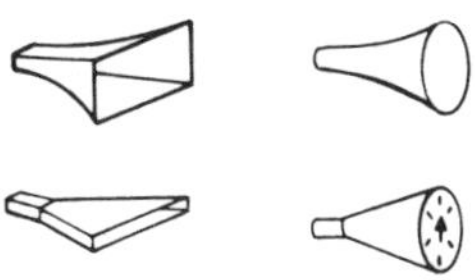

Trichter- oder Hornstrahler für den Mikrowellenbereich.

Schuhlöffel- oder ohrenförmige gefurchte Sensillen findet man an den Fühlern vieler Falterarten.

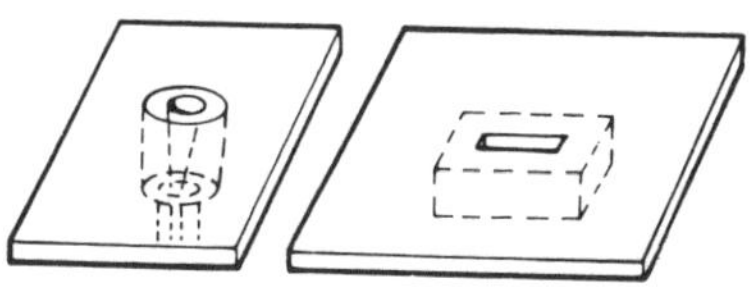

Hohl- oder Schlitz-Wellenleiter.

Auf den Fühlern von Bienen, Wespen und Ameisen gibt es die verschiedensten Arten von sensorischen Einbuchtungen und Höhlungen.

Schleifen- oder Rahmenantenne für die Peilung.

Schleifen finden sich auf den Fühlern vieler Arten einer bestimmten Familie von Fliegen *(Cecidomyiidae).*

*Abbildung 1 Elektromagnetische Antennen und ihre Entsprechungen in den Fühlern von Insekten (nach Callahan).*

magnetische Gitternetz der Erde. Sie brauchen diese Fähigkeit beim Vogelzug, bei der Nahrungssuche und um den Heimweg zu finden. Manche Tauben können an klaren Tagen fünfzig Kilometer weit sehen; Falken erkennen kleine Beutetiere, sogar Käfer, aus großer Höhe.

Aber was ist das für eine Welt, die sie so wahrnehmen? Nachtfalteraugen sehen das elektromagnetische Spektrum vom Ultraviolett bis hinunter zu dem Bereich, in dem wir Menschen sehen; die Fühler «sehen» darüber hinaus noch den Infrarot- und Mikrowellenbereich. Selbst ihre Wahrnehmung von Geschlechtspheromonen (die in molekularer Form von den weiblichen Tieren abgesondert werden) geschieht, so nimmt man an, auf elektromagnetischem Wege; ihre Fühler «riechen» die Stoffe nicht in der uns vertrauten Weise, sondern nehmen vermutlich ihre charakteristische infrarote Abstrahlung auf. Dadurch erkennt das Männchen schon von weitem, wo ein Weibchen ist; es sieht die Moleküle der Botenstoffe. Das erklärt, weshalb ein Männchen das Weibchen sowohl gegen den Wind als auch mit dem Wind findet und weshalb selbst eine verschwindend kleine Menge der Pheromone ausreicht.

Manche Nachtfalterweibchen bleiben auf einer Stelle sitzen und zittern mit den Flügeln, so daß ihr Thorax sich erwärmt; die daraus entstehende Infrarotstrahlung hebt sie gegen den Hintergrund ab und wird zudem moduliert durch die Flügelbewegungen – eine ganz persönliche, artspezifische «Willkommen-daheim-Botschaft» an liebeshungrige Männchen, die des Weges kommen. Aber welche Art von Lebenserfahrung bedeutet all das für diese Tiere? Wir nehmen sie mit unseren fünf menschlichen Sinnen wahr, aber ihre Wahrnehmung ihrer selbst und der Artgenossen ist offensichtlich eine ganz andere.

Wenn Sie die Hand ausstrecken, um einen Schmetterling zu fangen, und der Schmetterling wegfliegt, bevor Sie ihn berühren, dann hat er Ihre Hand nicht so gesehen, wie ein Mensch sie sehen würde. Nimmt er vielleicht die Infrarotstrahlen wahr? Gewiß, die meisten Schmetterlinge fliegen eigentlich nur, wenn die Sonne scheint und ihre Augen das Ultraviolett des Sonnenlichts aufnehmen können. Ist es also dunkel für sie, wenn die Sonne nicht scheint? Oder ist «Dunkelheit» nur eine Erfahrung des Menschen? Was nehmen Fledermäuse mit ihrem Echonavigationssystem wahr und was die Wale und Delphine? Oder der Zitteraal, der die elektrischen Radarpulse der Messerfische auffängt, oder der Hai, der das neuroelektrische Geschehen in seinen Beutetieren wahrnimmt? Oder Seevögel, die die Stimmen ihrer eigenen Nachkommen aus dem Gezeter einer nach Tausenden zählenden Kolonie heraushören können?

Jede Kreatur hat ihre eigene Geschichte zu erzählen, jede lebt in ihrer eigenen Welt. Eindeutig eine Wahrnehmungs- und Instinktwelt, die von unserer sehr verschieden ist; dennoch bestehen Verbindungen, ja Überschneidungen. Dieses Buch vertritt ganz entschieden die Auffassung, daß das Leben in jeder einzelnen Kreatur sehr viel wichtiger ist als seine Anatomie und Physiologie, und es möchte aufzeigen, wie wir zur Wahrnehmung dieser inneren Welt gelangen können, denn das müssen wir, wenn wir je im Einklang mit der Natur leben wollen.

In der Neuzeit hat der Mensch gegen die Natur angekämpft. Nie lebte er im Einklang mit ihr. Aber es gibt aus dieser Beziehung kein Entkommen; Scheidung ist hier nicht möglich. Wir sind unentrinnbar an unsere eigene Kreatürlichkeit gebunden. Unsere Kultur ist in ihrer gegenwärtigen Verfassung auf Dauer nicht lebensfähig. Sie ist zu destruktiv, sie ist schon dabei, sich selbst und ihren Lebensraum zu zerstören. Wir stehen also vor der großen Aufgabe, unsere Technik und unsere Gesellschaftsstrukturen so zu ändern, daß sie der Erde und dem Leben in uns selbst und allen anderen Kreaturen nicht schaden. Vielen ist das heute schon bewußt, aber vielen auch nicht; wenn wir die unausweichliche Gegenbewegung der Natur abfangen oder umlenken oder zu weiterer Entwicklung nutzen wollen, kommt es darauf an, dieses tiefere

Verständnis zu gewinnen und im größtmöglichen Rahmen, das heißt auf der Ebene von Politik und Wirtschaft, praktisch umzusetzen.

Wir müssen also unser Tun auf diesem Planeten überdenken und unsere Kräfte auf wertvollere Ziele richten. Schon ganz praktisch läßt sich eine Menge tun, aber für alle, die eine eher spirituelle Ausrichtung haben, dürfte es wertvoll sein, sich dem Leben und seinen Problemen mit einem klaren Verständnis der inneren mystischen Struktur des Kosmos und daher unserer selbst und der anderen Lebewesen zu nähern.

## Der Geist – Raumanzug der Seele

Die mystische Wirklichkeit wird uns nur durch eigene Erfahrung wirklich offenbar, doch die Mystiker geben uns in ihren Worten zumindest Hinweise, und so möchte ich im folgenden die Hauptzüge dieser mystischen Weltsicht schildern.

Alle echten Mystiker stimmen darin überein, daß die Essenz des Lebens die Seele oder das Bewußtsein ist; daß alle Lebewesen, seien es Gräser, Bakterien, Dinosaurier, Heringe, Vögel, Säugetiere oder Menschen, ihrem Wesen nach Tropfen im Göttlichen Ozean des Seins, Bewußtseins oder Lebens sind. Auch das materielle Universum ist Seine Schöpfung, Sein Spiel oder Seine Projektion, und es gibt keinen Teil, worin Er nicht gegenwärtig wäre. In allem ist Er der innere und stets schaffende Schöpfer. Er ist in allem und doch auch jenseits von allem. Diese Schöpfung besteht jedoch aus weit mehr als nur dem stofflich manifestierten Universum. Es gibt, sagen die Mystiker, eine ganze Hierarchie innerer Welten von immer feiner werdender Schwingung, und das stoffliche Universum ist davon nur eine Widerspiegelung. Was hier gilt, hat Entsprechungen in den höheren oder weiter innen liegenden Bereichen. «Wie oben, so auch unten» – dieses uralte hermetische

Diktum bezeichnet die Natur der Dinge, denn das Äußere ist eine Schöpfung des Inneren und trägt die gleichen Züge.

Um den Bereich des Ursprungs, des Einen, des Universalen Bewußtseins, in dem es weder Dualität noch Differenzierung gibt, erstrecken sich die rein spirituellen Regionen, wo die Seelen nur durch den Willen des Höchsten geschieden sind. Im Abstieg jedoch trifft die Seele – ein Tropfen im Ozean des Lebens oder Bewußtseins – auf den Bereich des Universalen Geistes. Hier nimmt die Dualität erstmals explizite Gestalt an, und hier manifestieren sich erstmals Materie und Geist in einer für uns erkennbaren Form, wenn sie auch von weitaus subtilerer Art sind, als wir sie in der grobstofflichen Welt kennen.

Der *Geist** ist als Urheber expliziter Teilung und Differenzierung auch der Ursprung von Zeit und Raum, jener Dimensionen, in denen Veränderung und Unterschied zum Ausdruck kommen und erfahren werden. Für die Seele ist der *Geist* deshalb tatsächlich ein *Raum*-Anzug, denn der *Geist* ist der Schöpfer des Raums.

Oberhalb der Region des Universalen Geistes ist Liebe das höchste Gesetz; unterhalb das Gesetz der Kausalität, der Gerechtigkeit, der durch den Schleier der Vielheit wahrgenommenen Einheit. All die Naturgesetze, die der Mensch entdeckt zu haben meint, sind begrenzte, ausschnitthafte Widerspiegelungen dieses großen und einfachen Gesetzes von Kausalität, Polarität und Differenzierung im körpergebundenen Geist und Denken des Menschen. Die Einheit wird durch das Gewebe des *Geistes,* der Vielheit, wahrgenommen und nur als die Beziehungen innerhalb des Gewebes erkannt. Die Beziehungen nennen wir Kausalität, doch ihre Ursprünge verstehen wir nicht ganz. Sie ist jedoch nichts anderes als das in unzählige Fragmente zersplitterte Eine Licht. Wenn wir das Eine nicht mehr sehen können, verlieren wir uns in das Bestreben, das Gewebe und seine Entstehung zu verstehen.

* Zur Terminologie siehe S. 37.

Dieses Gesetz des *Geistes,* der Beziehung, der Kausalität, des *Karma**, regiert nicht nur die Energiebewegungen im Bereich der stofflichen Substanz, sondern auch die feineren Schwingungen, die unseren individuellen Geist konstituieren. Die Schwingungen, die wir als die physikalischen oder geistigen Energien dieser Welt wahrnehmen, sind also nichts weiter als die vom Geist fragmentierte Kraft des Einen. Letztlich ist das Eine sowohl die Ur-Energie als auch das Ur-Bewußtsein oder -Sein. Alles entsteht in dieser Ganzheit. Energie, wie wir sie kennen, besteht also nur in den Mustern, die der *Geist* über das Universale Bewußtsein breitet. Und unser menschliches Geistzentrum ist nur ein kleiner Teil dieses größeren oder Universalen Geistes.

In diesem Bereich des Universalen Geistes entstehen nun zuerst die ultrasubtilen geistigen Essenzen, Energien oder Muster, die wir – nach weiterer Projektion oder Emanation nach außen – auf der physikalischen Ebene wahrnehmen. Wie wir den Raum in unserem Geist erkennen und mit unseren Sinnen wahrnehmen können, so entstehen diese feineren Essenzen in den höheren Bereichen des *Geistes.* Sie sind das geistige Muster, das durch die Ebene des Seins abwärts projiziert wird, bis wir es auf der «physikalischen» Ebene, die in Wirklichkeit nur eine Ebene des *Geistes* ist, wahrnehmen.

Diese Essenzen oder Schwingungsarten werden von indischen Mystikern als *Tattvas* bezeichnet. Es sind (in aufsteigender Folge): Erde oder der feste Zustand, Wasser oder der flüssige Zustand, Feuer, die Kraft der Transmutation zwischen diesen Zuständen (auch die elektromagnetische Strahlung gehört zum Feuer-Tattva), Luft oder der gasförmige Zustand und *Ākāsha,* das energetische Potential des Vakuumzustands. Ākāsha oder Vakuum ist die subtile schöpferische Matrix, aus der heraus die übri-

* Die bei ihrem ersten Auftauchen kursivierten Sanskrit-Termini sind im Glossar S. 297–301 erläutert.

gen Tattvas oder Elemente ins Dasein tanzen, und zwar nach dem Gesetz von Ursache und Wirkung, das sowohl vertikal, oder von innen nach außen, als auch in der uns bekannten horizontalen Weise wirkt.

Diese Elemente oder Tattvas sind die fünf Schwingungsoktaven der materiellen oder energetischen Substanz. In der Form jedoch, in der wir sie äußerlich wahrnehmen, sind sie nur Spiegelungen von Spiegelungen dessen, was innen ist. Sie entspringen im höchst subtilen Bereich des Universalen Geistes und werden durch den astralen Bereich nach unten weitergespiegelt, bis wir sie endlich als Substanz unseres physikalischen Universums wahrnehmen. Mit jeder weiteren Spiegelung verschwimmt die ursprüngliche Klarheit oder eigentliche Wirklichkeit ein wenig mehr – wie von der Sonne nach der Spiegelung in einem Eimer Wasser nur ein diffuser Lichtfleck an der Wand bleibt. Wir in unserer Ahnungslosigkeit jedoch nehmen diese diffuse Spiegelung als die einzige Wirklichkeit.

Wichtig ist hier, daß diese fünf Oktaven oder Tattvas in *aller* «Substanz» gegenwärtig sind, also nicht nur in allen Dingen des physikalischen Bereichs, sondern in mehr oder weniger subtiler Form auch in allen geistigen, sensorischen und psychischen Prozessen. Unterschiede der Persönlichkeit, Begabung, Geschicklichkeit und psychischen Anlage, aber auch die Verschiedenheit der äußeren körperlichen Züge, die uns bei uns selbst und anderen Menschen vertraut sind, beruhen auf Variationen in diesem subtilen tattvischen Gewebe. Inneres und Äußeres sind Aspekte jenes einen Energiekomplexes, den wir als einen Menschen wahrnehmen, und das Äußere ist dabei vom Inneren abgeleitet.

Daß diese äußere Welt eigentlich ein Aspekt des größeren *Geistes* ist, können wir zumindest ahnend erfassen, wenn wir erkennen, daß das sogenannte stoffliche Universum ganz und gar aus subjektiven Sinneseindrücken in unserem individuellen Geist besteht. Sogar unsere Sinneserfahrung ist in uns selbst – subjektiv. Unsere *Erfahrung* von Farbe beispielsweise läßt sich anderen nicht mitteilen. Unsere Körpersinne sind also – wie das stoffliche Universum – eigentlich Aspekte unseres Geistes. Und die bloße Tatsache, daß wir alle dieses Universum in unserem Geist wahrnehmen, zeigt deutlich, daß es eine große einigende Macht gibt, in der wir alle «leben, weben und sind».

Alle scheinbar objektive äußere Erfahrung (das heißt Sinneserfahrungen und motorische Aktivität) ist also in Wirklichkeit gänzlich subjektiv, Erfahrung in unserem Geist. Das gleiche gilt für unsere bewußten und unterbewußten gedanklichen und emotionalen Reaktionen auf diese sensorischen und motorischen Erfahrungen. Ja, es ist alles Illusion, vorgespiegelt von den Kräften unseres *persönlichen Karma*, den Eindrücken und Rückständen des Handelns, Denkens und Begehrens in früheren Leben, die unserem Geist aufgeprägt sind und jetzt gleichsam als Playback das Schicksal unseres gegenwärtigen Lebens bilden. Die Gegenwart geht aus der Vergangenheit hervor, und was wir in dieser Gegenwart in Reaktion auf die Vergangenheit leben, bildet die Saat der Zukunft.

Und nicht nur das: Auch alle anderen Lebewesen sind sowohl in ihrem inneren Sein, ihrer mental-instinktiven Anlage, als auch in dem daraus resultierenden Verhalten und in ihrer äußeren Gestalt nur Variationen dieses inneren, subtilen tattvischen Gewebes. Ihr Karma bestimmt, was sie sind.

Dieses subtile Gewebe auch bei den niederen Lebewesen sichtbar zu machen, ist ein weiteres Anliegen dieses Buches. Es läßt sich nämlich intellektuell ohne große Mühe erfassen – auch ohne die mystische oder innere Sicht, die uns verstehen lassen würde, wie es wirklich ist, ein Lebewesen einer anderen Spezies oder einer unserer Mitmenschen zu sein, eines von jenen Wesen also, die wir so gern ausbeuten und manipulieren und im allgemeinen so schlecht behandeln.

# Das Ei des Brahmā

Es ist schwer, sich vorzustellen – oder zu vermitteln –, wie einheitlich und ganzheitlich die Prozesse des Universalen Geistes sind, des großen Webers aller Muster und Formen; Vorstellungskraft allein reicht nicht aus, um die Einheit und Ganzheit des Universalen Geistes zu erfassen. In den yogischen Schriften wird er *Brahmānda* genannt, und seine Kraft oder sein Herr ist *Brahmā* oder *Kali.*

In der Totalität des Geistes liegen die *drei Welten des Geistes,* die kausale *(brahmānda),* die astrale *(anda)* und die stoffliche *(pinda).* Alles in diesen Welten, alle Formen und Muster, ist von der Natur des Geistes. Alle Formen stehen zueinander in Beziehung und bilden ein Ganzes, dessen treibende Kraft die innere Lebenskraft, das Universale Bewußtsein, der Göttliche Ozean oder Gott ist.

Das Word «Anda» für den astralen Bereich bedeutet wörtlich «Ei». Deshalb spricht man von Brahmānda, dem Ei des Brahmā, denn das Ei steht für ein vollständiges Ganzes, in dem alle Teile unverzichtbar sind für Natur und Funktion des Ganzen. Und wenn man selbst einer solchen Ganzheit angehört, ist es unglaublich schwer, sich daraus zu lösen, sich über dieses Gewebe zu erheben; es ist so allumfassend, daß wir mit allen «Fäden» unseres Seins und unserer Erfahrung selbst hineingewebt sind. Selbst wenn wir die «Spitze» erreichen und gleichsam «draußen» sitzen, werden wir wahrscheinlich wieder runterrutschen – von seiner Form her ist ein Ei ganz einfach sehr schwer zu erklettern. Die Metapher ist also sehr treffend, wie jeder weiß, der sich mit irgendeiner Form geistiger Schulung oder Meditation befaßt hat.

Letztlich aber gibt es nur *eine* schöpferische Kraft, *einen* Ursprung. Daher ist alle Energie aus dieser zentralen, unerschaffenen Kraft abgeleitet. Wir nehmen diese Energie als ein Geflecht von Mustern wahr, die der Geist über das Eine breitet. In jedem seiner

Aspekte ist der Universale Geist der große Weber aller Formen, Muster und Beziehungen. Und was wir Energie nennen, ist dieser schöpferische Tanz des Einen, das durch das Wirken des Geistes in die Vielheit aufgeteilt wird.

Schon daraus wird deutlich, daß Energie und Materie austauschbar sind, denn Materie ist einfach Geist-Muster; aber wir müssen unser Verständnis der Energie ein wenig über das vom gegenwärtigen naturwissenschaftlichen Paradigma Erlaubte hinaus vertiefen. Alles im Universum ist nämlich *per se* Energie, nichts anderes als das Eine in strukturierter Form, oder sagen wir: der Herr in einem durchsichtigen, vielfältig gemusterten Hemd. Das Hemd ist der Universale Geist, und wir sind sowohl Teil des Musters als auch des Ganzen.

Das, was wir intuitiv als implizite Ganzheit der stofflichen Natur wahrnehmen, ist also nichts anderes als eine Widerspiegelung jener größeren Ganzheit des Universalen Geistes. Das physische Universum ist nur ein Teil, eine Schicht, eine Dimension des größeren Ganzen. Das ist vielleicht schwer zu verstehen oder zu glauben. Aber nehmen wir es für den Moment einfach mal als brauchbare Arbeitshypothese, und sehen wir zu, was sich daraus ergibt.

## Der Goldene Schoß

*Brahmā* wird der Universale Geist in den Vedas und anderen yogischen Schriften genannt. Er wird auch als *Hiranyagarbha* bezeichnet, und das bedeutet wörtlich: «Einer, der Gold im Schoß hat». Der Eine ist Gott, und das Bild umschreibt das transzendente Licht dieser inneren Stätte, die rötlich-golden leuchtet.

Von «Schoß» spricht man, weil der Universale Geist der Ursprung der drei Welten des Geistes ist. Man könnte Hiranyagarbha auch einfach als «Goldener Schoß» übersetzen. Wie ein Embryo im Mutterschoß und aus dem Stoff der Mutter geformt wird, so entstehen die drei Welten aus Geist-Substanz und werden von der Kraft des Universalen Geistes gestaltet, einer Kraft, die dem Höchsten Sein entspringt. In den Upanischaden wird diese formative Region auch als «Goldene Sonne» umschrieben – in Analogie zu unserer Sonne am Himmel, die das Leben auf der Erde mit Energie versorgt.

Hier hat der Ausdruck Goldenes Ei oder Brahmānda oder Ei des Brahmā seinen Ursprung, denn ein Ei ist ein Embryo, in dem von der Mitte des goldenen Dotters her eine erstaunliche Verwandlung stattfindet. Der Stoff wird umstrukturiert, bis ein Küken entstanden ist. Das ist ein ganz und gar innerlicher Vorgang, bei dem nichts von außen hinzugefügt wird. Hier geschieht doch wohl, über die Selbstorganisationskraft der Moleküle hinaus, etwas Geheimnisvolles.

Der Universale Geist ist also das Goldene Ei, der Goldene Schoß – der Schoß aller Schöße, der erste Strukturbildner, von dem alle weitere Strukturbildung sich ableitet. Der Universale Geist wird auch als Göttliche Mutter bezeichnet; allerdings gebraucht man diesen Namen auch für das Höchste Sein. Wir sprechen auch von Mutter Erde, dem Schoß, aus dem alle physischen Körper ihre Substanz haben. Der Strukturbildner ist jedoch nicht in dem, was wir als Substanz wahrnehmen, sondern im formativen Charakter des Geistes.

Wenn wir den Muster- und Strukturbildungsprozeß in der Schöpfung grundsätzlich erfaßt haben, gewinnen wir auch Aufschluß darüber, wie wir zu unserer intellektuellen Einschätzung von Logik, Form, Muster und Rhythmus gelangen. Unser persönlicher Geist, Teil des größeren Geistes, liest unbewußt die Muster seines eigenen inneren Aufbaus – und zwar sowohl innen als auch in dem physischen Universum, das wir als außen empfinden. So leiten wir die sogenannten Naturgesetze ab. Aber im Grunde liest hier nur der (persönliche) Geist den (größeren) *Geist.* Denn auch Natur ist nur ein anderer Name für *Geist.*

Geometrie und Mathematik sind demnach in der Naturwissenschaft im Grunde nur eine Sprache oder Terminologie für Beziehungen in Raum und Zeit. Und da Raum und Zeit Grundzüge des Universalen oder Formativen Geistes sind, ist leicht zu verstehen, weshalb manche Mathematiker die «Mathematizität» für eine fundamentale Eigenschaft der Natur halten. Nun bilden die Beziehungen in der Vielheit zwar tatsächlich das, was die Natur eigentlich ist, aber die *Begriffe* der Mathematik haben – wie die Sprache – ihren Ort im intellektuellen Geist des Menschen. Man kann also sagen, daß der Geist den *Geist* wahrnimmt; der kleine Teil betrachtet das Ganze und empfindet sofort eine Verwandtschaft zwischen seiner eigenen Funktionsweise und der des Universums «da draußen».

Das Ei der Vielheit, der große Schoß der Strukturbildung, ist zum Teil mittels Geometrie und Mathematik zu beschreiben, denn Geometrie und Mathematik sind eine Sprache der Beziehungen. Die größte Aufgabe für Geometrie und Mathematik, ihre Vollendung, wäre es, zu beschreiben, wie das eine zur Vielheit wird in den vielfach gespiegelten, vieldimensionalen, vielschichtigen und doch zu einer Einheit integrierten Welten des *Geistes.*

Auch die Statistik und die «Gesetze» des Zufalls beschreiben nur die Beziehungen in diesem einen integrierten Gewebe der Naturprozesse. Unsere mathematisch formulierten «Naturgesetze» erfassen einige der Verknüpfungen, aber nicht die ihnen zugrunde liegende Wirklichkeit; und unsere statistischen Verfahren zeigen, daß wir zwar Muster sehen können, aber eigentlich nicht wissen, weshalb dieses Muster da ist und wie es sich gebildet hat. Darin sind sich statistische und «deterministische» Mathematik sehr ähnlich. Sie beschreiben Rhythmen und Strukturen, aber können nicht ganz erfassen, woher diese Ordnung kommt.

# Unsere Terminologie

Es dürfte hilfreich sein, an dieser Stelle einmal die Bedeutung einiger unserer Hauptbegriffe zu klären.

1. Universaler Geist bezieht sich auf das erste Erscheinen des *Geistes,* wenn die Seele sich von ihrem Ursprung her «abwärts» oder «auswärts» bewegt. Der dadurch geschaffene Bereich ist der kausale Bereich. Dies ist das Grundmuster aller Geist-Aktivität auf tieferen Ebenen. Hier erscheinen erstmals Raum, Zeit, Polarität und «Substanz».
2. Den individuellen Geist eines Lebewesens, sei es ein Mensch oder eine andere Kreatur, bezeichnen wir manchmal auch als Geiststruktur, während der Ausdruck Geistkomplex die «persönlichen» Aspekte und Varianten bezeichnet, die in der grundlegenden Geiststruktur einer bestimmten Spezies auftreten können. Bei Menschen ist das etwa das, was wir als Persönlichkeit bezeichnen. Oder besser: Persönlichkeit ist ein Ausdruck unseres persönlichen Geistkomplexes.
   Emotionen, Gedanken, Empfindungen, Ahnungen, Persönlichkeit, Intellekt, Gedächtnis – alles, was dazu beiträgt, daß wir uns als Individuen fühlen und verhalten – gehören unserem individuellen menschlichen Geist an.
3. Wo die Gesamtheit des Geist-Wirkens gemeint ist (von dem alle individuellen Geister nur Teile sind), schreiben wir einfach *Geist,* manchmal auch größerer Geist oder Kosmischer Geist.
   C. G. Jungs kollektives Unbewußtes ist ein Aspekt dieses größeren Geistes, wenn auch Jungs Denken abstrakter und begrifflicher war. Wir gehen hier jedoch davon aus, daß der *Geist* realer ist als selbst der «feste» Boden unter unseren Füßen.
4. Der Begriff Formativer Geist wird in den Kapiteln 8 und 9 eingeführt und erörtert. Er bringt zum Ausdruck, daß der *Geist* der Bildner aller Muster, aller Verschiedenartigkeit und aller Aktivi-

tät in unserer sensorischen Welt und in der persönlichen Erfahrung unseres individuellen Geistes ist. Der Formative Geist ist letztlich nichts anderes als der *Geist* oder der größere Geist, aber dieser Begriff soll die formative Rolle des *Geistes* in der Schöpfung hervorheben. Er bezieht sich daher auch auf den astralen und kausalen Bereich.

Natur ist nur das lebendige, sichtbare Kleid Gottes.

Goethe

Was, wenn die Erde nur der Schatten des Himmels wäre?

Milton

In dieser Welt
ist einer, der nicht an Wunder glaubt,
kein Realist.

Anonymus

# 2. Lebensformen und die fünf Elemente

Die fünf Tattvas oder «Elemente», von denen im vorigen Kapitel bereits die Rede war, sind die Essenz aller materiellen Substanz. Materielle Substanz ist jedoch nicht von der Erfahrung und den Sinnen der Lebewesen zu trennen, die sie wahrnehmen. Materielle Dinge sind für uns einfach das, was wir von ihnen wahrnehmen oder erfahren. Sie haben keine andere Wirklichkeit. Die äußere Welt ist eine subjektive Sinneserfahrung in unserem Geist – und alle Kreaturen nehmen die Dinge verschieden wahr.

Die Seelen gelangen aufgrund von Tendenzen, Verhaftungen und Begierden ihres individuellen Geistes in den Bereich der fünf stofflichen Tattvas. Außerdem bilden die Prozesse der Schöpfung ein Ganzes, denn das Vorhandensein jener Energiemuster, die den physischen Bereich ausmachen und die wir mit Geist und Sinnen erfahren, setzt ja voraus, daß zwischen allen individuellen Geistern und Sinnen aller beteiligten Kreaturen eine verborgene innere Verbindung besteht. Das ist ein Aspekt der impliziten Ganzheit des Universalen Geistes und seines Wirkens. Wir sind deshalb alle Mitschöpfer oder Teilhaber dessen, was unsere Sinneserfahrung uns als die Welt «da draußen» präsentiert.

Verdeutlichen wir uns dies an einem Beispiel. Eine Firma existiert aufgrund ihrer Teilhaber. Oberflächlich gesehen scheint sie unabhängig von ihren Teilhabern zu bestehen, aber entfernt man diese, dann existiert auch die Firma nicht mehr. Sie war nie etwas anderes als die Menschen, die an ihr beteiligt waren. Die Menschen selbst erzeugten in ihrem Geist die Illusion einer eigenständigen Existenz der Firma (und wir betrachten im Rahmen des Beispiels alle Menschen, die irgendwie mit der Firma zu tun haben, als «Teilhaber» im engeren oder weiteren Sinne).

In ähnlicher Weise sind alle inkarnierten Seelen Teilhaber dieser Welt. Ihre Teilhabe besteht in den Verwicklungen und Wechselwirkungen ihres Geistes mit der «Welt». Die Welt existiert nur durch die Seelen und ihren Geist.

Wenn wir sterben, werden wir gezwungen, unsere Teilhaberschaft an der Welt aufzugeben – aber nur vorübergehend. Denn wir sind so mit ihr verflochten, daß wir – wie von einem Magneten angezogen – gleich wieder eine neue Teilhaberschaft anstreben, und zwar auf dem Wege, den wir Wiedergeburt nennen. Dadurch bleibt die Illusion, die Welt sei eine dauerhafte, reale «Firma», immer bestehen.

Die fünf Tattvas sind nun schwingende Essenzen der Geist-Energie, von denen die Seele, auf welcher Ebene in den *Geist*-Regionen sie sich auch befinden mag, umgeben ist. Als Menschen erfahren wir diese Tattvas in ihrem subtilen Aspekt als die fünf sensorischen (yin) und die fünf motorischen (yang) *Indriyas.* Auch unseren naturgegebenen menschlichen Fähigkeiten sowie unseren emotionalen und psychischen Zügen liegt die Erfahrung dieser fünf Tattvas auf einer subtilen Ebene zugrunde. Das Menschsein ist eigentlich sowohl eine subtile als auch eine grobe Erfahrung von Wahrnehmung und Aktion durch diese fünf miteinander verknüpften Schwingungszustände.

Das Wort *Indriya* bezieht sich auf die fünf Sinne und die fünf primären motorischen Funktionen. Jede sensorische oder motorische Funktion setzt sich aus dem Organ oder Körperteil und seinem mentalen Gegenstück zusammen. Eigentlich bezeichnet Indriya beide Aspekte, aber ich benutze es nur für die mentale Seite, um den Unterschied zwischen den beiden Aspekten hervorzuheben. Wenn wir mit unseren Sinnen etwas wahrnehmen, ist die *Erfahrung* dieser Wahrnehmung eigentlich etwas Geistiges. Wenn wir die Augen schließen, können wir das Gesehene immer noch «vor dem inneren Auge» sehen. So können wir auch innerlich Laute hören oder Melodien singen. Wir haben Geruchs-, Geschmacks- und Empfindungserinnerungen, ohne daß unser sensorischer Apparat dabei aktiv wird. Aber auch dann, wenn wir tatsächlich mit unseren Sinnen wahrnehmen, geht diese innere Erfahrung mit der äußeren einher, und das gleiche geistige Vermögen ist daran beteiligt. Dieses geistige Vermögen bezeichnen wir als *sensorisches Indriya;* es gibt fünf Sinne und daher fünf sensorische Indriyas.

Diese fünf sensorischen Indriyas entstehen dadurch, daß der Geist sich nach außen wendet und mit den feinstofflichen Essenzen der fünf Tattvas in Wechselwirkung tritt. So bilden sich fünf Arten der Sinneswahrnehmung im zunächst subtilen energetischen Grundmuster des Menschen, die sich dann als die fünf Sinne äußerlich manifestieren. Jeder der Sinne ist deshalb Ausdruck eines bestimmten Tattva, einer inneren feinstofflichen Schwingung, eines subtilen Materiezustands. Beim Menschen sind es:

| *Tattva* | *sensorisches Indriya (geistig)* | *Sinnesorgan (physisch)* |
|---|---|---|
| Erde | Riechen | Nase |
| Wasser | Schmecken | Zunge |
| Feuer | Sehen | Augen |
| Luft | Tasten | Haut (besonders Hände und Finger) |
| Ākāsha | Hören | Ohren |

Für den Westler dürfte die eher auf das Innere ausgerichtete östliche Ausdrucksweise etwas gewöhnungsbedürftig sein, bevor er ihren Sinn richtig erfassen kann. Dann aber zeigt sich die große Tiefe dieser Sprache. Ohne allzusehr in die Einzelheiten gehen zu wollen, möchte ich hier jedoch ein paar Dinge klären, die für unser Thema von Bedeutung sind.

«Erde», «Wasser», «Feuer» und so weiter sind nicht gerade glückliche Übersetzungen, weil sie suggerieren, es seien nur stoffliche Aggregatzustände gemeint. Selbst diese scheinbar objektiven Zustände sind ja, wie wir gesehen haben, eigentlich subjektive geistige Erfahrung, durch die Sinne gewonnen, aber innerlich erfahren. Und die tatsächliche *Erfahrung*, etwa die der Farbe Rot, der Nässe des Wassers oder der Festigkeit der Erde, läßt sich niemand anderem vermitteln. Alle Sinneserfahrung ist von dieser Art, und so erweist sich das gesamte stoffliche Universum letztlich als eine nicht mitteilbare subjektive Erfahrung. Die Sprache bezieht ja ihr Kommunikationsvermögen allein daraus, daß wir alle ähnliche Erfahrungen machen und uns darauf geeinigt haben, daß eine bestimmte Lautkombination (etwa das Wort «Rot») die Erinnerung an eine Erfahrung ähnlicher Art evoziert. Aber wenn du meine Sprache nicht sprichst, kann ich «Rot!» brüllen, solange ich will, und du wirst doch nicht wissen, welchen inneren Sinn ich damit verbinde.

Wenn man ein menschliches Gehirn seziert, wird man darin keine Erfahrung finden – keinen Gedanken, keine Emotion, keine Sinneswahrnehmung. Man wird hier nicht den Sinn für Schönheit entdecken, man wird nicht herausfinden, worin die Natur von Geist und Seele besteht. All das gehört subtileren Schichten der Energie und des Seins an. Wenn wir dies vor Augen haben, verstehen wir leichter, weshalb die Augen Ausdruck des subtilen Feuer-Tattva sind. Licht ist ein elektromagnetisches Phänomen und damit die schnellste expandierende Energie, die wir in der Physik kennen. Das ist eine Eigenschaft des

Feuer-Tattva, und wir erfahren sie als das geistige Indriya des Sehens, das dem Wahrnehmungsprozeß unserer körperlichen Augen zugrunde liegt.

Es ist sehr wichtig, diesen Unterschied zwischen der geistigen Erfahrung der sinnlich wahrnehmbaren Welt einerseits und den Körpersinnen andererseits zu erfassen. Wenn wir unsere Augen gebrauchen, wissen wir nichts von Hornhaut, von der variablen Brennweite unserer Augenlinse und allen übrigen Bestandteilen und Funktionen des Sehapparates in ihrem Zusammenwirken mit dem Gehirn. Wir können das alles analysieren, aber damit wissen wir gar nichts über die tatsächliche Erfahrung des Sehens, eine Erfahrung, die so tief innerlich ist, daß wir sie nur indirekt und sehr behelfsmäßig durch die Sprache vermitteln können. Wir können einem von Geburt an Blinden nicht die Schönheit eines Sonnenuntergangs vermitteln, ja nicht einmal die Erfahrung, die wir mit dem Wort «Rot» verbinden.

Aber eben diese durch die Sinne vermittelte und von Gefühlen begleitete subjektive Erfahrung in unserem Geist ist von größter Wichtigkeit für uns, denn so erfahren wir unser Leben, unser Bewußtsein, unser Wahrnehmen. Worte und Beschreibungen, so genau und wissenschaftlich sie auch sein mögen, enthalten nichts von unserer Erfahrung. Sie mögen hilfreich sein bei der Analyse unserer Erfahrung, aber Beschreibung ist nie Erfahrung. Man mag uns alle Bücher, alles intellektuelle Wissen wegnehmen, aber unserer Erfahrung, die unser Leben und Dasein ist, möchten wir nicht beraubt sein.

Und eben das ist der Faktor, der in der herkömmlichen Naturwissenschaft fast gänzlich übergangen wird: daß unser *Leben* – unser Sein – etwas Tieferes ist als unsere intellektuelle oder philosophische Analyse seiner äußeren Manifestationen. Deshalb ist die moderne Naturwissenschaft über weite Strecken auf dem Holzweg; sie ignoriert eben das Leben und die Erfahrung, auf die sie letztlich ihr Dasein gründet. Die innere Lebenskraft, das innere

Sein des Menschen und aller anderen Kreaturen, wird einfach ausgelassen. Daher die schreckliche Umweltzerstörung, die die Technik des Menschen auf diesem Planeten anrichtet. Die Biologie, das Studium des Lebens, studiert in ihrer gegenwärtigen Gestalt weniger das Leben selbst als dessen äußere Form.

Aber zurück zu den Indriyas: Der sensorische «Input» aus der stofflichen Welt, sagten wir, ist Sache der körperlichen Sinnesorgane, des Gehirns und der geistigen Sinnes-Indriyas. Damit ist die eine Hälfte eines «Regelkreises» beschrieben. Die andere Hälfte, unsere Reaktion, ist wiederum durch die tattvischen Energiefelder vermittelt (es gibt keine andere Substanz, grob- oder feinstofflich) und besteht aus motorischer Aktion. Diese *motorischen Indriyas* sind wiederum geistige Vermögen oder Intentionen, die sich äußerlich manifestieren:

| *Tattva* | *motorisches Indriya (geistig)* | *motorisches Organ (physisch)* |
|---|---|---|
| Erde | Ausscheidung | Enddarm |
| Wasser | Fortpflanzung | Geschlechtsorgane |
| Feuer | Fortbewegung | insbesondere Beine |
| Luft | Manipulation | insbesondere Hände und Finger |
| Ākāsha | Sprache | Kehle und Mund |

Wenn wir wieder Feuer als Beispiel nehmen, sehen wir, wie dieses Expansionsprinzip als Gehen oder Fortbewegung zum Ausdruck kommt. Das bezieht sich normalerweise auf die Beine, aber selbst da, wo ihr Gebrauch nicht möglich ist, bleibt die geistige Fähigkeit, sich die Möglichkeit der Ortsveränderung vorzustellen, erhalten, und diese Vorstellung kann auch auf irgendeine andere Weise verwirklicht werden.

Alle Kreaturen außer den Pflanzen haben dieses geistige Muster, das sie zu Ortsveränderungen veranlaßt. Manche Lebewesen bewegen sich vielleicht nicht sehr viel, aber auch unter den Menschen gibt es ja Stubenhocker. Wo das Feuer-Tattva in die subtile Anlage eines Lebewesens integriert ist, bildet sich das entsprechende geistige Aktions-Indriya des Feuers, und so sind alle Lebewesen außer den Pflanzen *fähig*, sich umherzubewegen, und haben außerdem den *Wunsch*, es zu tun. Es vermittelt ihnen das *Bewußtsein*, daß sie es können. Die notwendige Anatomie und Physiologie und schließlich die Aktion selbst ergeben sich dann als Folge, als Ausführung des inneren «Bauplans». Hier erkenenn wir schon in Umrissen, wie Geist und Körper zusammengefügt sind.

Pflanzen haben dieses integrierte Feuer-Tattva nicht, und so können sie nicht aufstehen und weggehen. Ortsveränderung erfordert eine höhere Intelligenz als Ortsfestigkeit, denn ein bewegungsfähiges Lebewesen muß entscheiden, wohin es geht und wie es erreicht, was es im Sinn hat. Es braucht außerdem die Fähigkeit, sich mit seiner weiteren Umgebung vertraut zu machen. Dazu sind höhere geistige Funktionen erforderlich, als das Wasser-Tattva bieten kann, und hierin besteht der wesentliche Unterschied zwischen Pflanzen und anderen Lebewesen. Ihre innere, subtile Anlage ist anders, und die äußere Gestalt bildet sich dementsprechend.

Das motorische Indriya der Luft schlägt sich beim Menschen körperlich durch ein hohes Maß an manipulativen Fähigkeiten der Hände und Finger nieder. Wir können Dinge mit den Füßen und Beinen, notfalls sogar mit anderen Körperteilen bewegen und in die gewünschte Stellung oder Anordnung bringen, aber unsere primären Manipulationsorgane (darin steckt das lateinische Wort *manus*, «Hand») sind die Arme und vor allem die Hände mit ihrer staunenswerten Feinmotorik. Auch bei den Vögeln kommt das Feuer-Tattva in den Vordergliedmaßen zum Ausdruck, hier aber zu einem der kompliziertesten Mechanismen der Natur abgewandelt, den Schwingen.

Wir haben also fünf sensorische und fünf motorische Modalitäten für die Erfahrung der Welt der fünf Tattvas. Und wie wir gesehen haben, besitzen diese Tattvas sowohl subtile oder geistige als auch grobstoffliche Aspekte, die sich in dem einen ganzheitlichen System von Geist und Körper manifestieren. Der stoffliche Körper ist ein Produkt der inneren Geist-Energien, und daraus erklärt sich die Einheit und Ganzheit von Geist und Körper.

In gleicher Weise sind unsere Psyche und unser Verhalten Ausdruck der subtilen Tattvas, die unsere subtile energetische Anlage ausmachen. Der Mensch hat körperliche und geistige Ausdrucksmöglichkeiten, und die leiten sich direkt von den Eigenschaften dieser subtilen tattvischen Energiefelder ab; es ist allerdings nicht leicht, das in wenigen prägnanten Worten zusammenzufassen. Das liegt zum Teil daran, daß unsere Versuche, unsere eigene Psyche zu verstehen, so verschlungen und umständlich geworden sind, daß wir ihre simple energetische Basis kaum noch sehen. C. G.

*Tabelle 1 Die Tattvas, wie sie in Fähigkeiten und Schwächen des Menschen zum Ausdruck kommen*

| *Tattva* | *mentale Charakteristik* | *physische Charakteristik* | *entartete Emotion* |
|---|---|---|---|
| Erde | praktischer Sinn, Erdverbundenheit | Eigentum, Besitz | Verhaftung |
| Wasser | Sensibilität, Gefühl | Fortpflanzung | Lüsternheit |
| Feuer | Antrieb | Ortsveränderung | Zorn |
| Luft | Planung | Beschaffung | Gier |
| Ākāsha | Unterscheidung; Wissen um den eigenen Ort im Plan der Dinge; Identität | Exekutivvermögen | Ichsucht und Hochmut |

Jung etwa hat eine Unzahl von Büchern geschrieben, in denen er den ausgeglichenen und den gestörten menschlichen Geist in seiner ganzen Vielschichtigkeit darzustellen versuchte – und kam doch mit seinen Gedanken an kein Ende. Tabelle 1 jedoch versucht, diese innere Konstitution mit ganz einfachen Mitteln begreifbar zu machen.

Man sieht hier, daß auch die Züge und Vermögen des Menschen geistige und physische Aspekte haben. In unausgewogenem Zustand sind sie unsere menschlichen Schwächen, und auch hier sind körperliche und geistige Aspekte zu unterscheiden. Es gibt kein äußeres Handeln ohne einen entsprechenden inneren Antrieb. Inneres Verlangen nach Besitz führt dazu, daß man ihn äußerlich anhäuft. Inneres sexuelles Verlangen lebt sich äußerlich aus. Nie kommt ein Zorn in Worten und Taten zum Ausdruck, der nicht zuvor im Geist erfahren worden wäre. Manches von dem, was im Geist ist, muß sich nicht unbedingt äußerlich niederschlagen; es kann zum Beispiel unterdrückt werden. Aber was sich äußerlich im Handeln bekundet, muß zuvor im Geist gewesen sein.

Weiterhin sehen wir hier, daß etwa das Feuer-Tattva den mental-emotionalen Antrieb für das Streben nach Errungenschaften bereitstellt. Oder daß die Raffinesse des Luft-Tattva uns ein detailliertes Vorstellungsvermögen für die Umgestaltung unserer äußeren Lebensumstände gibt. Dieses Tattva steht hinter dem Nestbauinstinkt der Vögel, dem Netzbauinstinkt der Spinnen und dem Wabenbauinstinkt der Bienen; in der Verbindung mit dem Feuer-Tattva haben wir etwa die Erklärung für den Trieb und die Fähigkeit der Vögel, sich Tausende von Kilometern weit in einem Territorium zurechtzufinden, das sie noch nie gesehen haben.

Wenn wir etwas verstanden haben, sagen wir häufig, wir hätten es «erfaßt». Das Luft-Tattva kommt durch unseren Geist genauso zum Ausdruck wie durch unsere Hände. Und das «Erfassen» oder «Be-greifen» wird natürlich zu Gier nach äußeren und geistigen Dingen, sobald dieses Tattva aus dem Gleichgewicht gerät. Dann verselbständigt sich das Verlangen nach materiellem Besitz über die natürlichen Lebensbedürfnisse hinaus. Auch das Bestreben des Intellekts, sich von überall her etwas anzueignen, was man dann als Klugheit und Wissen zur Schau stellen kann, ist nichts weiter als Gier nach geistigem oder intellektuellem Besitz.

Auch ein vollendeter Mystiker, bei dem diese menschlichen Vermögen im Gleichgewicht und voll bewußt sind, wird sich ihrer bedienen, um sein vollkommenes Menschsein auf der äußeren Ebene zum Ausdruck zu bringen. Es gehört einfach zum Menschsein, gewisse Grundbedürfnisse anzuerkennen und sich zu eigen zu machen (Eigentum/Erde). Niemand mag sich alle Tage wieder neue Kleidung und Nacht für Nacht eine neue Bleibe suchen. Wir müssen neues Leben zu zeugen in der Lage sein (Fortpflanzung/Wasser); wir müssen wissen, wie wir unsere Ziele erreichen (Trieb/Ortsveränderung/Feuer); wir müssen die Dinge, die wir brauchen, beschaffen und handhaben können (Beschaffung/Luft) und über unseren Ort im Panorama des Daseins Bescheid wissen (Identität/Unterscheidungsvermögen/Ākāsha). All das gehört zum Inkarniertsein als Mensch.

Aber die meisten von uns geben zu sehr dem Geist nach, der sich über die Sinne nach außen wendet, und so entstehen in uns große Bereiche des Unbewußten oder Unterbewußten, in denen – ohne daß wir allzuviel davon wissen – die fünf Tattvas in ihrer unausgewogenen Form herrschen. Häufig wissen wir so wenig, was in uns selbst wirklich vorgeht, daß wir uns auch noch etwas einbilden auf Dinge, die nichts als Unausgewogenheit und Schwäche sind. So entarten die natürliche Erdverbundenheit und die Fähigkeit, die grobstofflichen Aspekte des Lebens zu begreifen und mit ihnen umzugehen, zum Haften an weltlichem Besitz oder sogar an unseren Ideen, Gewohnheiten, sozialen Gepflogenheiten und religiösen Ritualen und Überzeugungen.

So werden auch unsere sexuelle Anlagen, die eigentlich im Dienst der Arterhaltung und der zwischenmenschlichen Beziehungen stehen, ein Selbstzweck, persönlicher *Lust*gewinn. Vereitelte Triebbefriedigung führt zu *Zorn.* Die Fähigkeit, Dinge zu beschaffen, zu organisieren und zu arrangieren, verselbständigt sich und wird zu *Gier* und Geiz; wir manipulieren andere, um mehr zu bekommen, als wir brauchen, und um unsere egoistischen Ziele zu erreichen. Das Ākāsha-Tattva, Ausdruck des Vakuumzustands, aus dem alle stoffliche Substanz hervorgeht, wird zu *Ego* oder Identifikation mit sich selbst, und das ist der Punkt in unserer Psyche, dem alle andere Schwächen entspringen. Dann verlieren wir unser Unterscheidungsvermögen und das Gespür für unseren Platz im karmischen Geflecht des Lebens.

Alle Vermögen und Eigenschaften des Menschen bilden ein verflochtenes Ganzes. Wie alle Aspekte der drei Welten als das Ei des Brahmā, die Gesamtstruktur des Universalen Geistes, zu einer Ganzheit verwoben sind, so ist auch der Mensch ein Ganzes – Abbild einer höheren, innerlichen und allumfassenden Totalität. Alle unsere Vermögen sind also miteinander verknüpft. Besitzstreben, Vermehrung, Trieb und Beschaffung haben eine gemeinsame Grundlage, nämlich unser Individualitätsgefühl, unser Ego. Besitzstreben, Vermehrung und Beschaffung setzen den Antrieb zum Handeln und zur Bewegung voraus. Um Dinge besitzen zu können, müssen wir sie erst beschaffen, und so weiter.

Wenn die für den Fortbestand des physischen Lebens wichtigen Vermögen aus dem Gleichgewicht geraten, wie es bei den meisten von uns der Fall ist, verlieren wir den klaren Blick für unsere Stellung und unsere Aufgaben, und dann schließen sich auch unsere Schwächen zu einem Netz zusammen. Sexuelles Verlangen und Fortpflanzungsdrang werden zu Verhaftung an unseren Partner, zu Zorn und Haß, wenn dieser Trieb nicht befriedigt wird, zu Neid (vielleicht eine Mischung aus Gier, Verhaftung und Egoismus), wenn jemand anders das bekommt (sich verschafft), was wir selbst im Sinn hatten – und so weiter.

Diese fünf grundlegenden Energiefelder in ihren jeweiligen

Ausdrucksformen decken den gesamten Bereich unserer Erfahrung und unseres Verhaltens ab. Die Schönheit dieses Systems beruht darauf, daß es so einfach und wahr ist: Es geht von der tatsächlichen energetischen Konstitution des Menschen aus. Warum aber gerade fünf und nicht beispielsweise drei oder sieben? In der Tat: Warum haben wir fünf Finger an jeder Hand, warum zwei Beine und ein Herz? Wenn wir eine dieser Fragen wirklich beantworten können, müßten auch die anderen beantwortet sein. Doch die Antwort setzt mystische Erfahrung voraus. Man muß *von innen* sehen können, auf welchem Wege das Eine die Vielheit wird.

Diese simple energetische und durch Erfahrung gewonnene Basis der Psychologie liegt auch der Wissenschaft der Astrologie zugrunde. Astrologie – recht verstanden und richtig ausgeübt – ist eine echte Wissenschaft, mit deren Hilfe man die Muster der inneren Natur und karmischen Konstitution (Schicksal, Persönlichkeit und so weiter) des Menschen lesen kann. Das Universum ist wie ein Hologramm, in dem an jedem Teil, an jedem Einzelmuster das Muster des Ganzen erkannt werden kann. Auch Handlesekunst und Numerologie sind Wissenschaften, die vom gleichen Prinzip der Mustererkennung ausgehen. Es gibt heute natürlich viele unseriöse Vertreter dieser Künste und wenige, die sie wirklich verstehen. Das heißt aber nicht, daß es die echte Wissenschaft der Astrologie nicht gibt.

Das bisher Gesagte wird wohl deutlich gemacht haben, daß etwa die grobstoffliche Erde nur ein Aspekt unserer Erfahrung des Erd-Tattva ist. Auch für Flüssigkeit, Feuer, Gas und Vakuum gilt, daß sie nur Aspekte unserer Erfahrung dieser Tattvas sind. Aber weil unsere Aufmerksamkeit nach außen gerichtet ist und Geist und Sinne völlig gefesselt sind von dem, was wir für grobstoffliche Materie halten, sind wir meist nur dieses äußeren Aspekts gewahr. Nichtwissen bedeutet aber nicht, daß das nicht Gewußte nicht existiert. Nichtwissen hat manchmal auch etwas Gezieltes, und dann ist es Ignoranz: Wir sehen geflissentlich an den Dingen vorbei.

*Tabelle 2 Aspekte der fünf Tattvas in der menschlichen Erfahrung*

| *Tattva* | *äußere Form* | *sensorisches Indriya (mental)* | *Sinnes-Organ (physisch)* | *motorisches Indriya (mental)* | *motorisches Organ (physisch)* | *mentale Charakteristik* | *physische Charakteristik* | *entartete Emotion* |
|---|---|---|---|---|---|---|---|---|
| Erde | feste Körper | Geruch | Nase | Ausscheidung | Enddarm | praktischer Sinn, Erdverbundenheit | Besitz | Verhaftung |
| Wasser | Flüssigkeit | Geschmack | Zunge | Fortpflanzung | Geschlechtsorgane | Sensibilität, Gefühl | Fortpflanzung | Lüsternheit |
| Feuer | Feuer und Licht | Sehvermögen | Augen | Ortswechsel | Beine | Antrieb | Ortswechsel | Zorn |
| Luft | Gase | Berührung | Haut, insb. Hände | Manipulation | Hände | Planung | Beschaffung | Gier |
| Ākāsha | Vakuum | Gehör | Ohren | Sprache | Kehlkopf | Exekutivvermögen | Unterscheidung, Identität | Ichsucht und Hochmut |

Aber das rechte Verstehen ist da, vor uns und in uns, wenn wir nur hinschauen.

Wir sind jetzt in der Lage, eine Tabelle zusammenzustellen, aus der die Merkmale der Tattvas und ihre grobe und subtile Erscheinungsweise in unserer Erfahrung zu ersehen sind. Denken wir aber daran, daß diese Tabelle nur zweidimensional sein kann, während die menschliche Erfahrung ein integriertes System von Energie und Sein ist – und daß Worte nur auf die Wirklichkeit hinweisen können.

## Die Tattvas und die niederen Arten

Was bedeutet nun all das für unser Thema? Die fünf äußeren stofflichen Zustände, sagten wir, sind Widerspiegelungen der fünf feinstofflichen Tattvas, und in der energetischen Domäne dieser fünf feinstofflichen Tattvas ist unser geistiges, emotionales, psychisches und instinkthaftes Leben in Form von Energiefeldern angelegt.

Der Intelligenzgrad oder die Bewußtseinshöhe eines Lebewesens hängt nun davon ab, inwieweit diese subtilen Tattvas in dem geistigen Gewebe um seinen innersten Lebens- oder Bewußtseinskern vertreten sind. Wenn diese subtile energetische Matrix als der Körper dieses Lebewesens nach außen projiziert wird, nehmen wir es als lebendigen Organismus wahr, mit Sinnesorganen, Verhaltensmustern, Instinkten und allem, was die Einzigartigkeit einer bestimmten Kreatur ausmacht. Anders gesagt: Die Eigenart einer Spezies besteht in der subtilen energetischen Matrix, die seine Natur ausmacht und daher seine äußere Form bestimmt. Was ein Wesen ist, Mensch oder Insekt, wird von seinem innersten Wesen her bestimmt; die äußere Gestalt ist nur Projektion subtilerer Muster.

Woher kommen also die Intelligenzunterschiede zwischen den Arten? Weshalb ist der Mensch intelligenter als die Affen, warum sind Affen schlauer als Ratten? Weshalb schneiden Ratten bei Intelligenztests besser ab als Vögel, warum sind Vögel den Insekten und Reptilien überlegen? Und wieso nehmen wir automatisch an, daß Pflanzen sich auf der niedrigsten Bewußtseinsebene aller Lebewesen befinden, wo doch Tests gezeigt haben, daß auch sie auf menschliche Gedanken und Emotionen reagieren?

Und warum gibt es wohlunterschiedene Klassen von Lebewesen? Weshalb gibt es keine Pflanzen, die – vielleicht auf einziehbaren Wurzeln – herumlaufen können, oder Kreaturen, die halb Insekt und halb Reptil sind? Oder grünhäutige Tiere, die sich durch Photosynthese ernähren können? Weshalb keine Reptilien und Säugetiere mit Federn und echten Vogelschwingen? Weshalb kann der Mensch nicht fliegen? Kurzum: Warum gibt es kein glattes, homogenes Kontinuum, in dem die Lebewesen nach äußerer Erscheinung und innerer Konstitution stetig ineinander übergehen? Warum also gibt es überhaupt *individuelle* Spezies? Wäre nach Darwins Theorie der Evolution aufgrund von Zufallsmutationen nicht eher ein Kontinuum der Lebensform zu erwarten?

Die Antwort, sagen die Mystiker, liegt eben darin, daß nicht nur in der äußeren Welt fünf Materiezustände anzutreffen sind, die dazu neigen, sich gegeneinander abzusondern und Oberflächen zu bilden. Das gleiche gilt auch für das innere, subtile morphogene Gewebe, das eine Spezies zu dem macht, was sie ist; es besteht aus den gleichen fünf Tattvas in subtiler Form. Obgleich also diese Energiezustände sich in allen Lebensformen mischen, bilden sie doch unterschiedliche Konfigurationen, und das führt zu den wohlunterschiedenen äußeren Mustern, die wir Spezies nennen.

Im inneren Muster der Pflanzen ist nur das Wasser-Tattva aktiv. Bei den Insekten sind es Feuer und Luft, bei Vögeln Feuer, Luft und Wasser, bei den höheren Tieren Feuer, Luft, Wasser und Erde. Nur im Menschen sind alle fünf Tattvas aktiv. Diese Tattva-Struktur zeigt sich bis zu einem gewissen Grade natürlich auch im physischen Körper der Lebewesen. Pflanzen etwa bestehen häufig zu rund neunzig Prozent aus Wasser.

Die genaue Anordnung und Gewichtung dieser subtilen Tattvas bestimmt – gemäß dem Karma der individuellen Seele und in Übereinstimmung mit dem Gesamtmuster und Gesamtrhythmus der Natur – den Körper einer bestimmten Spezies. Instinkte sind natürlich auch ein Teil dieser subtilen Matrix, die eine Kuh nach Gestalt und Verhaltensstruktur zu einer Kuh macht und eine Spinne zu einer Spinne. Ein Lebewesen muß nicht erst lernen, eine Kuh oder Spinne oder eben ein Mensch zu sein. Die inneren und äußeren Grundmuster sind die, mit denen ein Lebewesen geboren wird.

Wie steht es also mit der Intelligenz? Die fünf Tattvas bilden eine Hierarchie, in der Ākāsha die höchste Stellung einnimmt; als Vakuum oder schöpferischer Raum bildet es eine subtile Schwingungsmatrix, aus der sich die vier anderen Tattvas ableiten. Nur der Mensch besitzt Ākāsha. Das Ineinandergreifen des inneren subtilen Ākāsha und unserer menschlichen mental-energetischen Struktur schafft eben die Intelligenz, die uns als Menschen vertraut ist. Wir können vorausblicken, wir haben die Fähigkeit, uns äußerlich oder innerlich einen Überblick zu verschaffen (was ein Gewahrsein von Raum impliziert). Wir können Möglichkeiten erwägen, im Geist durchspielen, mögliche Verläufe und Ergebnisse erwägen und entsprechende Entscheidungen treffen. Unsere Intelligenz gibt uns die Möglichkeit, schöpferisch zu denken, zu unterscheiden, die anderen vier Tattvas zu manipulieren – und das gibt uns das Gefühl, frei zu sein, freier jedenfalls als die niederen Lebewesen. Potentiell zumindest haben wir die Wahl, mag dieses Vermögen auch mehr oder weniger stark eingeschränkt sein durch gesellschaftliche und psychische Prägungen und unsere Lebensumstände.

Das Ākāsha-Tattva ist aber nicht nur die Matrix, in der die übrigen Tattvas sich manifestieren können, sondern es schafft in uns auch einen geistigen Raum, in dem wir sehen können, wie das Universum aufgebaut ist. Es gibt Anthropologen, die sagen, daß Kultur und Zivilisation des Menschen auf nur zwei Faktoren zurückzuführen sind: seine Befähigung zu komplexen Manipulationen und seine Sprache. Aber diese beiden Faktoren haben eine gemeinsame Grundlage: die Vorausschau des Menschen, das heißt seine Fähigkeit, die möglichen Ergebnisse seines Tuns vorherzusehen.

Wesentlich für alle höheren geistigen Funktionen ist jedenfalls das Vorhandensein von Ākāsha in unserer Geiststruktur. In der äußeren Welt ist Ākāsha die Raum- oder Vakuumenergie, aus der alle materielle Substanz hervorgeht. In unserem Geist bedeutet es die Fähigkeit, die Beziehungen zwischen den Dingen zu erkennen und den Verlauf eines Vorgangs unter Berücksichtigung der Randbedingungen vorherzusehen. Ākāsha ist der Punkt der Integration und Einigung. Damit ist Ākāsha eigentlich das einheitliche Feld der Physik, und in unserem Geist ist es der Faktor, der es uns erlaubt, die eine Ganzheit in allen Dingen zu sehen.

Unsere Fähigkeit zu sprechen erwächst daraus, daß wir geistig die Beziehungen zwischen den Dingen zu erkennen vermögen und dem Ausdruck zu geben suchen. Das Sprachvermögen ist auch Ursprung unserer Fähigkeit, unsere Umgebung bewußt und schöpferisch zu manipulieren. Und möglich wird das alles dadurch, daß Ākāsha zu unserer geistigen Grundausstattung gehört. Ohne Ākāsha wären wir Tiere. Deshalb vermehrt Meditation im Laufe der Zeit die Fähigkeit, die Dinge mit Umsicht und vorausschauend zu betrachten und in ihrer Ganzheit zu sehen. Je mehr unser Geist gesammelt ist, desto ungeteilter sind unsere Gedanken und desto deutlicher erkennen wir Einheit und Ganzheit als das wahre Wesen der Dinge. Wiederum: Das Vorhandensein von Ākāsha in unserem Geist befähigt uns dazu.

Vorausschau und Unterscheidungsvermögen des Menschen erwachsen demnach aus seiner Befähigung, den Ereignissen geistig vorzugreifen und sich ihren möglichen Ausgang vorzustellen. Ereignisse sind über die Zeit ausgebreitete Veränderungen der räumlichen Strukturierung. All das bedeutet, daß wir unserer geistigen

Anlage nach einen sehr viel umfassenderen Zugriff auf Raum und Zeit haben als andere Lebewesen. Grund dafür ist das Ākāsha-Element in uns. Ākāsha ist das eigentliche Energiefeld in der energetischen Hierarchie des größeren Geistes.

Das dreidimensionale Sehvermögen der Falken und Tauben mag sehr viel besser sein als unseres, aber sie haben kein entsprechendes Raumbewußtsein. Sie reagieren instinktiv auf Reize, und nichts deutet auf ein tieferes Verständnis von Raum und Zeit hin. Sie können sich die Dinge nicht zurechtlegen, denn das erfordert eine Vorausschau, die nur der Mensch hat. Sogar Affen und Delphine besitzen diese Fähigkeit nicht im gleichen Maße wie der Mensch. Sie haben nicht sein Unterscheidungsvermögen, können nicht im Geist durchspielen, wohin verschiedene Entscheidungsmöglichkeiten führen könnten.

Ākāsha, die formative Matrix – der Raum – jeder Region in der inneren Hierarchie der Schöpfung, ist für uns Menschen der Schlüssel zum Verständnis von Raum und Zeit. Raum und Zeit sind der Rahmen, in dem sich aller Wandel und alle Muster manifestieren. Deshalb wird Ākāsha manchmal auch mit «Himmel» übersetzt; damit ist freilich nicht unser irdischer Himmel gemeint, sondern das formative Energiefeld «über» einer Region, aus der sich alles in dieser Region Vorhandene manifestiert.

Das Naturgesetz lautet nun: Je größer die Anzahl der aktiven Tattvas bei einem Lebewesen, desto größer sein Bewußtsein und daher seine Intelligenz; desto größer übrigens auch (im Verhältnis zur Körpergröße) das Gehirn, das erforderlich ist, um die größere innere Komplexheit des Lebewesens als Kommunikationsfähigkeit, Sprache, Gedächtnis und so weiter zum Ausdruck zu bringen. In diesem Sinne ist Intelligenz das Maß der Fähigkeit, Facetten der «Außenwelt» geistig zu erfassen und zum Bewußtsein in Beziehung zu setzen.

Jedes der Tattvas hat bestimmte Eigentschaften, die mehr oder weniger stark zur Geltung kommen können; die hierdurch bedingten Variationsmöglichkeiten liegen der Vielfalt der Arten in ein und derselben Klasse von Lebewesen zugrunde. Affen, Kaninchen, Fledermäuse, Wale – sie alle sind Säugetiere, Lebewesen mit vier Tattvas. Verschieden sind sie nur durch die Unterschiede ihrer inneren tattvischen Konfigurationen.

Wenn verschiedene Arten also von unterschiedlicher tattvischer Feinstruktur sind, sollte zu erwarten sein, daß wir an den Lebewesen Züge, Verhaltensweisen und Wahrnehmungsmuster finden, die diese innere tattvische Struktur widerspiegeln. Das ist tatsächlich der Fall, und in den nächsten Kapiteln werden wir uns eben damit befassen. Wir werden hier ganz anders vorgehen als sonst in der Biologie, wo es normalerweise nur um das äußerlich Manifestierte geht, während das Bewußtsein, das eigentliche Leben der Kreatur, weitgehend ignoriert wird. Hier soll es uns gerade um das Leben, die innere Feinstruktur, gehen, die wir äußerlich als Form beobachten.

## Der Mensch und der freie Wille

Der Mensch, hören wir häufig, unterscheidet sich vom Tier dadurch, daß er Selbstbewußtsein und freien Willen besitzt. Diese beiden Züge ergeben sich, wie wir gesehen haben, daraus, daß Ākāsha in unsere geistige Struktur integriert ist. Ākāsha ist die formative Matrix, aus der alle tieferliegenden Bereiche der Schöpfung hervorgehen und durch die alle niedere Schwingung sich dem Subtileren mitteilt. Ākāsha ist ein Tor der Energie, ein Schnittpunkt in der Hierarchie der Schöpfung.

Als Komponente unserer geistigen Konstitution gibt uns Ākāsha das Gefühl für unseren Platz im Gesamtgewebe des Lebens. Es gibt uns unser menschliches Identitätsgefühl. Da jedoch unser Geist immer wegstrebt von seinem Bewußtseinszentrum hinter den beiden Augen, verlieren wir den Sinn für unseren wahren Ort im Gefüge der Dinge und kommen zu einem einseitigen und schiefen Identitätsgefühl. Wir nennen es Egoismus – eine Illusion, die durch unser Abgleiten in die Unbewußtheit entsteht.

Und mit diesem entstellten Bild von der wahren Natur der menschlichen Identität entsteht zugleich ein illusorisches Bild unseres freien Willens. Unsere Freiheit des Handelns und Denkens, daran besteht kein Zweifel, ist allseits begrenzt durch äußere Umstände und durch die halb oder gar nicht bewußten, aber zur Gewohnheit gewordenen Inhalte von Geist und Psyche. Der freie Wille ist ebenso eine Einbildung wie unser entgleistes Identitätsgefühl, das Ego, das diese Freiheit zu haben meint. Kurzum: Das illusorische Ich-Gefühl und die Illusion des freien Willens entstehen miteinander.

Würden wir einmal die Natur des «Ich», das diesen freien Willen zu haben glaubt, genau erforschen, so würden wir feststellen, daß das Problem des freien Willens dabei nicht etwa gelöst wird, sondern sich einfach auflöst. Sammelt der Geist sich zurück in das Augen-Zentrum, so weicht das Ich-Gefühl dem klaren Erkennen unseres wahren Platzes im Gefüge der Dinge. Die Bedingtheit unseres freien Willens ist uns dann bewußt, und wir gelangen zu einer ganz anderen Erfahrung der Natur unserer Ichheit. Wir werden mehr und mehr identisch mit dem Göttlichen Ursprung in uns. Schließlich verschwindet das kleine Ich ganz und gar, und das größere Ich des Höchsten tritt an seine Stelle. Wir müssen unser Bewußtsein weiten, um das Universale Bewußtsein zu werden. Erst dann sind wir wahrhaft frei, eins mit der Höchsten Schöpferischen Kraft in allem.

# Das Ego, das Denken und der schweifende Geist

Jeder unserer Gedanken enthält ein Element von Ichheit, von Ego. Wenn wir meditieren und diese Gedanken bewußt zur Ruhe zu bringen versuchen, sehen wir bald, wie wenig wir unseren Geist und damit unser Gefühl von Ich oder Identität in der Gewalt haben. Ein stiller Geist verliert sein egozentrisches Gewahrsein, denn das irrige Ich-Gefühl wird nur vom aufgewühlten Geist erzeugt, der voller unterbewußter Aktivität ist, voller ichbezogener Gedanken, Motivationen und Emotionen. Das Ego und der schweifende Geist gehen Hand in Hand. Wo ein Ego ist, da treibt sich der Geist in den Regionen unterhalb des Augen-Zentrums herum.

Je stiller er jedoch wird und an seinem Platz im Augen-Zentrum verweilt, desto klarer manifestiert sich die durch Ākāsha bedingte Unterscheidungskraft, und wir erkennen und verstehen unseren Platz im Plan der Dinge immer besser. Das ist die eigentliche menschliche Identität, wie sie unserer geistigen Anlage entspricht. Wenn dieses ausgewogene und in sich ruhende Gewahrsein dadurch gestört wird, daß der Geist sein natürliches Zentrum verläßt und sich unkontrollierten Gedanken und Emotionen überläßt, erfährt diese natürliche Wahrnehmung sofort eine Verzerrung, nämlich die des Ich-Gefühls oder Ego. Und je größer und heftiger diese Bewegung, desto mehr Bewußtsein geht verloren, desto mehr entfernt sich der Geist von seinem Zentrum und desto stärker wird unser Identitäsgefühl verzerrt und zur Illusion. Daher Ausdrücke wie «auf dem Ego-Trip».

Die Lösung besteht nicht in einer psychologischen Analyse unserer egozentrischen Persönlichkeit, denn das ist nur zwanghafte Beschäftigung des Ego mit dem Ego. Die Lösung besteht darin, den Geist im Augen-Zentrum zur Ruhe zu bringen. Dann kommt auch das Ego zur Ruhe wie das Meer nach einem Sturm, und zurück bleiben heitere Stille und eine höhere, klarere Bewußtheit.

# Mikrokosmische Konfigurationen und Ernährung

Aus mystischer Sicht hat die vegetarische Ernährung keineswegs nur gesundheitliche Aspekte. Und sie ist auch mehr als bloße Sentimentalität, wenngleich Sentiment hier durchaus angebracht ist: Wir sollten ein weiches und mitfühlendes Herz haben für die Leiden aller Lebewesen, nicht nur des Menschen. Die vegetarische Ernährung ist eine sehr grundlegende Sache, die Natur von Leben und Bewußtsein spielt hier eine wichtige Rolle.

Das Leben ist die große Kraft, die diese Welt trägt und in ihr wirkt, aber der Mensch tut sich schwer, die Existenz dieser Lebenskraft auch nur in sich selbst anzuerkennen, und das zeigt, daß er sein eigenes Bewußtsein nur sehr oberflächlich kennt. Aller Meditation und allen echten spirituellen Wegen geht es darum, unser Bewußtsein zu erweitern und das Gewahrsein dieser Lebenskraft in uns zu stärken. Wir müssen unser Bewußtsein weiten, bis wir eins werden mit dem schöpferischen Ozean des Bewußtseins, dem alles zuströmt. Unterwegs geht uns auf, daß wir außer dem Leben des Körpers noch ein anderes haben. Und uns wird klar, was uns von tieferem Erkennen abhält: die Geschäftigkeit und die Gewohnheiten unseres Geistes.

Wenn wir dann vertrauter werden mit unserer eigenen Natur, wird uns klar, daß ähnliches auch in anderen Wesen vor sich geht. Jetzt erst sehen wir, daß auch sie lebendig und bewußt sind. Je mehr wir in unser wahres inneres Zentrum zurückkehren, desto ganzheitlicher und vollständiger nehmen wir das Leben wahr. Und das Bild, das sich uns bietet, wird immer einfacher, denn die mystische Erfahrung vom Sosein der Dinge ist im Grunde etwas sehr Einfaches. Komplex und kompliziert sind nur die Wege des Intellekts, eines Geistes, der sich in die Vielheit der Sinneserfahrungen und daraus resultierenden Handlungen verliert. Der Geist wird intellektuell und ruhelos, weil er *nicht* versteht. Wenn der Geist ruhig ist, wird er zur direkten Wahrnehmung fähig – und das ist die simple Erfahrung, lebendig zu sein und es wirklich zutiefst zu wissen.

Wir werden also des Lebens und Bewußtseins in allen Kreaturen immer deutlicher gewahr. Wir werden empfänglich für geistige Anlagen und Prozesse, für die Leiden und Triebkräfte der Lebewesen. Und wir beginnen sogar zu ahnen, wie andere Organismen, seien sie Menschen oder nicht, die Welt erfahren.

Nun müssen wir jedoch, um in dieser stofflichen Welt existieren zu können, anderen Wesen das Leben nehmen. Gänzlich von der inneren Lebenskraft zu leben, wie es manche Yogis können und wie es der Mensch vielleicht überhaupt einmal konnte, das wäre natürlich die ideale Lösung, aber dazu gehört ein sehr, sehr hohes Bewußtsein von den inneren Prozessen der Schöpfung, und dieses Bewußtsein ist den meisten von uns nicht gegeben. Wir sind also – wenn es auch fast unglaublich ist, wenn man sich mal wirklich auf den Gedanken einläßt – gezwungen, uns von den Körpern anderer Lebewesen zu ernähren. Die Frage lautet dann: von welchen Lebewesen? Und die Antwort kann wohl nur lauten: von den Lebewesen, denen damit am wenigsten Leid zugefügt wird. Leiden steht in Zusammenhang mit Geiststruktur und Bewußtsein. Je weniger vollständig die tattvische Konfiguration, die Geiststruktur, desto geringer das Bewußtseinspotential des Lebewesens.

Aber wenn alle Kreaturen Tropfen des Göttlichen Ozeans des Bewußtseins sind, sollten sie dann nicht alle vom selben Bewußtseinsgrad sein? Tatsächlich ist das Bewußtsein, der innere Tropfen des Herrn, im Grunde überall gleich. Aber um in den Bereichen des größeren Geistes mit der «äußeren» Schöpfung in Berührung kommen zu können, mit den Universen des Geistes, zu denen auch diese stoffliche Welt gehört, bedarf es einer Geist- und Körperstruktur, die Resonanz- oder Berührungspunkte oder energetische Übereinstimmungen mit dem jeweiligen Universum aufweist.

Das ist die Funktion der tattvischen Konfiguration, des *Mikrokosmos* aus Geist- und Körperstruktur. Dieser Mikrokosmos ist das eine Seele umgebende Geistmuster, das dieser ein mehr oder weniger umfassendes Gewahrsein ihrer Welt erlaubt. Je vollständiger der Mikrokosmos, desto größer das Gewahrsein oder Bewußtsein dieses Lebewesens von seinem Universum. Die tattvische Konfiguration des Mikrokosmos bestimmt darüber hinaus, was diese Seele von ihrem Universum wahrnimmt. Nur beim Menschen ist die mikrokosmische Konfiguration vollständig, und deshalb kann er zu vollständigem Verstehen und Bewußtsein gelangen, kann sein Potential als Kind Gottes realisieren. Auch die Lebewesen anderer Spezies sind Kinder Gottes, aber sie besitzen nicht den geistig-körperlichen oder mikrokosmischen Apparat, mit dem sie es realisieren könnten.

Doch auch solche Wesen leiden natürlich, wenn sie getötet werden; ihr Körper wird durchtränkt mit den Schwingungen der Angst, der Qual und des Todes, und wer sie ißt, nimmt diese Schwingungen in den eigenen Geist und Körper auf. Deshalb sollte das Töten von Leben zu unserer Ernährung stets etwas Sakramentales haben und niemals rücksichtslos und leichtfertig geschehen. Ob wir selber töten oder nur irgendwo in der Kette von Angebot und Nachfrage stehen, immer sind wir verantwortlich für den Tod dieser Lebewesen. Das Töten wird sich unserem Geist aufprägen, sobald wir irgendwie involviert sind, und wenn wir auch nur essen, was andere getötet haben.

Die Schwingung des Tötens und des Leidens teilt sich uns mit, hinterläßt Spuren und mit der Zeit schließlich eine Art Hornhaut auf unserem Bewußtsein; immer mehr verlieren wir dann das Gewahrsein der Lebenskraft in uns, ja sogar unsere Menschlichkeit. Die geistigen «Schwielen» stumpfen unser Fühlen und unser Gewahrsein ab, ob wir ein Tier nun selber töten oder bloß das getötete Tier im Laden kaufen. Der Geist wird gröber und verhärtet, ist nicht mehr empfänglich für die feineren Schwingungen des Bewußtseins. Wenn man es aus der mystischen Perspektive betrachtet, ist es manchmal wirklich unfaßbar, daß man wahrhaftig für

Geld die Leichen anderer Lebewesen kaufen kann – ohne daß sie allerdings entsprechend bezeichnet wären als «totes Schwein» oder «totes Huhn». Tatsächlich, Gefühl und Bewußtsein des Menschen sind heute sehr weitgehend abgestumpft.

Vielfach werden Tiere ja geradezu fabrikmäßig aufgezogen, als wären sie irgendeine Ware und sonst nichts. Und immer noch wird überlegt, wie man noch mehr Ferkel aus einer Sau und noch mehr Eier aus einer Henne gewinnen kann. Das Leiden, das wir über diese armseligen Kreaturen bringen, ist wirklich furchtbar. Nachvollziehen läßt sich freilich, wie die Betreiber solcher Tier-Konzentrationslager behaupten können, daß diese Tiere nichts fühlen: Sie sind selbst ohne Gefühl. Auch hier projiziert der Mensch einfach seine eigene Unbewußtheit auf die Welt und versichert sich selbst und jedem anderen, daß sie wirklich so ist. Ein einfühlsamer Mensch jedoch weiß, daß auch die Tiere empfinden. Wenn wir also töten, vergrößern wir die karmische Last unseres Geistes und sorgen selber für künftiges Leiden.

Wir müssen uns überlegen, welche Lebewesen wir essen, und der wesentliche Gesichtspunkt sollte dabei die subtile tattvische Konstitution der Lebewesen sein. Ganz unten auf der Skala der tattvischen mikrokosmischen Konfigurationen stehen die Pflanzen, die nur ein aktives Tattva besitzen – Wasser. Dennoch sind Bäume und andere Pflanzen natürlich lebendig. Wie wir noch sehen werden, kommunizieren sie sogar miteinander und mit anderen Wesen. Auch ihnen sollten wir also das Leben nicht leichtfertig nehmen.

Wenn wir uns nur von den Wesen des Pflanzenreichs ernähren, wird der Geist in uns am wenigsten beeinträchtigt. Die karmische Bürde, die wir ansammeln, wird dann am geringsten sein, und das gleiche gilt für unsere karmischen Verstrickungen. Wenn uns also an mehr Bewußtsein gelegen ist, an einem deutlicheren Gewahrsein der Lebenskraft in uns, so dürfte es angebracht sein, dieser Lebenskraft auch bei anderen Lebewesen auf die Spur zu kommen und ihr mit Achtung zu begegnen. Werden wir wohl selbst Erlösung vom Leiden finden, wenn wir anderen Leiden verursachen? Das schließt sich gegenseitig aus, sagt das Naturgesetz. Wenn wir also echte spirituelle Fortschritte machen wollen, sollten wir unseren Hunger ausschließlich mit den Wesen des Pflanzenreichs stillen.

Dies beinhaltet nicht die Forderung, alle Menschen sollten Vegetarier werden. So funktioniert die Welt nun mal nicht. Ich beschreibe ein Naturprinzip, das ist alles. Wie ein Mensch sich darauf einstellt, ist ganz und gar seine Sache. Und die notwendigen Veränderungen in unserer Lebensweise ergeben sich ganz von selbst, wenn wir nur weitergehen.

## Stoffliche und geistige Elemente

Die Materie nach ihrem äußeren Erscheinungsbild zu beurteilen, das ist in dieser Zeit feinster Analysemethoden sicher kein als besonders fortschrittlich empfundener Ansatz. Die Elementenlehre hat etwas mittelalterlich Verstaubtes an sich. Aber wenn wir heute auch sehr viel mehr über den Feinaufbau der Materie wissen, erscheint sie uns doch nach wie vor in den fünf elementaren Zuständen. Die Natur hat sich nicht geändert. Die elementaren Zustände existieren, wir erfahren sie ja unentwegt.

Der moderne Materiebegriff kam durch die Entdeckung des atomaren und molekularen Aufbaus der Materie zustande. Zum erstenmal bekamen wir eine Vorstellung davon, wie die Elementarzustände überhaupt zustande kommen. Von den *Bewegungen* und *Konfigurationen* der Atome und Moleküle hängt ab, ob eine Substanz fest, flüssig oder gasförmig ist. Der Feuer-Zustand hat sehr direkt mit der Bewegungsintensität der Moleküle und Atome zu tun.

Ganz am Anfang stehen wir noch mit der Analyse des Geistes,

insbesondere des Formativen Geistes, der allen Energien unserer Erfahrung, seien sie grob oder subtil, ihre Struktur gibt.

Die Elemente oder Tattvas sind auf jeder Ebene in den Geist-Welten die Grundzustände der Energie. Wir erfahren sie in ihrem stofflichen Zustand als feste Körper, Flüssigkeiten und so weiter. In der geistigen Welt der subtileren Energien stellen sie sich mit anderen Wesensmerkmalen dar: Feuer als Antrieb, Luft als die Energie des Beschaffens, die der manuellen Geschicklichkeit zugrunde liegt, und so weiter. In erster Linie sind die Tattvas Energien des *Geistes.*

Alle Wesen, die auf diesem Planeten leben und je gelebt haben, bestehen aus Bewußtsein, einer Geist-Konfiguration und einem Körper. Und wie der Körper die fünf grobstofflichen Materie- oder Energiezustände aufweist, so ist die Geist-Konfiguration aus den fünf Elementen oder Tattvas in ihrer subtilen Form gefügt.

Zur Zeit wissen wir noch wenig darüber, wie diese subtilen Energien sich zu Mustern und Konfigurationen fügen. Aber es muß dafür eine Vielzahl von Möglichkeiten geben. Nicht nur wir Menschen sind sehr verschieden voneinander; außer uns gibt es ja noch Millionen von Lebewesen, die die Verschiedenheit ihrer subtilen geistigen Baupläne sehr deutlich erkennen lassen. Aber *wie* diese subtilen Energiefelder im einzelnen zusammengefügt werden, wissen wir nicht. In genau dieser Lage waren wir vor einigen Jahrhunderten bezüglich der stofflichen Materie, als die Physik zwar über die Elementarzustände der Materie Bescheid wußte, aber nicht über deren Zustandekommen.

Aber irgendwo müssen wir ja ansetzen; darin geht es uns heute so wie den Physikern des Mittelalters. Vielleicht gewinnen wir für die Betrachtung der Geist-Konfigurationen als Energiestrukturen einen Ansatzpunkt, wenn wir davon ausgehen, daß die fünf Tattvas auf einer subtilen Ebene existieren. Wir sehen dann etwa, daß Pflanzen kein Feuer haben, weil sie nicht weggehen können. Oder wir sehen, daß der Mensch Ākāsha hat und dadurch das Vermögen, die Welt als ein Ganzes zu sehen. Das soll nur ein Ansatz sein. Vielleicht werden andere einmal detailliertere Analysen vorlegen, sowohl unter dem Gesichtspunkt der subtilen Energiephysik, der subtilen Biologie und physiologischen Funktionsweise als auch unter dem Gesichtspunkt von Psyche und Verhalten. Beide Perspektiven sind erforderlich.

Die Idee der fünf Tattvas jedoch aus bloßer Voreingenommenheit oder Unwissenheit als archaisch abzulehnen, das ist so, als wollte man bestreiten, daß es Festes, Flüssiges, Gasförmiges, Heißes und den Raum gibt. Wenn der Geist ein mit dem Stofflichen verknüpftes dynamisches und ganzheitliches Energiegewebe ist, dann muß es eine Wissenschaft geben, die seine Muster und Konfigurationen ergründet oder zumindest erörtert. Das ist vielleicht eine Wissenschaft der Zukunft, deren Anfangsgründe wir hier aufzeigen.

## Tropfen im Ozean des Seins

Zusammenfassend können wir also sagen, daß jede lebendige Kreatur ein *Wesen* ist. In ihrer innersten Essenz sind alle Wesen vom selben Ursprung. Wir sprechen hier von der Seele. Und diese Seele ist ein Tropfen vom Ozean des Seins, dem wir den Namen Gott (und viele andere Namen) geben.

Alle Kreaturen sind einfach Tröpfchen des Seins im Ozean des Seins. Die primäre Wirklichkeit ist existentieller oder ontologischer Natur. Viele Physiker sind durch ihre Arbeit zu diesem Schluß gelangt: Die Antwort auf die letzte Frage muß ontologischer Natur sein. Das ist die Essenz der wahren Mystik, denn mystische Erfahrung ist die Erfahrung des Seins und des inneren Lebens.

Wir sind alle Tröpfchen des Seins, Mikrokosmen des Seins – das heißt des Geistes und Bewußtseins – im Makrokosmos des Seins.

Die materielle Wissenschaft ist nur eine Analyse unserer sensorischen Erfahrung, aber die Erfahrung dieser Analyse – im Intellekt, im Denken, in der Intuition und so weiter – liegt außerhalb des Bereichs sensorischer Erfahrung. Es ist jedoch *alles* von ontologischer Natur, es ist alles *Sein.*

Und die Mikrokosmen sind verschieden in ihrer inneren Anlage oder Konfiguration. Der Mikrokosmos des Seins, den wir Biene nennen, erfährt das Leben (oder das Sein) anders als der Mikrokosmos, den wir Katze oder Delphin oder Känguruh oder Mensch nennen. Die Wesensunterschiede liegen in der mikrokosmischen Struktur, in der Konstruktion und den dynamischen Prozessen des inneren Seins jeder Kreatur, jedes Tröpfchens des Seins.

Wenn das so ist, können wir Form und Funktionen des Körpers unmöglich verstehen, ohne zuvor die subtilen «Gesetze» des Seins erfaßt zu haben, die Gesetze von Geist und Bewußtsein. Denn äußere Form ist das manifest gewordene innere Muster des Seins.

# 3. Die Welt der Pflanzen und Tiere

## Das innere Leben der Pflanzen

Pflanzen sind also Lebensformen des Wasser-Tattva. Ihre subtile energetische Matrix, ihre innere Strukturierung, ihr Instinkt ist von der Art des Wassers. In die Geist-Struktur führt das Wasser-Tattva das Element des Fließens und der Sensibilität ein. Beim Menschen ist es die aufwallende Emotionalität. In seinem Yin-Aspekt ist es die weiche Empfänglichkeit des Weiblichen. Deshalb ist die weibliche Natur im allgemeinen intuitiver und sensibler. Die Astrologen sagen uns, daß die Wasserzeichen nicht kämpferisch sind. Sie umströmen die Dinge, anstatt gegen sie anzurennen. Das mag manchmal den Eindruck erwecken, daß sie unschlüssig und leicht zu führen sind, aber es gibt ihnen auch Sensibilität, Mitgefühl und Einfühlungsvermögen.

Da Pflanzen von dieser Natur sind, reagieren sie auf die Gefühle und die innere Gestimmtheit anderer Lebewesen. Das ist sehr deutlich zu sehen am Phänomen des «grünen Daumens», wo Pflanzen offenbar auf die gute Absicht und Sympathie des Menschen reagieren, der mit ihnen umgeht. Das heißt nicht, daß Pflanzen Gedanken lesen können; sie sind einfach empfänglich für die Stimmung, für die generelle mental-emotionale Schwingung. Bei manchen

Menschen gedeihen die Pflanzen unter den unmöglichsten Umständen, bei anderen verkümmern sie und scheinen am Prozeß des Wachstums und Lebens nicht teilnehmen zu wollen. Das gilt natürlich für alle Beziehungen, auch für den Umgang der Menschen miteinander.

Das erklärt auch die Ergebnisse des berühmten Experiments von Cleve Backster.* Er stellte fest, daß seine Topfpflanzen nicht nur auf tatsächliche Mißhandlungen, sondern sogar auf die bloße *Absicht* einer Mißhandlung mit Veränderungen ihrer elektrischen Aktivität reagierten. Und ähnliche Reaktionen zeigten sie, wenn andere Lebewesen, etwa Insekten und Spinnen, in ihrer Gegenwart leiden mußten.

Alle Lebensformen, folgerte Backster, sind innerlich miteinander verbunden, und zwar offenbar um so mehr, je stärker ihre Leben auch äußerlich miteinander verknüpft sind: Backster stellte fest, daß das Auf und Ab seiner Emotionen sich auch dann in der elektrischen Aktivität seiner Pflanzen niederschlug, wenn er nicht in ihrer Nähe war. Er zeichnete die Aktivitäten der Pflanzen mit einem Polygraphen auf, und wenn er später seine eigenen Notizen mit dieser Aufzeichnung verglich, ließen sich zeitliche Übereinstimmungen erkennen.

Bei Pflanzen gibt es kaum Sammelpunkte der Geist-Energie, wie wir sie im Nervensystem und Gehirn der Insekten und höheren Arten erkennen. Wenn es bei Pflanzen solch einen Sammelpunkt der Lebenskraft gibt, dann muß er in den Wurzeln sein, denn viele Pflanzen entledigen sich im Wechsel der Jahreszeiten teilweise oder ganz ihres oberirdischen Wuchses und treiben dann von den Wurzeln her neu aus. Andererseits lassen sich viele Pflanzen durch Stecklinge vermehren, und das zeigt, daß die Lebenskraft wohl gleichmäßig in ihnen verteilt ist.

Und natürlich ist eine Pflanze eine in sich geschlossene Lebens-

* Siehe: «Evidence of primary perception in plant life», in *International Journal of Parapsychology* 10, 1968.

form: Blätter, Wurzeln, Stamm, Blüten und Früchte sind eine funktionelle Einheit wie der Körper des Menschen und anderer Spezies. Da die Pflanzen ihren «Kopf» in die Erde graben, in Felsspalten schieben und sich mit den Wurzeln in den Schlamm oder Sand und um die Steine ungezählter Seen, Bäche und Meere klammern, verläuft ihr Leben im wesentlichen still und bewegungslos. Fast schläft ihr Geist, nur das Wasser-Element bleibt mit dem Bewußtsein verbunden.

Das gibt ihnen ein chemisches «Geschmacks»empfinden – die Wurzeln suchen Mineralien und Wasser, die Blätter richten sich nach der Sonne aus, deren Energie sie in chemischen Verbindungen speichern. Ihre trockenen Samen warten – manchmal jahrhundertelang – darauf, vom Wasser erweicht zu werden, damit sie aufkeimen können.

Aber sie empfinden zweifellos auch innerlich. Ihre Gegenwart ist beruhigend für den zerstreuten und aufgewühlten Geist der Menschen, die wunderschöne Gärten als Oasen des Friedens anlegen, als Refugium von den Strapazen des Lebens. Auf der Suche nach Stille und geistiger Sammlung zieht es den Menschen in die unberührte Natur der Urwälder und Wüsten. Aber die Pflanzen denken nicht wie wir Menschen, sie haben keine innere Verbindung zu Ākāsha. Sie haben auch kein Feuer, können also nicht, wie andere Lebewesen, Bereiche des elektromagnetischen Spektrums sehen. Und deshalb können sie auch nicht aufstehen und weggehen. Ihre einzige Bewegung ist das Wachstum, und hier finden wir einen unerschöpflichen Detail- und Formenreichtum, denn jede Spezies hat ihre ganz eigene subtile Matrix, die in ihrem Wuchs zum Ausdruck kommt.

Die Erfahrung einer Pflanze dürfte demnach ein verschwommener und stiller Bewußtseinszustand sein; es gibt keine gerichtete Bewußtheit und daher kaum Gelegenheit, neues Karma zu erzeugen. Vielleicht ist das Pflanzendasein ein Ort des Ausruhens für Seelen, die in früheren Inkarnationen ein jämmerliches Leben unter dem Diktat eines ewig ruhelosen Geistes geführt haben. Vielleicht werden manche Pflanzen auch immer Pflanzen sein, gleichsam als Bausteine der Schöpfung. Die Wahrnehmung der Pflanzen ist weitgehend chemischer Natur, das diffuse Gewahren einer chemischen Wirklichkeit, verbunden mit einer Sensibilität für die subtilen Schwingungen des Wasser-Tattva.

Hier umgeben nur wäßrige Empfindungen die in der Pflanzengestalt eingeschlossene Seele. Aus ihrer Wassernatur ergibt sich ihre Geschlechtlichkeit, das Mittel, mit dem die Natur aufgrund der jedem Zellkern mitgegebenen Muster die Vielfalt innerhalb einer Art sicherstellt. Variation und Anpassung sind lebensentscheidende Fähigkeiten in einer ständig sich wandelnden Umwelt.

Es gibt Menschen, die ernsthaft fragen: «Sind Pflanzen lebendig?» Wäre diese Frage nicht auch bei manchen Menschen angebracht? Doch Leben ist Leben. Die innere Lebenskraft, von zahlreichen Hüllen und schließlich den strukturgewordenen feinstofflichen Tattvas umgeben, bringt eine Form, einen Körper hervor, der von gleicher Grundstruktur und staunenswert dynamisch und komplex ist, weit mehr als bei einem Stein, beim Wasser oder beim relativ simplen Molekularaufbau der Luft. Der deutsche Naturwissenschaftler Fritz Albert Popp sagte 1989 bei einem Seminar in Oxford, in Gurkenkeimlingen liefen nach seiner Schätzung etwa 100 000 intermolekulare Reaktionen pro Zelle und Sekunde ab. Ein schier unglaublicher Aktivitätsgrad. Und die Aktivität *in* den Molekülen und Atomen ist natürlich noch weitaus größer. Und doch ist alles auf höchst wunderbare Weise geordnet und organisiert.

Im Vergleich mit unbelebter Materie sind die Körper lebender Organismen in einem superdynamischen Zustand – energetisch geladen, gespannt wie eine Saite, stets aktions- und reaktionsbereit. Dieser Zustand macht lebendige Organismen auch so sensibel für ihre Umwelt und läßt die Züge von Geist und Bewußtsein an ihnen sichtbar werden.

Der Aufbau solcher Komplexheit erfordert viel Energie; wenn also das Leben oder die Seele sich vom Körper löst, wird nichts verschwendet, sondern der Körper bleibt als Nahrung für andere Wesen zurück. Nur Pflanzen und manche Bakterien können von Mineralien und einfachen chemischen Verbindungen leben. Und sie geben auch Nährstoffe an die Erde zurück, sowohl auf direktem Wege als auch nach ihrem Tod, wenn sie von Würmern, Bakterien, Pilzen und so weiter zersetzt und verdaut werden. Ohne Pflanzen können wir nicht existieren, und ohne die anderen Spezies können auch Pflanzen nicht existieren. Die notwendigen Nährstoffe gelangen durch den Tod anderer Lebewesen oder der Pflanzen selbst in den Boden zurück. Insekten, Vögel und die anderen Tiere haben ihren Platz im Nahrungskreislauf und ihre Bedeutung für die Vermehrung der Pflanzen. Die Insekten befruchten sie, Vögel und Pelztiere transportieren ihre Samen in Gefieder und Fell. Pflanzen nehmen Kohlendioxid auf und geben den Sauerstoff ab, den wir anderen Lebewesen brauchen; wir wiederum «verbrennen» Kohlenstoff und atmen das Kohlendioxid aus, das die Pflanzen brauchen.

So subtil ist dieses Gleichgewicht, daß wir es in wenigen Jahren der Industrialisierung und Waldzerstörung geschafft haben, den Kohlendioxidgehalt der Luft spürbar zu erhöhen. Wie, frage ich mich, kommen die herkömmlichen Evolutionisten auf den Gedanken, anfangs habe – und zwar für Millionen von Jahren – eine reine Pflanzenwelt existiert, ohne jede andere Spezies? Natürlich ist diese Theorie absurd, denn sie hat keinen Blick für das Leben selbst, für das innere Juwel des Bewußtseins, in dessen Umfeld alle Formen sich gebildet haben, diese innere Essenz, die sowohl für den Sinn als auch für das Verstehen sorgt. Wir alle erfahren nichts als Seine Schöpfung, Sein Leben, Sein Sein. Er ist in uns und in allen Formen, der Strukturbildner in jedem Atom, die Essenz allen Lebens.

Kein Augenblick, in dem Er sich uns nicht zeigte. Lückenlos

Seine Präsenz. Er ist fern und doch «näher als der Atem, näher als Hände und Füße». Es muß nur das Ego sterben, damit dieses Wissen durchscheinen kann.

## Subtile Wahrnehmungsebenen

Pflanzen sind also lebendig und empfindungsfähig – sie nehmen ihre Umgebung wahr und reagieren auf sie. Das Wahrnehmen und Reagieren hat physische und subtile Aspekte. Als Menschen können wir auf beiden Ebenen wahrnehmen, auf der physischen Ebene, also durch unsere Wahrnehmunsorgane, und auf einer subtileren, inneren Ebene. Das sind aber keine voneinander getrennten Wahrnehmungsebenen, denn wir können sowohl über ein mentales oder subtiles Sehvermögen als auch mit unseren körperlichen Augen wahrnehmen. Dieses subtile Wahrnehmungsvermögen sieht beispielsweise die Aura, während es in seiner vollen äußeren Manifestation, als die Sehkraft unserer physischen Augen, für jenen kleinen Bereich des elektromagnetischen Spektrums empfänglich ist, den wir Licht nennen. «Licht» ist natürlich Ausdruck unserer *Erfahrung* des elektromagnetischen Feldes. Nirgendwo außerhalb unserer Augen und unseres Gehirns hat je ein Neurowissenschaftler das gefunden, was unsere tagtägliche Erfahrung des Lichts ausmacht.

Wir Menschen haben inzwischen unsere Fähigkeit, die subtileren Aspekte der Welt direkt wahrzunehmen, weitgehend verloren. Zu viele Gedanken, Emotionen und unterbewußte Muster beschweren unsere Aufmerksamkeit und ziehen sie weg von ihrem angestammten Sitz zwischen und über den Augen, so daß sie sich in die Tattvas des stofflichen Bereichs verliert. Dennoch beeinflussen uns die subtilen Aspekte des Lebens ständig, denn sie sind Bestandteil unseres inneren Seins; aber wir sind uns dieses subtilen Wechselspiels meist nicht bewußt. Als Kinder werden wir kaum dazu angehalten, unsere angeborene Wahrnehmungsfähigkeit zu benutzen und zu üben. Vielmehr wird die reine Beobachtungsgabe und Klarheit des Kindes immer mehr geprägt durch die Einstellungen und Glaubenssysteme der Erwachsenen, Eltern, Lehrer und anderer. So wird das kostbare Geschenk des Bewußtseins und der subtilen Wahrnehmung allmählich überlagert von Mißtrauen, Zweifel, Angst und dem ganzen Fächer menschlicher Schwächen.

Dem Kind wird sogar auf unterschwellige Weise beigebracht, seiner eigenen natürlichen Wahrnehmungsfähigkeit zu mißtrauen; als Erwachsener bemerkt dieser Mensch dann nicht einmal mehr das emotionale Leben seiner engeren Familie, und seine eigenen Gedanken und Gefühle bleiben ihm weitgehend verborgen.

«Sei nicht böse», sagt das Kind begütigend zu seiner aufgebrachten Mutter. «Ich bin nicht böse», sagt die Mutter und stürzt das Kind damit in den Zwiespalt, entweder der Mutter oder seiner eigenen Wahrnehmung mißtrauen zu müssen. Die Abhängigkeit von der Mutter führt das Kind dazu, schließlich etwas zu glauben, was eigentlich nicht stimmt. Das Kind orientiert sich an seinen Eltern und Lehrern und ahmt sie nach, und wenn es diesen Menschen an klarer Wahrnehmung mangelt, wird sich das Kind dem anpassen. Es lernt, seiner eigenen sinnlichen und inneren Wahrnehmung zu mißtrauen und gerät damit in emotionale Isolation, bis es endlich die Spiele des Ego und die gesellschaftlichen Rituale als Ersatz für wahre Lebendigkeit und Bewußtheit akzeptiert. Es kann natürlich auch sein, daß das Gewicht früherer Leben ohnehin zu sehr auf dem Geist des Kindes lastet, als daß es je eine nennenswerte Begabung für unmittelbare Wahrnehmung hätte haben können.

Bei allen Lebewesen außer dem Menschen fehlt das Ākāsha-Element im inneren Aufbau, die zweischneidige Gabe des «freien Willens» und des intellektuellen Vermögens, über ihren Ort im Schöpfungsplan nachzudenken. Geistig leben sie in einer Art Halbschlaf, und sie sind nicht von gar so vielen Gefühlen bedrängt wie der Mensch. Wettgemacht werden diese «Mängel» jedoch dadurch, daß ihr subtiles Wahrnehmungsvermögen nicht blockiert ist wie bei den allermeisten Menschen.

Dieses subtile Wahrnehmungsvermögen, den «sechsten Sinn», besitzen, wie Backster und andere entdeckt haben, nicht nur Hunde, Pferde, Delphine und Elefanten, sondern alle Kreaturen, sogar die des Pflanzenreichs. Viele dieser Lebewesen haben eine feinere physische Empfindungsfähigkeit als wir Menschen; außerdem jedoch besitzen sie wie der Mensch noch ein subtiles Wahrnehmungsvermögen, das im Aufbau ihrer subtilen tattvischen Matrix begründet ist. Von welcher Art diese Wahrnehmung ist, hängt davon ab, welche Tattvas in ihrer subtilen Konstitution wirksam sind.

Das ist das Geheimnis vieler Geschichten, in denen von Tieren erzählt wird, die die Gegenwart des Menschen oder anderer Lebewesen spüren oder einem Verunglückten zur Hilfe eilen, von dessen Aufenthaltsort oder Verfassung sie «eigentlich» gar nichts wissen können. Aber das innere Leben bindet alle Kreaturen ein in die Ganzheit des Lebens, und deshalb besitzt im Grunde jede dieses subtile Gewahrsein. Eine Hirschherde in der afrikanischen Savanne grast unbekümmert weiter, wenn eine satte Löwin vorbeitrottet. Wenn sie jedoch auf der Jagd ist, spüren die Hirsche das sofort an ihrer ganzen Ausstrahlung; dann müssen die Hirsche sie nur einen Augenblick gesehen und gewittert haben, und schon befindet sich das ganze Rudel in wilder Flucht.

Die Behavioristen sagen, Hirsche könnten die Körpersprache der Löwin lesen. Und die Körpersprache ist natürlich Ausdruck ihrer inneren Gestimmtheit, und die Hirsche nehmen beides auf, die äußere Verhaltensgestalt ebenso wie die innere Schwingung. Alle großen Jäger – gleich welcher Hautfarbe – besitzen die Fähigkeit, Geist und Körper ganz still zu machen oder ihre Aktivität wirkungsvoll zu tarnen, während sie sich an ihre Beute anpirschen oder ihr auflauern. Die innere Stille ist die verborgene Seite des lautlosen Pirschens, allen naturnah lebenden Völkern wohlvertraut. Lautlose Schritte und dazu ein lärmender Geist, das ist nicht wahre Stille. Und da alle Wesen auf der Ebene des Geistes und der Seele miteinander verknüpft sind, besitzen die Menschen dieser Naturvölker häufig auch den sechsten Sinn: Ihr Geist ist so still, daß sie die Schwingung, die von einem auf der Lauer liegenden hungrigen Tier ausgeht, rechtzeitig aufnehmen.* Wir sollten lernen, unserer Intuition zu trauen, denn sie ist Bestandteil unseres Menschseins. Es hat keinen Sinn, Intuitionen zu suchen, denn dann ist die Gefahr groß, daß wir unseren Einbildungen zum Opfer fallen; solche Fähigkeiten fallen uns vielmehr ganz ohne unser Zutun wieder zu, wenn wir die Kunst der Meditation, der Stille, der wahren Geistesbeherrschung erlernen.

Lorne und Lawrence Blair, die eine Zeitlang bei den Punan Dyaks auf Borneo lebten, äußerten einmal den Wunsch, an einem Jagdausflug teilzunehmen.** Da konnten die Dyaks nur lächeln.

«Ihr macht zuviel Krach», sagten sie. «Ihr müßtet erst mal wie der Wald werden, euch einreihen in den Tanz des Waldes.» Und das konnte ja nur heißen: sich geistig dem Wald angleichen, dann folgt der Körper schon nach. Und sie fügten hinzu: «Ihr würdet vier Jahre brauchen, um auch nur atmen zu lernen.»

Vielleicht ist diese innere Stille auch gemeint in den Märchen, die von unsichtbar machenden Kräutern erzählen. Vielleicht handelt es sich da ganz einfach um Kräuter wie Baldrian und Hopfen, die den Menschen innerlich still machen (und gewiß weitaus besser mit den Prozessen des Lebens harmonieren als die Produkte der Pharmaindustrie).

Die Natur hat für alles eine Lösung. Wie sonst könnte sie über Jahrtausende hin das Gleichgewicht wahren? Der heutige Mensch sieht das Leben als in gesonderte Bereiche gegliedert, zwischen denen es mechanische Interaktionen gibt: Bewußtsein hat hier keinen Platz und keinen Sinn. Doch das Leben *ist* Bewußtsein und läßt

* Jim Corbett schildert viele Fälle dieser Art. Siehe auch Kapitel 7.
** Die BBC zeigte 1988 einen Film über diese Expedition.

sich nicht ewig unterdrücken. Alles Existierende bildet eine Ganzheit im größeren Leben des Höchsten Bewußtseins. Wenn wir mit unserer Scheuklappensicht nur unverbundene Bruchstücke erkennen, liegt das an uns selbst; und wir sollten unser Bemühen vor allem anderen darauf richten, dieser Blindheit und Unwissenheit abzuhelfen.

Pflanzen reagieren, wie Backster gezeigt hat, sogar auf die verborgenen Absichten der Menschen. Aber wir selbst mit all unserem Potential zu tieferer Wahrnehmung und tieferem Verstehen sind so von unseren Mitmenschen abgeschnitten, daß unsere subtile Wahrnehmung sogar hinter der der Pflanzen zurückbleibt. Diese Wahrnehmung und noch viel mehr ist uns jedoch von Natur aus gegeben, nur benutzt der heutige zivilisierte Mensch diese Fähigkeiten nicht mehr bewußt in der Weise, wie es die Naturvölker tun. Wir sind so sehr verstrickt in unsere Eindrücke, Gedanken und Emotionen, daß wir das Subtile einstweilen aus dem Auge verloren haben.

Und Pflanzen sind ja nicht die einzigen Lebewesen, die mehr «Menschenkenntnis» besitzen als die meisten Menschen. So viele Geschichten erzählen von Hunden, Pferden und anderen Tieren, die instinktiv die ungute oder bedrohliche Ausstrahlung eines Menschen aufnehmen und dann mit einem Knurren oder ganz gezielt mit einem Biß oder Tritt reagieren.

Menschen, die «sich auf Tiere verstehen», sind im Grunde gutmütig und wohlwollend, und auf diese geistige Schwingung antworten Menschen und Tiere mit Vertrauen.

## Die Sprache der niederen Arten

Auch Sprache und jede Art der Kommunikation finden grundsätzlich auf beiden Ebenen statt, der subtilen und der groben. Mit Sprache meine ich nicht nur gesprochene Worte und geschriebene

Symbole, denn dann besäße nur der Mensch eine Sprache; ich meine vielmehr alle Formen der Kommunikation. Das begriffliche und intellektuelle Vermögen des Menschen kann sein schlimmster Feind werden; es kann ihn unfähig machen, auch nur seine fünf äußeren Sinne zu benutzen, von seinem subtilen Wahrnehmungsvermögen ganz zu schweigen. Wir haben so viel damit zu tun, die Ereignisse eines Tages zu beurteilen, daß wir übersehen, was direkt vor unserer Nase ist. Wir ordnen unsere Wahrnehmung vorgefertigten Mustern und Glaubenssystemen zu; automatisch und beinah unbewußt interpretieren wir alles, was wir erfahren, und dadurch geht uns der eigentliche Sinn, die Lebendigkeit der Erfahrung verloren. Wir verlieren ihre Einfachheit, ihre Schönheit, ihre Freude – alles, was sie zum Ausdruck der inneren Quelle macht. Dann sehen wir die Schönheit in einem Blatt oder in den Wolken nicht mehr. Die subtilen Nuancen des Gesichtsausdrucks entgehen uns ebenso wie all die fast verzweifelten Bemühungen der Natur, mit uns ins «Gespräch» zu kommen.

Der Mensch teilt sich durch die Sprache des Mundes und des Körpers mit. Unsere geistige und emotionale Gestimmtheit kommen unwillkürlich in Körperhaltung, Gesichtsausdruck und Gestik zum Ausdruck. In allem, was wir tun und sagen, bekunden sich unsere Persönlichkeit und unsere mental-emotionalen Muster. Menschen von größerer Wahrnehmungsgabe teilen sich auch die Schwingungen mit, die von Menschen und Orten ausgehen – die Stimmungen, Gedanken und Emotionen anderer. Ein guter Freund sagte einmal zu mir: «Wenn der Mensch seine Aura sehen könnte, würde er nicht in den Krieg ziehen.»

Nie und nirgendwo sind wir ohne unser Inneres, und wir teilen es stets und überall in großen Wellen mit. Auch das ist Kommunikation und hat seinen Einfluß auf andere, ob sie oder wir es wissen oder nicht. Deshalb ist es für jeden Menschen ratsam, nach Beherrschung des Geistes zu streben, je nach Neigung durch Meditation, Gebet, Yoga oder was auch immer. Unsere geistige und emotionale

Verfassung ist wichtiger als die Kleider, die wir tragen, oder das Wissen, das wir besitzen. Wenn wir unsere äußere Kleidung schon wichtig nehmen, wieviel wichtiger mag dann wohl unser subtiles Aura-Gewand sein, das sogar den Geist und die subtile Struktur anderer durchdringt, sei es Mensch, Tier oder Pflanze.

Die übrigen Lebewesen kommunizieren über die äußeren Sinne und eine Vielzahl sinnlicher Vermögen, die uns Menschen fremd sind oder fremd geworden sind. Ihre Warnrufe, die Geräusche und Laute ihres Umgangs miteinander, ihr Territorialverhalten der Lock- und Abschreckungsgesten, ihr ganzes Bewegungsgebaren – alles gehört zu ihrer Sprache und ist Ausdruck eines Musters in der subtilen tattvischen Geist-Konfiguration, die eine Spezies zu dem macht, was sie ist. Dazu kommt noch die Kommunikation auf subtilen energetischen Schwingungsebenen. All das spielt sich unentwegt vor unseren Augen ab, und wir könnten es wahrnehmen, hätten wir uns nicht so weit vom Verständnis dieser Dinge entfernt.

Es kommt vor, daß Tiger und Hirsche gemeinsam an derselben Wasserstelle trinken, denn es gibt im Dschungel ein von den meisten Tieren beachtetes «Gesetz», an der Tränke Frieden zu halten. Fischotter, der Schrecken aller Fische, hat man schon in Gewässern spielen sehen, in denen sich gleichzeitig auch Lachse ganz unbekümmert tummelten, die normalerweise schnellstens Reißaus nehmen, wenn auch nur der Schatten eines Otters zu sehen ist. Offenbar wissen sie instinktiv, wann ein Otter auf der Jagd ist und wann nicht. Es zeigt sich in der Körpersprache des Jägers. Aber warum nimmt er die Gelegenheit nicht wahr und fällt über die Fische her, die sich in Sicherheit wiegen?

Die Natur sucht immer den Ausgleich. Kein Lebewesen, nicht einmal der Mensch, ist von solcher Überlegenheit, daß es alle anderen beherrschen könnte. «Wären alle Tiere fort, der Mensch würde an großer Einsamkeit der Seele sterben», schrieb Chief Seattle in seinem berühmten Brief an den amerikanischen Präsidenten.

Andere Kreaturen haben keine Gespaltenheit, keine Hintergedanken wie der Mensch. Ihre Absichten sind stets klar und unzweideutig. Sogar die Minierspinne mit ihren «hinterlistigen» Fallgruben ist völlig unverstellt in ihren blutdürstigen Intentionen, und das gleiche gilt für den Löwen, den Otter und die Hauskatze, wenn sie auf der Jagd sind. Jedes Lebewesen versteht seine eigene Art am besten. Auch der Mensch versteht seinesgleichen besser als die Sprache der Tiere und anderen Wesen. Unsere Sinne sind anders, unsere subtile Geiststruktur ist anders. Das komplexe Sozialleben der Ameisen, das auf Botenstoffen und Betastungsritualen beruht, ist einer Biene völlig unverständlich. Sie haben andere Instinkte, andere Botenstoffe, andere Verhaltensmuster, andere Geiststrukturen. Alle Wesen nehmen die Dinge gemäß ihrer eigenen Natur und äußeren Gestalt wahr.

Wir können uns Tag für Tag die Begrüßungsrituale unserer Hunde ansehen, wie sie einander beschnuppern und sich durch Haltung und Gestik mitteilen. Wir können dieses Verhalten auch genau analysieren, aber das Ergebnis wird immer anthropomorph bleiben, denn wir können nicht riechen, was unser Hund riecht, und wir können Witterungen, Haltungen und Laute nicht so «interpretieren», wie unser Hund es tut. Wir haben einen anderen Geist als sie, wir erfahren die Dinge anders als sie. Sprache und Geist sind Teile jenes Ganzen, das ein Wesen zu dem macht, was es ist. Nur dann verstünden wir das Bellen eines Hundes wie unsere eigene Sprache, wenn wir den Geist eines Hundes hätten. Sprache ist nur eine Äußerung dessen, was im Geist einer Kreatur liegt.

Dennoch kommunizieren natürlich die Lebewesen verschiedener Arten miteinander. Es könnte in symbiotischen Gemeinschaften sogar «eingebaute» Kommunikationsbrücken und Verhaltensverschränkungen zwischen den beteiligten Arten geben. Auch Mensch und Hund können ein bestens funktionierendes Team werden. Aber die volle Bandbreite der Kommunikation, die innerhalb einer Art sogar zwischen Vertretern aus verschiedenen Teilen der Welt besteht, scheint zwischen verschiedenen Arten nicht möglich zu sein.

Unser Körper und unsere subtile Anlage trennen uns voneinander. Im Grunde sind wir voneinander getrennt, solange die Seele mit dem Körper verknüpft ist. Aber wir übertragen dieses physische Getrenntsein auch auf die geistige und seelische Ebene, wo es im Grunde gar nicht besteht. Erst wenn wir uns in den Geist eines anderen einfühlen, werden wir wahrhaft mit ihm kommunizieren können. Und keine psychologische Analyse wird uns je dieses Einfühlen ermöglichen – sie wird es eher verhindern.

So ist es auch mit allen anderen Lebewesen dieser Welt. Das Erforschen ihrer Gestalt und ihres Verhaltens allein wird uns nie befähigen, sie zu verstehen. Aber mit einem stillen, beobachtenden, einfühlsamen Geist können wir allmählich immer deutlicher erfahren, was da eigentlich vor unseren Augen ist. Doch weder ein akademischer Titel noch Jahre der analytischen Forschung werden uns diese magische Pforte der Wahrnehmung öffnen. Diese Pforte öffnet sich einem liebenden und verstehenden Herzen wie von selbst – und das ist stets ein Herz, das durch beharrliches Streben reif geworden ist für dieses Geschenk.

## Lauschen

Ähnliche Gedanken über Kommunikation finden wir in Laurens van der Posts Buch *A Walk with a White Bushman;* im Gespräch mit Jean-Marc Pottiez sagte er:

> An primitiven Völkern berührt mich immer wieder, wie ungeheuer wichtig ihnen bestimmte Kommunikationsformen sind, die wir verloren haben. Sie lassen geschehen, daß das Sein ihres Gegenübers sich ihnen noch auf andere Weise als bloß durch die Worte mitteilt. Sie lassen die Seele des anderen – Mensch oder

Tier – sich so mitteilen, wie sie selbst sich Ausdruck verschafft in Blick und Haltung, in Tonfall und Stimmlage. Für sie spielt dieser Aspekt der Kommunikation eine sehr große Rolle, während wir Westler den Worten die ausschlaggebende Bedeutung beimessen. Wir achten nicht auf Tonfall und Ausdrucksverhalten, und gerade sie sind entscheidend, weil wir die Wörter häufig nicht gerade redlich benutzen.

Wörter verlangen, mit großer Wahrhaftigkeit gebraucht zu werden. Über Geldfälscherei regen wir uns im Westen entsetzlich auf und betrachten sie als ein schweres Verbrechen; dabei sollten wir die Falschmünzerei mit Worten eigentlich als ein viel schlimmeres Verbrechen ansehen. Wir sehen sie in den Zeitungen, und wir sehen sie ganz besonders bei den Politikern; sie sagen Dinge, die ihre wahren Absichten nur verschleiern – sofern sie nicht überhaupt über Dinge reden, von denen sie keine Ahnung haben.

Falschmünzerei mit dem Geist, nicht wahr, das wird hier tagtäglich betrieben und verschlimmert noch durch die visuelle Falschmünzerei, die das Fernsehen ermöglicht hat. Dagegen ist der primitive Mensch gefeit, und zwar einfach dadurch, daß er sich einhört in den Geist des Menschen, der spricht, um dann diese Ebene des Verstehens mit seiner Auffassung der Worte zu verknüpfen.

Manche dieser Primitiven sind darin so gut, daß sie die verschiedensten Tiere, ja sogar Menschen exakt nachahmen können.

*Mir fällt dazu Ihre Erzählung von einem der Buschmänner ein, der einen Professor so treffend nachzuahmen verstand.*

O ja, der Professor. Das war vielleicht ein Buschmann! Nach einer Weile wurde er mehr der Professor als der Professor selbst – einfach dadurch, daß er diesen distinguierten Mann beobach-

tete und sein ganzes Sein in sich aufnahm, ja auf sich nahm ... eine unvergeßliche Szene.
Ich erinnere mich auch noch, wie ich einmal mit einem Buschmann der Fährte eines Büffels folgte. Wir brauchten sehr dringend etwas zu essen. Der Buschmann verfolgte also die Spur, doch plötzlich schwenkte er in eine andere Richtung, und ich folgte ihm, obgleich ich deutlich sah, daß die Fährte des Büffels ganz anders verlief. Hinter einem Busch machte er plötzlich halt und winkte mich heran. Direkt vor uns stand eine Antilope, die ich erlegte. Ich fragte: «Aber woher wußtest du, daß hier eine Antilope ist?» Er sagte: «Auf der Fährte des Büffels waren meine Augen plötzlich voller Antilope; ich ging dorthin, wo die Fülle in meinen Augen herkam, und da war die Antilope.»

*Glauben Sie, daß diese Menschen übernatürliche Kräfte haben, die uns unbekannt sind?*

Nein, ich glaube, wir alle haben das in uns, aber sie nehmen ihre Intuitionen viel ernster als wir. Ich weiß noch, wie es vor einigen Jahren mal bei mir läutete und ich die Tür öffnete; es war meine Sekretärin, die zur morgendlichen Arbeit kam. Ich sah ihr ins Gesicht, und sie sagte zu mir: «Ich muß Ihnen etwas sagen.» Ich erwiderte: «Ich weiß, was Sie mir sagen wollen – Sie wollen mir sagen, daß A.s Mutter sich umgebracht hat.» Ich hatte keineswegs an A. gedacht, hatte ihn sogar seit Monaten nicht gesehen. «Woher wissen Sie das?« fragte sie. Aber es war mir einfach zugefallen, während ich da mit ihr stand. Ich betrachte mich nicht als hellsichtig; ich glaube, die Sache zeigt einfach, daß es andere Wege der Kommunikation gibt, die ebenfalls wichtig sind. Primitive Völker würden daran überhaupt nichts Merkwürdiges finden.

# Der Haushalt der Natur

Die Lebewesen sehen die sogenannte stoffliche Welt auf so viele verschiedene Weisen. Betrachten wir als Beispiel einmal das Sehvermögen vieler Insekten, das an sich schon ein faszinierendes Thema ist, außerdem aber weitreichende Schlußfolgerungen über den Gesamthaushalt der Natur zuläßt.

Alle Materie emittiert bei Temperaturen oberhalb des absoluten Nullpunks infrarote Strahlung. Das ist Strahlungs-«Wärme». Es ist durchaus möglich, daß die Haare an Pflanzen oder auch die ganzen Pflanzen selbst wie abgestimmte Antennen wirken, wie Sender und Empfänger ganz bestimmter Wellenlängen im Infrarotbereich des elektromagnetischen Spektrums. (Der Einfachheit halber sagen wir Infrarot, aber tatsächlich ist auch der Bereich der Mikrowellen beteiligt.) Wir Menschen können die von Pflanzen abgegebenen flüchtigen Stoffe riechen, aber manche Insekten erkennen diese Stoffe an den charakteristischen infraroten Emissionen ihrer Moleküle. Wir haben dieses Phänomen bereits im vorigen Kapitel angesprochen. Insekten, deren Leben mit bestimmten Pflanzen verknüpft ist, etwa weil sie sich von ihnen ernähren oder für die Bestäubung sorgen, verfügen im Aufbau ihrer Fühler über entsprechende Detektoren, durch die sie bestimmte Muster im Infrarotbereich ausmachen können, wie wir mit unseren Augen das für uns sichtbare Licht wahrnehmen.

Die Insekten nehmen jedoch nicht *alle* Emissionen dieser Art von allen Pflanzen und Tieren wahr, sondern nur das, was für sie von unmittelbarer Bedeutung ist. Sie sind als Sender und Empfänger auf eine extrem geringe Bandbreite abgestimmt. Und wenn man an die Millionen umherfliegender, -krabbelnder und -schwimmender Insekten denkt, die alle mit ihren Artgenossen und bestimmten für sie bedeutsamen Spezies kommunizieren müssen, nicht jedoch mit den Abermillionen anderer Kreaturen, dann muß das wohl auch so sein, damit es keinen «Wellensalat» gibt.

Auch das gehört zum großen Plan der Natur. Man stelle sich vor, wie das wäre, wenn wir Menschen die Sinnesorgane anderer Lebewesen besäßen und deren Kommunikation verstehen könnten. Sehr schnell wären wir völlig überschwemmt und würden den Verstand verlieren. Jeder Organismus nimmt von den energetischen Interaktionen in der Welt genau die für ihn richtige Menge auf. Ein Beispiel: Philip Callahan konnte zeigen, daß Kornähren das Mondlicht absorbieren und dann als Infrarotstrahlung bestimmter Frequenzen wieder abgeben. Der Eulenfalter, dessen gefräßige Larven einen ansonsten gesunden Bestand erheblich dezimieren können, besitzt Fühler, die auf diese und andere Frequenzen abgestimmt sind. Wenn das Weibchen also in einer klaren Mondnacht umherfliegt, «sieht» es – mit seinen Fühlern – das ganze Feld wie von zahllosen kleinen Glühbirnen beleuchtet. Es könnte nun sein, daß die Ähren, die gerade im richtigen Entwicklungsstadium für die Eiablage sind, auf eine ganz bestimmte Weise fluoreszieren, die das Weibchen nach einem vorstrukturierten Instinktmuster erkennt und deshalb gezielt ansteuern kann.

Nach dem neodarwinistischen Naturbild, Spiegelbild der Haltung des Menschen gegenüber der Natur, würde man nun sagen, die Evolution des Falters sei unabhängig von der Pflanze vonstatten gegangen, deren Blätter seinen Nachkommen als Nahrung dienen sollen. Aber warum hat die Pflanze sich dann nicht so entwikkelt, daß sie das Insekt nicht mehr anzieht? Das wäre doch wohl als logisch anzunehmen, wenn alles in der Natur so «egoistisch» wäre, wie die Neodarwinisten annehmen. Mit dieser Sicht stimmt etwas nicht. Die Natur, Gaia, ist ein Ganzes – als Ganzes erschaffen und seither eine funktionelle Ganzheit. Die physische Natur ist die äußere Schale um das große Ei des Geistes, den Einen Goldenen Schoß der Schöpfung. Deshalb sind Einheit und Ganzheit die Grundnatur der Schöpfung.

Als Ganzes betrachtet, ist die Natur keineswegs eigennützig. Das Verfügbare reicht stets für alle, wenn keine Spezies überhand nimmt. Und nimmt sie überhand, so liegt darin schon der Ansatz für den Ausgleich: Nimmt das Nahrungsangebot durch Überpopulation ab, dann muß auch die Population aufgrund des von ihr selbst verursachten Nahrungsmangels wieder abnehmen. Wenn der Mensch das Ökosystem der Erde durcheinanderbringt, verdreckt er seinen eigenen Garten, und das wird auf ihn zurückfallen und seinem Tun Einhalt gebieten. Eigennutz ist in sich selbst negativ und zeitigt ebenso negative Reaktionen. Egoistisches Handeln verursacht zwangsläufig Leiden, und dadurch wird schließlich das Ende dieses Handelns erzwungen. Wenn ich meinen Abfall einfach zur Hintertür in den Garten hinauswerfe, werde ich eben darunter zu leiden haben und mich schließlich bequemen *müssen,* die Sache zu bereinigen. Das Gleichgewicht von Yin und Yang herrscht überall im Universum, und so muß auch die Gesamtheit aller Kreaturen auf unserem Planeten ein Gleichgewicht wahren. Und der Mensch ist weder von der Natur getrennt noch gegen die Folgen seines Handelns gefeit.

Die Natur ist letzten Endes nicht eigennützig. Eine Pflanze und ihre Blüte mögen für das menschliche Auge schön sein, doch die Pflanze selbst hat keine Augen, mit denen sie sich selbst und ihresgleichen sehen könnte. «Was hat die Pflanze dann von ihrer Schönheit?» könnten wir fragen. Und wenn sie nichts davon hat, wieso hat sie diese Schönheit dann entwickelt? Die Antwort liegt eben darin, daß ihre Schönheit und Gestalt keinen Eigennutz beinhalten, sondern Teile des Gesamthaushalts der Natur sind. Die Pflanze lebt nicht einfach für sich, sondern als Teil des Ganzen. Die Insekten, die sich von ihr ernähren oder für ihre Fortpflanzung sorgen, sehen sie auf eine bestimmte Weise, der Mensch auf eine andere, und ein nach Samenkörnern suchender Vogel sieht sie wieder anders. Aber was ist nun die *wirkliche* Pflanze? Was sie selbst von sich wahrnimmt? Was das Insekt, der Vogel, der Mensch von ihr wahrnimmt? Die Frage hat auf dieser Ebene keine Antwort, denn alle diese «Wirklichkeiten» sind letzten Endes Illusion. Es gibt in dieser Welt der stofflichen Formen, die jedes Lebewesen auf seine ganz eigene Weise sieht, keine absolute Wirklichkeit.

Diese Insekten, die die Dinge aufgrund ihrer Infrarot- oder Wärmeemissionen sehen können, sind in einer interessanten Lage. Wir Menschen nehmen Luftschwingungen als Schall wahr, aber solche Insekten können vielleicht ohne Ohren ganz ausgezeichnet «hören», denn es könnte sein, daß sie Luftschwingungen als molekulare Muster *sehen*. Während wir also Grillen und Zikaden ohne weiteres hören können, werden die Schwingungen, die sie erzeugen, von ihren Artgenossen vielleicht eher gesehen, etwa so, wie wir die Luft über erhitztem Gestein flimmern sehen. Und wir können nicht sagen, daß die eine Art der Wahrnehmung realer ist als die andere.

Wenn die Evolution nichts als das Stückwerk des Zufalls wäre, wo sollte dann wohl die Geschlossenheit und Ganzheit herkommen, in der die Natur uns allenthalben entgegentritt. Wie soll aus Zufall Ordnung entstehen? Eine Mücke sieht vielleicht unseren Körpergeruch und wird davon angezogen. Aber was kam bei der Evolution zuerst, die Fähigkeit, den Geruch wahrzunehmen, das Angezogensein von diesem Geruch oder die Fähigkeit und der Trieb, Blut zu saugen? Von welchem Nutzen wäre wohl eine dieser Fähigkeiten ohne die anderen? Wie also kann sich eine derart spezialisierte Kreatur wie die Mücke durch puren Zufall entwickeln?

Und weiter: Nimmt die Mücke selbst das hohe Sirren wahr, mit dem sie sich dem ausgespähten Opfer nähert und das nicht zu hören ist, wenn sie in einer Wolke vor Artgenossen an einem Sommerabend ausgelassen tanzt? Dieser für das Opfer so alarmierende Laut führt häufig zu ihrem Ableben oder zumindest zum Verlust ihrer Mahlzeit, und wenn die naive Sicht des Darwinismus richtig wäre, sollte man doch annehmen, daß Mücken längst, wie die Eulen, den lautlosen Flug evolviert hätten. Wenn alles so eigennützig ist, welchen Nutzen hat dann die Mücke von ihrem Sirren? Sollten wir nicht vielleicht lieber annehmen, daß ein mitfühlender Gott ihr diesen Laut als Warnung für ihre Opfer mitgab, damit sie selbst keine unfairen Vorteile hat und die Warmblütler in Mückengebieten nicht über Gebühr geplagt werden?

Und der Nachtfalter, wie nimmt er die Ultraschall-Radarsignale einer Fledermaus wahr? Nachtfalter sind groß im Hakenschlagen, wenn es ums Entkommen geht, und ihr ausgezeichnetes Breitspektrum-Sehvermögen leistet ihnen dabei gewiß gute Dienste. Aber sehen sie auch diese Radarsignale? Und können sie vielleicht sogar – durch geschickte Flügelbewegungen oder Interferenzschwingungen – das Radarsystem der Fledermaus lahmlegen?

Kein Zweifel, es geht allerlei vor in meinem Garten, was ich nicht verstehe.

## Straßenmarkierungen

Beim Frühstück auf der Veranda eines Hotels in Bombay, erst vor kurzem hatte ich Philip Callahans *Tuning in to Nature* gelesen, beobachtete ich das Geschehen auf einer Ameisenstraße. Die winzigen Tierchen strömten mit großer Schnelligkeit zwischen ihrem Nest und ihrer Nahrungsquelle irgendwo weiter unten im Blumenbeet hin und her.

Wie schon gesagt, in der Naturwissenschaft ist wohlbekannt, daß Ameisen und viele andere Lebewesen mit Hilfe molekularer Signale, den sogenannten Pheromonen, kommunizieren. Aus Callahans Arbeit geht hervor, daß manche, vielleicht auch viele Insekten diese molekularen Kommunikatoren beziehungsweise deren infrarote Emissionen mit ihren auf genau diese Emissionen abgestimmten Antennen, den Fühlern, «sehen» können. Ameisen setzen diese chemischen Marken an den Straßen zu ihren Futterstellen, damit sie selbst und die Nachfolgenden wissen, wo es langgeht. Aber sie nehmen sie wahrscheinlich nicht wie ein Hund war, der schnüffelnd einer Duftspur folgt, sondern als eine Straßenbeleuchtung ganz spezieller Art.

An dieser Straße, die ich beobachtete, sagte das «Farbmuster» der «Beleuchtung» offenbar: «Futter – hier lang!» Ameisen verfügen wie andere Insekten über ein ganzes Sortiment solcher chemischer Kommunikatoren, jeder mit einer anderen Bedeutung; vermutlich bieten ihre Straßen ihnen, vor allem innerhalb der Nester, die verschiedensten «Farbmuster»-Chiffren, denen sie alles mögliche entnehmen können.

Fasziniert sah ich zu, wie diese winzigen Ameisen, die in beiden Richtungen der Straße entlanghasteten, bei jeder Begegnung urplötzlich haltmachten, einander betasteten und dann weitereilten. Hier wurden offenbar weitere Nachrichten ausgetauscht; man informierte einander vielleicht über die Lage bei der Nahrungsquelle und vergewisserte sich, daß man derselben Kolonie angehört.

Stellen wir uns die unzähligen infraroten und anderen Wegmarkierungen und Signale vor, die von den verschiedenen Insektenarten wohl benutzt werden. Durch die spezifische Abstimmung ihrer Antennen, der Fühler, empfangen sie nur das, was für ihr eigenes Dasein von Belang ist. Wir Menschen legen unsere Straßen und Wege auf unsere eigene Weise an, und das tun die anderen Lebewesen auch; aber wir bemerken kaum etwas von der ganz eigenen Wahrnehmungswelt anderer Arten. Unser Zuhause, unsere Territorien, unsere Wege überschneiden sich mit denen so vieler anderen Lebewesen, und wir bemerken ihr Vorhandensein kaum.

Jeder Lebensraum ist ein solcher Koexistenz-Haushalt aus vielen Beziehungen und vielem Trennenden, aus Symbiose und Eigennutz. Insgesamt jedoch ist er ein unteilbares, anpassungsfähiges Ganzes, das je nach Umständen und den Zyklen der Natur seinen Gleichgewichtspunkt immer wieder neu findet. Jedes Lebewesen ist von ganz eigener geistiger Anlage und von ganz eigenem Sein, und diese beiden Faktoren bestimmen seinen Intelligenzgrad. Es ist für uns nicht leicht, uns in sie und ihre Welt hineinzuversetzen, aber wir können sicher davon ausgehen, daß jedes Wesen für sein besonderes Dasein perfekt gerüstet ist und sich bestens darin auskennt. In ihren kognitiven Fähigkeiten freilich sind sie beschränkt, und das sehen wir etwa an einer Spinne, die eine angeschlagene Stimmgabel als Nahrungsreserve einzuspinnen versucht, oder an einem Rotkehlchen, das einen roten Federwisch grimmig als Eindringling attackiert, aber eine perfekte Rotkehlchen-Nachbildung, nur ohne die rote Brust, einfach ignoriert. Kein Mensch, nicht einmal ein Hund, Esel oder Delphin, ließe sich so leicht narren wie das Rotkehlchen, aber auch diese Tiere und wir Menschen reagieren nach unseren jeweiligen Gewohnheitsmustern. Die Instinkte jedoch, nach denen das Rotkehlchen handeln muß, scheinen ihm sehr wenig Spielraum zu lassen.

Blaumeisen haben es zu einiger Berühmtheit gebracht, weil sie herausfanden, wie man die Silberfolie von den allmorgendlich vor der Haustür abgestellten Milchflaschen reißt, um an die sahnige Köstlichkeit darunter heranzukommen. Einmal sah ich jedoch mit großem Vergnügen zu, wie eine Blaumeise von dem in unserer Einfahrt geparkten Wagen eines Freundes das an der Kühlerhaube angebrachte runde Markenemblem abzureißen versuchte. Immer wieder versuchte sie es, offenbar in der Meinung, daß ihre Beharrlichkeit schließlich durch den begehrten Trunk belohnt würde. Es ging unserem kleinen Freund offenbar wie dem Rotkehlchen mit dem roten Federwisch; er konnte einfach nicht zwischen einer Milchflasche und einem Auto unterscheiden. Einen so verheerenden Irrtum würde man bei einem Säugetier und erst recht beim Menschen wohl nicht erwarten. Kein Zweifel, es gibt Unterschiede der geistigen Anlage.

# Träumende Hunde

Wer je einen Hund besessen hat, wird gewiß auch die Anzeichen seines Traumlebens beobachtet haben. Winseln, Zuckungen, Schwanzwedeln – der schlafende Hund zeigt uns deutlich, daß er ein von der äußeren Situation unabhängiges Innenleben hat. «Er ist auf Hasenjagd», sagen wir manchmal liebevoll – aber ist uns eigentlich klar, was wir da sagen?

Die innere Welt der Hunde ist uns weitgehend verschlossen; so viel Einfühlungs- und Wahrnehmungsvermögen bringt man kaum auf. Aber *daß* sie ein Innenleben haben, ist kaum zu bestreiten. Sie bringen die verschiedensten Gefühle zum Ausdruck, und zwar auf eine für uns ohne weiteres nachvollziehbare Weise: gespanntes Warten auf Herrchen oder Frauchen, wenn sie außer Haus sind oder in einem Geschäft verschwinden; überschäumende Begrüßungsfreude; freudige Aufregung, wenn Anstalten zum Spaziergang oder zur Fütterung gemacht werden.

Manchmal genügt das Wort «Gassi», um einen wahren Begeisterungstaumel auszulösen. Draußen dann das ungeteilte Interesse für alle Düfte und Witterungen – und die ganze Welt der Hundekommunikation bei der Begegnung mit einem Artgenossen: das Ritual des Beschnupperns, Schwanz- und Körperhaltung, Ohrenspiel. Die innere geistige Struktur kommt sehr deutlich in dieser Sprache zum Ausdruck, aber natürlich auch in den Wahrnehmungen und Verhaltensweisen, die uns verborgen bleiben.

Und wenn des Menschen bester Freund der Ruhe pflegt, gehen ihm dann seine nächsten Aktionen oder die Speisenfolge der nächsten Mahlzeit durch den Sinn? Was geht in einem Hund vor, wenn er schlafend und doch jederzeit aufnahmebereit für alle Vorgänge in seiner Umgebung daliegt, zuckend, winselnd und schwanzwedelnd?

Und warum hat sich gerade der Hund so sehr dem Menschen verbündet? Offenbar hat er ähnliche soziale Verhaltens- und Empfindungsarten und ist von einer inneren subtilen Struktur, die mit der des Menschen harmoniert. Bei Wildhund- oder Wolfsrudeln lassen sich starke innere Bindungen erkennen, und für den Haushund haben wir Menschen wohl einfach eine ganz besondere Stellung im Rudel. Und grundsätzlich sind wir ja auch soziale Wesen. Ich will damit nicht sagen, daß Hunde keinen Unterschied machen zwischen Hunden und Menschen; sie haben uns integriert in ihr schon bestehendes instinktives Verhaltensmuster.

Wildkatzen sind dagegen nicht gerade gesellig, und diese Grundanlage zeigt sich auch im Verhalten unserer häuslichen Miezekatze. Hunde tragen ihre Gefühle nach außen, Katzen sind sehr viel zurückhaltender, ganz anders in ihren mentalen Prozessen als Hunde.

Man darf dabei auch den Einfluß früherer Leben nicht vergessen. Von den geistigen Energiemustern, von den Wesen, denen man sich zugesellt hat, vom Handeln und Begehren und mancherlei anderen Umständen hängt es ab, wie die nächste Inkarnation einer Seele aussehen wird. Die genetische Vererbung ist nur ein kleiner, die stoffliche Ebene betreffender Teil eines vielschichtigen formativen und schöpferischen Prozesses, in dem der Geist die Muster gestaltet, nach denen die Seele ihren neuen Körper angemessen bekommt. Der Geist gestaltet eigentlich diesen Körper und das Geschick dieses Lebens, wie wir noch sehen werden.

Um aber zu unserem Hundebeispiel zurückzukehren: Hunde haben heute noch die Instinkte ihrer wildlebenden Ahnen, gehören immer noch zur selben Spezies wie der wilde Wolf, mögen sie auch über viele Generationen gezüchtet worden sein, so daß sie heute wohl die varaitionsreichste Spezies überhaupt sind. Rudelverhalten, Jagd, Wachsamkeit und Kommunikation, alle diese Instinkte sind bei unseren Haushunden noch fast genauso wie bei Wölfen und Wildhunden.

Wenn die materialistischen Evolutionisten recht hätten und die geistigen Muster bei Mensch und Tier einfach nur auf genetischem, also biochemischem Wege vererbt würden, weshalb sollten dann die Hunde immer noch die gleichen Instinkte haben wie der Wolf? Weshalb sind sie nach wie vor dieselbe Spezies? Wenn Evolution nichts weiter als selektive Züchtung ist, weshalb bringen wir dann bei der Züchtung von Hunden nie etwas anderes zuwege als Hunde? Es hat mit den Hunden und allen anderen Kreaturen wohl doch etwas mehr auf sich, als die materialistische Sicht vermuten läßt. Und dieses «etwas mehr» ist nichts anderes als ihr von subtilen und mentalen Strukturen umschlossenes Bewußtsein.

Wer je wildlebende Tiere näher kennengelernt hat, kam schließlich zu der Einsicht, daß sie alle – im Rahmen der naturgegebenen Instinkte ihrer jeweiligen Spezies – ihre ganz eigene Persönlichkeit haben und auf ihre ganz eigene Weise zum Ausdruck bringen. Aber was kommt da eigentlich zum Ausdruck? Es muß wohl die innere geistige und subtile Anlage sein. Eine jagende Katze bewegt und verhält sich ganz anders als die gleiche Miez, wenn sie etwas anderes im Sinn hat oder nur herumstromert. Wie wir Menschen nicht handeln, ohne daß dem irgendein geistiger Akt vorausginge, so kann sich bei allen Lebewesen das äußere Verhalten nur auf der Basis eines mentalen Vorgangs oder Musters manifestieren. Wie konnten wir nur auf den Gedanken kommen, daß Tiere und andere Lebewesen kein inneres Leben haben, wo doch jede ihrer Aktionen uns das Gegenteil zeigt?

Mein Vater hat aus Liebhaberei Englische Springerspaniels gezüchtet und abgerichtet. Leider wurden Jagdhunde aus ihnen, aber sie sind doch eine sehr liebenswerte Rasse. Es kam immer darauf an, die Intelligentesten zu erkennen, solange sie noch im Welpenalter waren. Mein Vater behielt nämlich die besten für sich, um sie auszubilden und für die Zucht zu verwenden; die übrigen verkaufte oder verschenkte er.

Man beurteilte die Welpen wie seine Mitmenschen nach Aussehen, Verhalten und Gebaren, und man wurde darin mit der Zeit recht treffsicher. Manchmal wurden auch einfache Aufgaben gestellt, die eine gewisse Intelligenz erforderten, und dabei konnten die Intelligenteren sich dann beweisen. Guter Geruchssinn und wache, eigenständige Intelligenz, das waren die Voraussetzungen, die ein guter Hund brauchte.

Oft erzählte mein Vater von der unmittelbaren Kommunikation zwischen ihm und den intelligentesten seiner Hunde. Bester von allen war Jasper, der sogar kehrtmachte, wenn mein Vater ihn auf einen verletzten, aber flüchtigen Vogel ansetzte und in die falsche Richtung schickte; mit seiner Haltung und seinem ganzen Gebaren «sagte» er meinem Vater dann, daß er sich irrte. Er blieb stehen, sah seinen Ausbilder an und ging einfach nicht in die gewiesene Richtung. Mein Vater lernte, den Hund zu verstehen und ihm zu vertrauen. «Nun mach schon», redete er ihm dann zu, und Jasper verschwand in die Richtung, von der er wußte, daß es die richtige war.

Es sind also nicht nur alle Spezies aufgrund ihrer inneren Grundmuster wohlunterschieden, sondern auch die einzelnen Angehörigen einer Art sind verschieden, und die meisten Tiere können ihre Artgenossen anhand von Aussehen und Geruch und so weiter und vermutlich auch nach ihren Verhaltenseigentümlichkeiten unterscheiden. Auch wir erkennen die Menschen, die uns näher bekannt sind, an ihrem Gang, ihrer Gestik, überhaupt ihrer Körpersprache. Jede Kreatur hat ihr eigenes Karma, ihre eigenen Geistmuster, die durch die Geschichte ihrer früheren Existenzen bedingt sind. Sie bringt sie mit in ihr neues Leben. Diese Muster sind verantwortlich für den Körper, den das Lebewesen jetzt hat, und für seine individuelle «Persönlichkeit».

Durch die spirituelle Schau wird er [der Mystiker] all die Dinge geistig sehen, die andere materiell sehen. Und innerlich in seinem Geist, in seinem Denken, wird er die Gesamtschau der gegenwärtigen Schöpfung haben und der Welten, die vergangen sind oder noch bestehen; die Schau der Jahre dieser Welt mit allem, was in ihnen geschah, und all den Menschen mit ihrem Reichtum und ihrer Macht; die Schau der Offenbarungen, die den Vätern zuteil wurden, und der ausgleichenden Gerechtigkeit, wie sie Generation für Generation ihren Lauf nahm, zusammen mit all den Wechselfällen, denen die Dinge der Schöpfung unterliegen.

All die Dinge, die ein kluger Mann äußerlich sieht, trachtet er zugleich in seinem Geist, durch die geistige Schau, zu erkunden. Er sieht keine anderen Pflanzen als der Ackermann, noch sieht er andere Heilwurzeln als der Arzt, aber was auch immer er mit seinem äußeren Auge sieht, betrachtet er insgeheim auch in seinem Geist, durch die geistige Schau.

So wird der Geist gelehrt und angehalten, nach innen auf die Geist-Natur zu schauen, auf die Kraft, die sich in allem verbirgt und in allem auf unbegreifliche Weise wirkt.

Simon von Taibutheh, ostsysrischer Mystiker,
gest. ca. 690 n. Chr.

# 4. Welten der Sinne

So genau wir die stoffliche Welt auch wissenschaftlich erforscht haben, immer noch können wir staunen beim Anblick «gewöhnlicher» Dinge, und immer noch können – oder sollten – wir uns fragen: Was eigentlich ist das alles letztlich? Und was bin ich? Ohne eine Antwort auf diese Frage entspringt jede Antwort, die das Ich gibt, der Unwissenheit und ist von vornherein suspekt.

Alles äußerlich Manifestierte ist Tanz und Effekt – nichts als Muster im Raum, die durch unsere Sinneswahrnehmung zu unserem Bewußtsein in Beziehung treten und uns als Wirklichkeit erscheinen. Aber verschiedene Lebewesen, sagten wir, haben unterschiedliche Wahrnehmungen; sie treten auf andere Art als wir in Beziehung zu diesen Mustern im Raum, und zwar gemäß ihrer jeweiligen subtilen oder «geistigen» Anlage. Es gibt im stofflichen Bereich keine absolute Wirklichkeit. Diese äußere Welt ist für jede Spezies eine andere.

Manche Insekten nehmen Infrarot und Ultraviolett wahr. Fliegen schmecken mit ihren Füßen, Plattwürmer können Duftspuren im Wasser folgen, Haie hören die elektrischen Nervenimpulse ihrer Opfer ab, Messerfische haben so etwas wie ein elektrisches Radar, Zitteraale, die diese Signale empfangen können, werden ihnen zum Verhängnis, Zugvögel besitzen Sinne für das Erdmagnetfeld und für polarisiertes Licht. Für Hunde setzt sich diese Welt überwiegend aus Düften und Witterungen zusammen, für Fledermäuse, Wale und Delphine ist sie eine akustische Welt. Auch Pflanzen besitzen zweifellos ein gewisses Wahrnehmungs- und Kommunikationsvermögen.

Was ein Lebewesen riecht, empfindet ein anderes vielleicht als Wärme, und wieder ein anderes sieht es. Der unwiderstehliche und verhängnisvolle Drang der Motte zur Kerzenflamme beruht vielleicht darauf, daß sie die Wärme der Flamme als etwas sieht, wovon sie normalerweise angezogen ist – etwa eine Nahrungspflanze, eine Blüte oder einen Artgenossen des anderen Geschlechts.

Aber was ist nun die «wirkliche Wirklichkeit» – das, was wir wahrnehmen, oder das, was andere Wesen wahrnehmen? Selbst wir Menschen reagieren ja verschieden auf gleiche Phänomene. Was also ist wirklich – oder ist keine Erfahrung von letzter Wirklichkeit?

Wir können nicht einmal behaupten, es gebe eine für sich selbst bestehende, feste, objektive Welt, die von verschiedenen Kreaturen nur unterschiedlich wahrgenommen werde. Was wir als diese stoffliche Welt erfahren, besteht aus nichts als diesen Wahrnehmungen, und diese Wahrnehmung ist subjektiv, durch unsere Geist-Struktur bedingt. Für ein anderes Lebewesen kann «die Welt» etwas ganz anderes sein. Dennoch können wir nicht sagen, unsere sinnliche Wirklichkeit sei realer als ihre, daß wir sie richtig sehen und sie nicht so ganz.

Alle Fragen nach objektiver Wirklichkeit führen also immer wieder zur *Erfahrung* zurück. Und Erfahrung, welcher Art auch immer, ist subjektiv; Verwirrung entsteht nur dadurch, daß wir meinen, wir seien getrennt von dem, was wir erfahren oder wahrnehmen. Tatsächlich sind wir aber völlig eins mit diesem kosmischen Energietanz, und nur durch das mystische Gewahrsein, von innen her, können wir ihn ganz erfassen. Die Tatsache, daß unsere eigene persönliche Erfahrung des Lebendigseins verschieden ist von der Erfahrung, die alle anderen Menschen oder niederen Lebewesen von uns haben, deutet unmißverständlich darauf hin, daß diese stoffliche Welt von geistiger Natur ist. Alle Erfahrung ist subjektiv, geistgeboren, und so ist auch das Erfahrene von dieser geistigen Natur.

Jetzt sehen wir allmählich, wie alle Lebewesen, hochentwikkelte und niedere, gleichsam von innen nach außen aufgebaut sind. Das Empfinden eines Lebewesens von sich selbst ist subjektiv, nur in seiner eigenen Geist-Struktur vorhanden; nicht einmal Artgenossen erfahren es auf die gleiche Weise, und andere Arten schon gar nicht, weil deren Sinnesorgane zudem noch anders konstruiert sind. Letztlich ist es sogar so, daß Geist und Feinstruktur eines Lebewesens der Bauplan sind, der Natur und Aufbau seiner körperlichen Sinnesorgane bestimmt.

So gibt es zum Beispiel eine Wespenart, bei der die Weibchen nicht fliegen können. Das Männchen macht ein Weibchen ausfindig, hebt es hoch, paart sich mit ihm im Fluge und setzt es dann an einer für die Eiablage geeigneten Stelle ab. Natürlich weiß das Männchen sehr genau, nach welcher Gestalt und Farbe es Ausschau zu halten hat. Es ist mit diesem Instinkt geboren, denn etwas für sein Dasein so Grundlegendes kann es niemals gelernt haben.

Nun gibt es eine Orchideenart, die in ihren Blüten genau dieses flugunfähige Wespenweibchen nachbildet. Sieht das Wespenmännchen solch eine Orchidee, kommt es sofort zur Sache, und obgleich es mit seinem instinktiven Paarungsverhalten hier überhaupt nichts ausrichten kann, setzt es seine Versuche eine ganze Weile beharrlich fort. Wie bei den Bienen, die innen an meinem Fenster auf und ab surren, ist auch bei dieser Wespe der Instinkt zu tief verankert, als daß sie durchschauen könnte, weshalb ihre Bemühungen nicht zum Ziel führen. Glas ist in der Geist-Struktur einer Biene ebensowenig vorgesehen wie diese Orchiedeenfälschung in der Geist-Struktur des Wespenmännchens. Sie durchschauen die Sache nicht und sind gezwungen, weiter von ihren Instinktmustern her zu handeln, mag es noch so sinnlos sein.

Die Ähnlichkeit der Orchideenblüte mit dem Wespenweibchen ist natürlich keineswegs Zufall, sondern der «Trick», mit dem die Orchidee ihre Pollen verbreitet. Wenn das Wespenmännchen nämlich schließlich doch aufgibt und weiterfliegt, ist es gründlich mit Pollen eingestäubt, und vermutlich wird es bald wieder auf eine Orchidee hereinfallen. Ein perfektes, wenn auch keineswegs freiwilliges Zusammenspiel. Man könnte hier die Frage stellen, wie ein derart perfektes Zusammenspiel wohl je aus «Zufallsfluktuation in der DNS von Wespe und Orchidee» entstehen soll, wie die darwinistische Betrachtungsweise es fordert; aber bleiben wir lieber bei der interessanten Feststellung, daß die Wespe von solcher Geist- oder Instinktstruktur ist, daß der Paarungstrieb ihr eingibt, etwas von ganz bestimmter Gestalt und Größe zu suchen.

Dieser Instinkt (zusammen mit der gesamten instinktiven und subtilen inneren Anlage eines Lebewesens) ist der Konstruktionsplan, nach dem ein entsprechender Körper mit entsprechenden Sinnesorganen aufgebaut wird. Der «Geist» des Wespenmännchens sucht durch ein entsprechend konstruiertes Sinnesorgan das, was ihm als Muster des Weibchens mitgegeben ist; die primäre Erfahrung liegt also eigentlich im Geist und im subtilen Aufbau des Lebewesens. Durch die innere Geist-Struktur ist dem Sinnesorgan gleichsam ein vorgeprägtes Muster vorgegeben, und nur was im Äußeren diesem inneren Muster entspricht, findet Eingang in die subjektive Erfahrung des Lebewesens. Tatsächlich sind Sinnesorgane und Körper nur äußere Manifestation seines inneren Musters, seiner Instinktanlagen.

Sensorische Wahrnehmung und motorische Aktivität, könnten wir demnach sagen, sind nichts weiter als eine Musterübertragung zwischen der Geiststruktur und dem äußeren Körper. Dadurch ist bei jeder Kreatur die Übereinstimmung von Verhalten und Gestalt gewährleistet – der Mensch flattert nicht mit den Armen, um zu fliegen, ein Insekt reagiert auf die Geschlechtspheromone einer anderen Spezies nicht. Der Geist mit all seinen Antrieben, Sinneswahrnehmungen und Instinkten sucht sich Ausdruck in der äußeren Form.

Das Eigentliche einer jeden Spezies ist also der Geist, die subtile Energiestruktur, und die haben nichts mit der DNS, mit der genetischen Vererbung, zu tun. Das zeigt sich schon daran, daß man durch Züchtung zwar die äußere Gestalt variieren kann, wie etwa beim Haushund, nicht aber die innere Instinktverfassung, die beim Haushund nach wie vor weitgehend die des Wolfes ist.

Durch die Musterübertragung zwischen innen und außen ist auch unser Menschenleben zu einem großen Teil geprägt. Unser Geist sucht sich die Dinge, Menschen und Ideen, die zu seinen emotionalen und mentalen Anlagen oder Gewohnheiten passen. Der Geist funktioniert weitgehend anhand von Gewohnheiten, und ein Instinkt ist einfach eine Gewohnheit, mit der ein Lebewesen geboren wird. Je geringer die Lern- und Denkfähigkeit, desto stärker die Instinktgewohnheiten. Jeder Mensch wird in eine bestimmte kulturelle, gesellschaftliche und religiöse Einflußsphäre hineingeboren; er wird davon geprägt und sucht sich dann normalerweise seine Gefährten unter Gleichgesinnten. In aller Regel halten wir uns lieber an gleich oder ähnlich Gesinnte; wir kommen besser mit ihnen zurecht, denn sie neigen weniger dazu, unsere geistigen und emotionalen Gewohnheiten in Frage zu stellen. Auch das ist wieder eine Art Muster-Übertragung oder Muster-Abgleich: Gleich und gleich gesellt sich gern.

Auch in den Naturwissenschaften geschieht häufig etwas Ähnliches, ohne daß wir dessen gewahr sind. Wie wir ein Experiment anlegen und durchführen oder wie wir etwas beobachten, wird häufig durch unser «Paradigma» vorgegeben, das heißt durch die Ideen und Begriffe, die wir uns bis dahin schon zu eigen gemacht haben. Das sind zwar im Grunde nur Gedanken, aber weil diese Gedanken in unseren Experimentalaufbau eingehen, projizieren wir sie durch das Experiment auf die «äußere» Wirklichkeit und sehen dort dann entweder nichts anderes als unsere Projektionen oder sind baß erstaunt, wenn die Beobachtungen nicht unseren Erwartungen entsprechen.

Wir müssen diesen Sachverhalt so klar wie möglich sehen, denn wenn unsere Grundannahmen falsch sind, dürften alle darauf basierenden Erkenntnis wenig wert sein. Und die Gefahr ist gegeben, denn die Grundannahmen werden uns ziemlich früh eingetrichtert, so daß wir sie als verläßliche Bezugspunkte zu akzeptieren gelernt haben, bevor uns auch nur der Verdacht kommen kann, daß sie vielleicht nicht mehr als Denkgewohnheiten sind.

Sogar Naturwissenschaft wird also größtenteils als ein Prozeß des Muster-Abgleichs betrieben. Und da auch der menschliche Geist ziemlich weitgehend nach Gewohnheits- und Instinktmustern funktioniert, werden wertvolle Entdeckungen und Anregungen häufig ohne Diskussion zurückgewiesen, weil sie einfach nicht zu den zwar falschen, aber eingefleischten Denkmustern der Mehrheit passen. Etwa so wie ein Christ vielleicht den Buddhismus oder ein Buddhist das Christentum ablehnt, ohne je nach dem Sinn der Worte gefragt zu haben.

Die innere energetische Grundstruktur oder Konstitution ist auch bei uns Menschen größtenteils instinkthafter Natur. Wir wissen, wie man ein Mensch ist, wir müssen es nicht erst herausfinden. Natürlich lernen wir, und sogar mehr als alle anderen Lebewesen, denn je höher das Bewußtsein, je vollständiger also das tattvische Gewebe, desto größer die Lernfähigkeit. Doch alles geschieht im Rahmen der jeweiligen subtilen und physischen Struktur, innerhalb der Grenzen, die durch die Instinkte gesetzt sind.

Wir lernen zwar zu sprechen, aber Antrieb und Begabung zur Spracherlernung sind uns als Bestandteil unserer Instinktausstattung mitgegeben. Wenn man einen Schimpansen, einen Kanarienvogel und ein Kind im gleichen Haus aufwachsen läßt, wird keines der beiden Tiere je wie ein Mensch sprechen lernen, und das

Kind wird nicht lernen, sich wie ein Schimpanse oder Kanarienvogel mitzuteilen. Alle Geschöpfe kommunizieren auf die Weise, auf die sie durch ihre Instinkte programmiert sind. Ein Kanarienvogel pfeift, und dabei bleibt es. Wenn sich eine Henne eines verwaisten Entenkükens annimmt, wird dieses schließlich doch «quack» und nicht «gack» sagen, da hilft keine soziale Prägung und keine Erziehung. Es sind auch nicht bestimmte Gene, die eine Ente zwingen, sich mit «quack» zu äußern; keine gentechnische Veränderung könnte eine Ente dazu bringen zu gackern.

Man könnte einwenden, die Stimmwerkzeuge der Ente ließen nun mal keine andere Lautäußerung zu, und zumindest diese Stimmwerkzeuge seien doch genetisch vorgeprägt. Das stimmt zwar, aber der Antrieb, der hinter dem leisen Schnattern oder lauten Quaken einer Ente steht, und alles, was sie mit Betonungen und Untertönen darin zum Ausdruck bringt, zeugt davon, daß die Stimmwerkzeuge von einem Geist, dem Entengeist, in Bewegung gesetzt werden.

Es ist eine Frage der *Bedeutung*. Bedeutung liegt im Geist, mit Lauten oder Wörtern assoziiert, aber nicht identisch mit ihnen: Die Bedeutung ist zuerst da, und dann sucht man das rechte Wort dafür. Bedeutung ist an die Geiststruktur geknüpft. Das Kind lernt nicht, wie ein Kanarienvogel zu pfeifen; in seiner Geiststruktur ist keine Bedeutung für diese Laute vorgegeben. Meist kann es auch weder als Kind noch später als Erwachsener zwischen Lautäußerungen verschiedener Vögel derselben Art unterscheiden – die Vögel selbst können das sehr wohl.

## Parallele Wirklichkeiten

Bei Walen, Delphinen und Fledermäusen läßt sich dieser Prozeß des Muster-Abgleichs sehr gut beobachten. Hier geht er sogar noch einen Schritt weiter. Der Geist bildet mit seinen sensorischen

Indriyas das Grundmuster, das sich zunächst in Anlage und Funktionsweise der Sinnesorgane manifestiert und dann alle ankommenden sensorischen Signale selektiert und sortiert. Das ist ein vielschichtiges und doch hochintegriertes energetisches System.

Bei den Sonar-Ortungssystemen dieser Spezies formt sich der Geist zunächst die Stimmwerkzeuge so, daß sie hochspezifische Schallsignale aussenden können. Solche Signale werden dann von den Objekten in der Umgebung reflektiert, von hochspezialisierten Hörorganen aufgefangen und mit einer inneren Geiststruktur verglichen, die aus diesen Daten ein perfektes dreidimensionales Bild der Umwelt erstellen kann. Diese Wesen sind zwar auch empfänglich für Schallphänomene, die aus anderen Quellen stammen, aber das genaue Bild ihrer Welt liefern ihnen die eigenen Schallsignale; und wenn sie einmal keine Signale aussenden und daher auch keine Reflexionen empfangen können, ist ihnen die Welt so wenig «sichtbar» wie für uns in der Nacht.

Unsere menschliche Welt ist überwiegend, vermutlich zu mehr als achtzig Prozent, eine visuelle Welt. Die übrigen Sinne spielen für uns eine untergeordnete Rolle. Das ist für viele andere Lebewesen durchaus nicht so; tatsächlich sind nur wenige Säugetiere so stark visuell ausgerichtet wie wir, und eine differenzierte Farbwahrnehmung scheint sogar eher die Ausnahme zu sein.

Vögel gehören eindeutig zu den Tieren, die Farben zu unterscheiden vermögen. Das läßt sich natürlich anhand von Labor- und Feldexperimenten feststellen, aber schon ein Blick auf ihr häufig so prunkvolles Federkleid sagt uns ja, daß sie feine Farbschattierungen wahrnehmen können. Ähnlich, sollte man denken, ist es bei Schmetterlingen und Tagfaltern. Jedenfalls sind sie häufig viel bunter als ihre nächtlichen Vettern. Doch auch diese zeigen vielfach interessante Schattierungen – interessant zumindest für das menschliche Auge, denn was diese Wesen selbst an Artgenossen oder anderen Spezies erkennen, ist nicht so ohne weiteres auszumachen.

Wir sprachen schon davon, daß fliegende Insekten häufig besonders sensibel für das elektromagnetische Spektrum sind. Davon zeugt gewiß die enge Beziehung zu den Blütenpflanzen in ihrer Vielgestaltigkeit und Farbenvielfalt. Außerdem gibt es nicht viel zu riechen, wenn man durch die Luft fliegt, über den meisten Düften, die eher an der Erde haften (oder wenn man, wie wir Menschen, die Nase ziemlich hoch in der Luft trägt und selten in Bodennähe bringt). Und gutes Sehvermögen ist außerordentlich wichtig, wenn man durch die Luft fliegt oder den Kopf relativ hoch in der Luft hat.

So gibt es sehr viele verschiedene sensorische Wirklichkeiten, und diese Tatsache hat in der herkömmlichen Evolutionstheorie noch keine Beachtung gefunden. Denn wenn die Wirklichkeit eines Lebewesens weitgehend von seinen geistigen und sensorischen Mechanismen abhängt, von welcher Art war diese Wirklichkeit dann, bevor das Leben, wie allgemein angenommen wird, spontan aus dem Schlamm der Ur-Ozeane hervorging? Wenn jedes Wesen eine andere äußere Wirklichkeit wahrnimmt, wie sieht dann die «wirkliche» Wirklichkeit aus, der die ersten nichtzellulären Lebewesen entsprungen sein sollen? Diese ganze Wirklichkeit besteht einzig und allein aus unserer Vorstellung von ihr. Ist es wohl sinnvoll, davon auszugehen, daß nichtzelluläre Lebewesen aus einer «Wirklichkeit» heraus evolvierten, die vom menschlichen Wahrnehmungssystem geprägt ist? Die Wahrnehmung dieser Kreaturen ist ganz anders als unsere.

Man könnte nun einwenden, daß etwa «Rot» zwar eine subjektive Erfahrung sei, daß aber doch eine objektive – das heißt meßbare – Wirklichkeit dahinterstehe. Aber unsere Meßinstrumente werden *von uns* erdacht, bedient und abgelesen; sie sind geprägt von unserer menschlichen Geiststruktur und nicht von der Geiststruktur anderer Lebewesen.

Es gibt ohne Zweifel ein gewisses Maß an Objektivität, denn der Mensch kann feststellen, wie gut andere Lebewesen für den Empfang infraroter oder akustischer Signale gerüstet sind, wie gut sie fliegen, schwimmen oder graben können. Dennoch können wir nicht sagen, diese Gedankenwelt der naturwissenschaftlichen Beschreibung sei für alle Lebewesen die grundlegende Wirklichkeit. Geist und Bewußtsein sind von entscheidender Bedeutung, und deshalb ist jeder Versuch, die Entstehung des stofflichen Universums und des Lebens mechanistisch zu erklären, zum Scheitern verurteilt, denn hier wird übersehen, daß die gesamte Schöpfung als Ausdruck von Geist und Bewußtsein ins Sein tritt. Wir werden darauf in den letzten beiden Kapiteln über den Formativen Geist näher eingehen.

Aber zurück in die Welt der parallelen sensorischen Wirklichkeiten: Manche Fledermäuse und Angehörige der Ordnung «Wale» verfügen über ein hochentwickeltes dreidimensionales Echo-Ortungssystem. Das ist natürlich nützlich, wenn man nachts herumfliegt oder sich in trüben Gewässern aufhält. Wer je eine Fledermaus bei der Mottenjagd beobachtet hat, diesen atemberaubenden Tanz von Jäger und Beute, der weiß, wie präzise diese dreidimensionale Schallwahrnehmung der Welt ist. Und das Bild, das die Motte von der Welt hat, ist offenbar von gleicher Präzisison. Manche Nachtfalter haben sogar einen Fledermaus-Störsender. Sobald sie den Angriff erkennen, senden sie fledermausartige akustische Signale aus, und dann weiß die Fledermaus nicht mehr genau, wo sie selbst und die Motte nun eigentlich ist.

Jede Kreatur lebt in ihrer ganz eigenen Welt, mehr oder weniger verschieden von den Welten anderer. Betrachten wir als ein weiteres Beispiel die Gesichtsfelder von Mensch, Pottwal und Kaninchen. Der Mensch hat, wenn er geradeaus schaut, ein Gesichtsfeld von 180°. Was hinter uns ist, können wir nicht sehen. In dem 120° abdeckenden Mittelteil unseres Gesichtsfeldes sehen wir mit beiden Augen. Das beidäugige Sehen ist von großer Bedeutung, weil es die Dreidimensionalität herstellt und Entfernungseinschätzungen erlaubt. Man kann selbst ausprobieren, wie schwierig in einer unbekannten Gegend die Entfernungseinschätzung mit nur einem Auge ist; schon wenn man mit nur einem Auge den Finger auf einen bestimmten Punkt legen soll, wird man eine gewisse Unsicherheit bemerken.

In einem Winkel von etwa 30° an beiden Rändern unseres Gesichtsfeldes sehen wir nur mit einem Auge. Das ist unser peripheres Gesichtsfeld. Hier sehen wir weniger scharf, und unsere Entfernungseinschätzung ist nicht so gut. Dafür werden hier die visuellen Reize schneller erfaßt und verarbeitet. Das ist nützlich zum Beispiel für das schnelle Erkennen von Gefahren, die wir aus dem Augenwinkel bemerken. Wenn wir uns dann in diese Richtung wenden und die Sache direkt ins Auge fassen, können wir, falls uns Zeit dazu bleibt, reagieren.

Man kann das selber beim Fernsehen austesten. Was wir auf dem Fernsehschirm sehen, ist kein kontinuierliches Bild, sondern

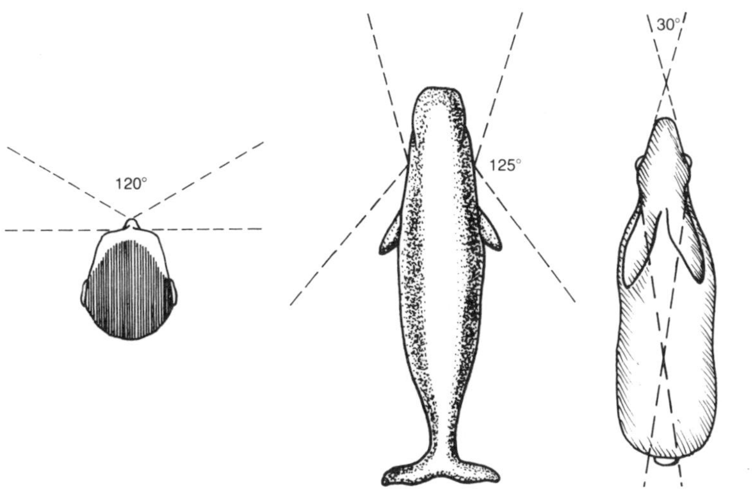


*Abbildung 2 Das Gesichtsfeld bei Mensch, Pottwal und Kaninchen (nach Bonner).*

eine sehr schnelle Folge von Einzelbildern, fünfundzwanzig pro Sekunde. Das ist schnell genug, um in unserem beidäugigen zentralen Gesichtsfeld die Illusion eines kontinuierlich bewegten Bildes zu erzeugen. Wenn Sie aber jetzt zur Seite schauen, so daß der Fernseher in Ihr peripheres Blickfeld rückt, werden Sie die Illusion durchschauen: Das Bild flimmert.

Am meisten fasziniert den Menschen natürlich, wie er selbst die Dinge wahrnimmt und tut, und so sind viele interessante Experimente entwickelt worden, um unsere Wahrnehmung und unsere motorischen Reaktionen zu erforschen. Auch mit Tieren hat man viele dieser Experimente durchgeführt, aber solange man nicht berücksichtigt, daß die sensorischen und motorischen Funktionen nicht für sich allein dastehen, sondern eine Geiststruktur mit entsprechenden subtilen sensorischen und motorischen Indriyas zur Grundlage haben, bringen solche Experimente kein wirkliches Licht in die Sache.

Wenn ein Lebewesen für sein Überleben darauf angewiesen ist, alle Dinge im dreidimensionalen Raum blitzschnell lokalisieren zu können, ist beidäugiges Sehen oder ein «beidäugiges» Sonar von großer Bedeutung. Der Mensch kann in gewissem Umfang die Richtung feststellen, aus der ein Geräusch kommt, aber sobald Schallreflexionen auftreten, werden wir unsicher. Unsere dreidimensionale Schallwahrnehmung ist nicht besonders gut.

Beim Sehen ist das anders. Spiegelungen in Seen und Pfützen führen uns nicht so leicht in die Irre. Wir erkennen sie augenblicklich als Spiegelungen, wie wir auch Schatten sofort als Schatten erkennen und nicht für Gegenstände halten. Ohne daß wir uns dessen immer bewußt sind, gewinnen wir sogar durch die Veränderungen von Licht und Schatten in unserer Umgebung ein klareres Bild von den Dingen.

Der Schall wirft jedoch auch Schatten, und davon bemerken wir nicht viel, außer etwa in dem Umstand, daß man Lärm durch das Schließen der Tür verringern kann. Außerdem wird der Schall von verschiedenen Oberflächen unterschiedlich zurückgeworfen; deshalb ermöglicht ein gutes Ultraschall-Sonar eine Art Schall-«Röntgenblick» mit einer erheblich besseren Auflösung als die Sonographieapparate, die wir in der medizinischen Diagnostik verwenden.

Wenn die Schallwahrnehmung Ihr wichtigstes Orientierungsmedium wäre und Sie zudem eine Geiststruktur und ein sensorisches System hätten, das Dreidimensionalität und Struktur aus akustischen Signalen ableiten kann, dann wäre die Welt Ihnen jederzeit voll «sichtbar», bei Tag und Nacht. Eine geschlossene Tür wäre für Sie dann nicht «undurchsichtig». Der Schall dringt sowohl durch die Tür selbst als auch durch die Spalte an den Rändern. In visuelle Erfahrung übersetzt, würden Sie die Tür als durchscheinend wahrnehmen, und direktes Licht dringt zudem durch die Spalte. Und diese beiden Lichteindrücke zusammengenommen würden Ihnen ein dreidimensionales Bild dessen geben, was hinter der Tür passiert.

«Hören» ist eigentlich nicht das richtige Wort für diese Art der Wahrnehmung, denn wir denken dann natürlich sofort an unseren menschlichen Gehörsinn. Es ist eher so etwas wie Schall-«Sehen», als hätten wir eine eigene Schallquelle, mit der wir die Welt «ausleuchten» können wie mit einer starken Lichtquelle; Wesen mit solchen Lichtquellen scheint die Natur bislang noch nicht hervorgebracht zu haben, allerdings kommt die Fähigkeit, Pheromone und andere Substanzen bei Tag und Nacht sehen zu können, dem schon sehr nahe.

Um zu verstehen, was andere Wesen wahrnehmen, müssen wir das beinahe Unmögliche tun, nämlich unsere menschliche Wahrnehmung einmal hinter uns lassen und in eine andere Welt eintreten. Wir müssen die Dinge mit dem Geist dieser Wesen sehen, durch ihre grob- und feinstofflichen, sensorischen und motorischen Strukturen.

Manche Fledermaus- und Walarten leben also in einer Welt des Schalls. Schon der Zickzackflug einer Fledermaus durch den

Abendhimmel kann uns eine Ahnung geben von der Welt, die sie wahrnimmt. Im Wasser ist die Sonar-Ortung wichtig für die Wahrnehmung über größere Entfernungen, denn Licht hat hier nur eine Reichweite von um die zwanzig Meter. Die Walarten, die tief unter der Wasseroberfläche Nahrung suchen, sehen häufig nicht sehr gut, wie ja auch wir Menschen einen relativ schwachen Gehör- und Geruchssinn haben. Ihre 3-D-Schallwahrnehmung ist jedoch ausgezeichnet. Manche der größeren Wale, über dreißig Meter lang, sehen mit den Augen vielleicht nicht einmal ihren eigenen Schwanz, aber ihr scharfes Gehör und das Sonar sagen ihnen sehr genau, was um sie herum vorgeht.

Ein Pottwal kann nicht direkt nach vorn oder hinten sehen, und diesen Umstand machten sich die Walfänger alter Zeit zunutze, indem sie sich direkt in der Längsachse des Tiers von vorn oder hinten anschlichen. Solch ein Wal hat beiderseits ein Gesichtsfeld von 120° (siehe Abb. 2). Können wir uns vorstellen, wie es sich anfühlt, zwei nicht überlappende Gesichtsfelder zu haben? Wir können es nicht, denn weder unsere Geiststruktur noch unsere Augen sind entsprechend eingerichtet. Viele Wale schwimmen auch häufig an der Oberfläche, wo das Sonar wenig nützt, gute Augen aber sehr wichtig sind. Offenbar können sie geistig zwischen auditiver und visueller Welterfahrung umschalten. Auch das ist uns fremd und daher kaum vorstellbar.

Wer sich in der Wissenschaft der Optik ein wenig auskennt, kann sich vielleicht die Konstruktionsschwierigkeiten bei einer Augenlinse vorstellen, die in direkten Kontakt mit dem Wasser kommt: Die Augenlinse, die ja größtenteils aus Wasser besteht, und das umgebende Wasser haben ziemlich ähnliche Brechungsindizes. Deshalb sehen wir Menschen unter Wasser nur sehr verschwommen, es sei denn, wir tragen eine luftgefüllte Taucherbrille. Wale und Delphine jedoch sehen sowohl im Wasser als auch in der Luft recht gut. Eine erstaunliche Konstruktionsleistung der Natur.

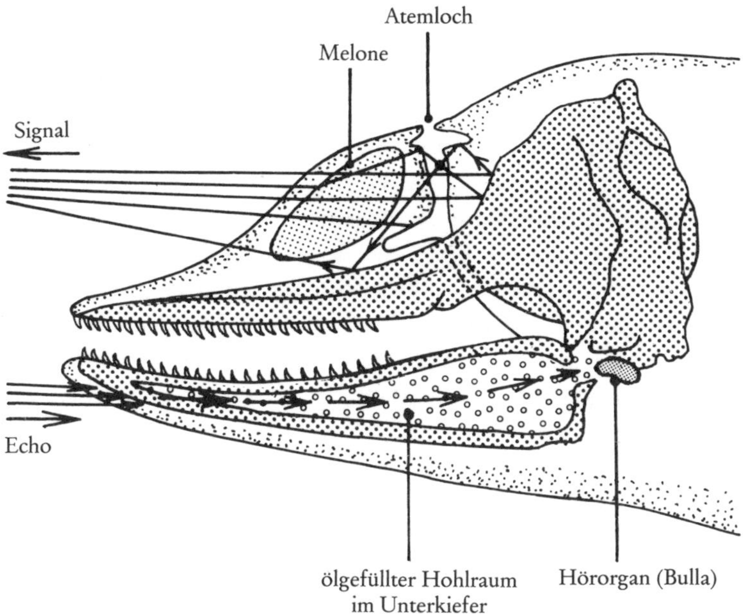


*Abbildung 3 Das akustische Ortungssystem des Tümmlers (nach Norris und Bonner).*

Zu den Hörorganen der walartigen Lebewesen gehören große, luftgefüllte Nebenhöhlen als Resonanz- und Empfangskammern sowie flüssigkeitsgefüllte Kammern. Beide Medien haben Vor- und Nachteile bei Erzeugung und Empfang von Schallwellen, und so ziehen die Walartigen aus einer Kombination beider Systeme den größtmöglichen Nutzen. Die Schallgeschwindigkeit ist im Wasser viermal so hoch wie in der Luft, und auch das kommt diesen Tieren sicherlich zugute. Lange Zeit hat man geglaubt, daß Wale überhaupt kein Gehör haben, weil ihnen die äußeren Ohrmuscheln fehlen – ein schönes Beispiel für anthropomorphe Projektion. Dabei hätte den Forschern doch eigentlich schon das ständige «Zwitschern» des Weißen Wals zu denken geben müssen; vielleicht haben sie dieser Beobachtung der alten Seebären einfach keinen Glauben geschenkt. Ohrmuscheln wären außerdem natürlich eher hinderlich im Wasser, wo Stromlinienförmigkeit so wichtig ist; zudem würden sie im Wasser längst nicht so effektiv funktionieren wie in der Luft.

Am gründlichsten wurden Lauterzeugung und Gehörsinn bisher beim Großen Tümmler erforscht, einer Delphinart, die man auch Flaschennase nennt. Ken Norris und andere (siehe Literaturverzeichnis) glauben, daß sie ihre Schallsignale in den Nasenstrukturen unter dem Atemloch erzeugen. Alle Walartigen atmen durch diese Öffnung in die Lunge ein, um dann beim erneuten Auftauchen wieder auszuatmen und ihren Luftvorrat zu erneuern. Sie haben also immer genug Luft, um unter Wasser ihre klickenden oder anderen Laute auszustoßen. Sie besitzen jedoch keine Stimmbänder wie der Mensch und andere Säugetiere. Deshalb nimmt Norris an, daß die Sonar-Klicklaute des Tümmlers gleich unterhalb des Atemlochs gebildet werden. Ausgerichtet und gebündelt werden die Laute dann wie in der Optik von einem Reflektor und einer Linse (siehe Abb. 3). Den Reflektor bildet ein parabolisch geschnittener Schädelknochen. Gebündelt wird dieser Schallstrahl dann von der Melone, einer fetthaltigen Struktur direkt vor dem Atemloch, auffällig schon dadurch, daß sie bei vielen Walartigen zu finden ist. Norris fügt hinzu, daß die inneren Luftwege so angelegt sind, daß ansonsten kaum Reflexionen und Nebengeräusche entstehen; möglichst wenig Störgeräusche, das ist sehr wichtig für den Tümmler.

Experimentell konnte festgestellt werden, daß die Klicklaute, die der Tümmler erzeugt, strukturiert und gerichtet sind. Er verfügt also über ein akustisches Radar – dergleichen müßte der Mensch für sich selbst erst noch erfinden. Doch es geht noch weiter. Norris nimmt nämlich an, daß der Unterkiefer als akustischer Kanal für den reflektierten Schall fungiert. Das seitlich gelegene Innenohr des Tümmlers ist hochempfindlich für gewöhnlichen

Schall, aus dem das Tier ein dreidimensionales akustisches Bild der Welt gewinnt. Das Sonar-Echo eines direkt nach vorn gerichteten Schallstrahls jedoch würden seitliche Ohren nicht so gut aufnehmen. Deshalb ist das Sonar eine perfekt konstruierte «Ergänzung» eines ohnehin schon sehr scharfen «konventionellen» Gehörs.

Der Unterkiefer des Tümmlers und vieler anderer Säugetiere aus der Ordnung der Wale besteht eigentlich aus einer sehr dünnen Knochenlamelle, die an ihrer dünnsten Stelle je nach Spezies nur 0,1 bis 3 Millimenter dick ist. Diese Knochenlamelle umschließt einen Hohlraum, der wie die Melone mit einer öligen Flüssigkeit gefüllt ist. So können die zurückkehrenden Schallsignale praktisch ungehindert das «Schallfenster» passieren, die zarte Gewebeschicht, die den Unterkiefer bedeckt, und werden dann weitergeleitet, bis sie in der Nähe des Kiefergelenks die Bulla oder Gehörkapsel erreichen.

Norris' Gedanken wirken sehr plausibel, und wenn die physische Seite des 3-D-Sonars eines Tümmlers damit zutreffend beschrieben ist, wäre auch erklärt, weshalb Tümmler den Kopf hin und her bewegen, während sie ihre Echolottöne aussenden: Sie tasten ihr Zielobjekt ab, um ein vollständiges dreidimensionales Bild von ihm zu gewinnen. Erklärt wäre dann ebenfalls, weshalb Walartige, die keine Sonartöne aussenden, weder eine Melone noch einen modifizierten Unterkiefer besitzen. Viele dieser Wale sind jedoch zu sehr deutlichen Lautäußerungen anderer Art fähig, und wenn sie nicht wie ein Tümmler ausgerüstet sind, heißt das noch nicht, daß sie nicht andere, ebenso perfekt konstruierte Schall-Ortungssysteme besäßen.

Das Sonar des Tümmlers ist erstaunlich präzise. Mit den Klicklauten – zwischen 20 und 230 Pulse pro Sekunde, eine bis fünf Sekunden lang – können sie die Größe anderer Fische mit einer Genauigkeit von wenigen Millimetern einschätzen. Doch nicht alle Delphinarten besitzen ein derart genaues Sonarsystem, und sogar der Tümmler benutzt in klarem Wasser ganz einfach seine Augen. Wenn andere Walartige nicht mit einem Sonar nach der Art des Tümmlers ausgerüstet sind, so bedeutet das nicht, daß diese Orientierungsart für sie nicht so wichtig ist. Es ist nur wie immer so, daß wir nicht wissen können, wie einem bestimmten Wesen seine besondere Wirklichkeit erscheint, solange wir nicht nachzuvollziehen in der Lage sind, welche Art von geistiger Erfahrung für dieses Wesen mit seiner Wahrnehmung verbunden ist.

Wenn wir die anderen Sinne der walartigen Meeressäuger betrachten, fällt auf, daß sie offenbar keinen Geruchssinn haben, denn es sind keine entsprechenden Sinnesorgane, Nerven und Gehirnzentren zu finden. Ihre Hauptsinne sind anscheinend Sonar und Gehör sowie Gesichts-, Tast- und Geschmackssinn. Fische und viele wirbellose Meeresbewohner haben dagegen hochentwickelte Geruchsorgane. Gerüche breiten sich im Wasser leicht aus; allerdings fällt es uns gewiß nicht leicht, uns eine Unterwasser-Geruchserfahrung vorzustellen. Da Duftstoffe hier in Lösung sind, müssen Geruch und Geschmack wohl sehr ähnliche Phänomene sein. Und wenn Wale ins Meer zurückgekehrte Säugetiere sind, wie allgemein angenommen wird, und die Evolutionstheorie wirklich alle Antworten weiß, warum haben die Wale dann ein Sinnesorgan verloren, das bei vielen Säugetieren so hoch entwickelt ist?

Greifen wir jetzt aber das Thema wieder auf, das uns zu dieser Betrachtung geführt hat: die Gesichtsfelder verschiedener Lebewesen. Ein Kaninchen hat ein Gesichtsfeld von 360° (s. Abb. 2), und das kommt ihm immer dann zugute, wenn es von einem hungrigen Raubtier erspäht wird. Der Bereich des beidäugigen Sehens umfaßt beim Kaninchen nur einen Winkel von 30°, allerdings vorn *und* hinten. Vor sich kann das Kaninchen damit seinen nächsten Happen genau lokalisieren, das Terrain einschätzen oder die Lage des Einschlupflochs zu seinem Bau genau ausmachen. Kaninchen verschwinden häufig in vollem Lauf in ihren Bau, also müssen sie schon sehr genau einschätzen können, wohin sie springen müssen.

Aber noch wichtiger für die Sicherheit ist eigentlich das hintere beidäugige Gesichtsfeld. Wenn man beobachtet, wie ein Hund ein Kaninchen hetzt, wird man bemerken, daß das Kaninchen immer gerade dann einen Haken schlägt, wenn der Hund es beinahe eingeholt hat. Wie macht das Kaninchen das? Woher weiß es so genau, wo Bello ist? Nun, es kann eben gleichzeitig nach vorn und hinten schauen, ohne über die Schulter blicken zu müssen. Vorn sieht es, wohin es zu laufen hat, und hinten sieht es genau, wo der Verfolger ist und nach welcher Seite es seinen nächsten Haken schlagen muß. Ich habe schon beobachtet, daß flüchtende Hasen den Kopf in den Nacken legen; offenbar vergrößert das ihr rückwärtiges Gesichtsfeld. Aber wie mag das sein, ein 360°-Gesichtsfeld mit zwei schmalen und weit voneinander getrennten beidäugigen Bereichen? Um das nachzuvollziehen, bräuchten wir die Geiststruktur des Kaninchens und seine Augen.

Auch Enten haben mit ihren seitlich liegenden Augen einen 360°-Rundumblick, aber mit sehr begrenztem beidäugigen Sehvermögen. Eulen dagegen (die zusätzlich über ein hochdifferenziertes räumliches Hörvermögen verfügen, mit dem sie eine Maus in stockdunkler Nacht genau lokalisieren können) haben ein ausgezeichnetes beidäugiges Sehvermögen, da ihre Augen an der Vorderseite des Kopfes liegen. Den Restbereich decken sie mühelos dadurch ab, daß sie den Kopf um 180° wenden können. Ihr Genick ist derart beweglich, daß sie den Kopf sogar auf einem schwankenden Ast in ein und derselben Position halten können. Eine höchst erstaunliche Fähigkeit – und nützlich auch, wenn man sich von Kleingetier am Boden ernährt. Versuchen Sie mal, etwas mehrere Schritte Entferntes genau zu erkennen, während Sie dabei hopsen. Da sieht man die Dinge nicht mehr so klar. Auch Falken können, wenn sie im Wind schweben, den

*Abbildung 4 Die Kurzschnauze, Vorbedingung für ein ausreichendes Gesichtsfeld bei seitlich angeordneten Augen; auch die Ohren müssen ziemlich hoch stehen, damit sie die Sicht nicht behindern.*

Kopf völlig ruhig halten, während der Körper von den Böen geschüttelt wird.

Übrigens ist für eine gute Rundumsicht mit seitlich plazierten Augen sowie für ein gutes beidäugiges Sehen notwendig, daß keine lange Schnauze im Weg ist. Dieses stumpfnasige Gesicht finden wir bei vielen Nagetieren, zum Beispiel den Eichhörnchen (siehe Abb. 4). Sähe man bei einer solchen Anordnung der Augen hauptsächlich seine eigene Nase, dann wäre der Natur wohl eine Fehlkonstruktion unterlaufen. Und so etwas sehen wir nirgendwo. Beidäugiges Sehen (oder ein anderer Sinn, der ein genaues dreidimensionales Bild der Welt vermittelt) ist Vorbedingung für die Jagd oder auch für akrobatische Sprünge in den Baumwipfeln.

## Infraschall und Ultraschall

Nicht alle Biologen stimmen der Auffassung zu, daß Insekten auf elektromagnetischem Weg kommunizieren. Manche meinen, es geschehe über Schallsignale und den «Geruch» oder «Geschmack» der Pheromone. Ich persönlich finde das von Philip Callahan in seinem Buch *Tuning in to Nature* vorgelegte Material recht überzeugend. Gewiß aber zweifeln nur wenige Entomologen daran, daß die verblüffend komplex aufgebauten Fühler der Nachtfalter spezifische Pheromon-Detektoren sind, und es spricht nichts gegen die Existenz dieses und noch ganz anderer sensorischer Systeme.

Nur wenige Arten der wirbellosen Tiere sind bisher genau erforscht worden. Man nimmt beispielsweise an, daß die langen gefiederten Fühler der männlichen Moskitos die von einem paarungsbereiten Weibchen ausgesandten Schallmuster auffangen. Es fliegt mit einer ganz bestimmten Flügelschlagfrequenz, und exakt auf diesen Ton sind die Fühler der Männchen abgestimmt, so daß eine akustische Resonanz entsteht. Viele in der Natur erzeugte Geräusche liegen außerhalb des menschlichen Hörbereichs und werden als Ultraschall (höhere Frequenzen) und Infraschall (tiefere Frequenzen) bezeichnet. Viele Lebewesen kommunizieren über solche Schallphänomene. Was wir etwa von den Insekten hören, ist häufig nur das untere Ende eines ganzen Spektrums von Schallsignalen oberhalb des Frequenzbereichs, auf den das menschliche Ohr abgestimmt ist.

Und wie überall im Leben muß auch auf diesem Feld der Kommunikation mit Betrug und Hinterlist gerechnet werden. Es gibt Spinnen, die akustische Locksignale, ja sogar die Geschlechtspheromone weiblicher Motten dreist kopieren und damit liebestaumelnde Mottenmännchen zu einem Abendessen überreden, das sie sich gewiß anders vorgestellt hätten. Hausspinnen, hört man häufig, kommen angekrabbelt, sobald Musik ertönt. Ich habe in meinem Haus ein paar, die auf meinem Wohnzimmerteppich erscheinen, wenn ich bestimmte Fernsehsendungen sehe. Und ich glaube nicht, daß die Partylaune sie hertreibt; vielmehr dürfte es die instinktive Reaktion auf Signale sein, die ihre Geistkonfiguration so interpretiert, als wäre hier Nahrung, Paarung oder einfach ein Spinnengefährte zu erwarten.

Wenn ein Tagpfauenauge die Flügel öffnet und dann wieder zuklappt, entsteht ein Laut, den der Mensch zwar nicht hört, der aber mögliche Freßfeinde abschreckt. Ratten und Mäuse erkennen anhand von Ultraschallechos die Entfernung und Größe von Gegenständen im Dunkeln; das ist einer der Gründe für ihr Pfeifen. Was wir von diesem Pfeifen hören, ist nur der niederfrequente Teil eines Signals, das größtenteils im Ultraschallbereich liegt.

Viele Eulen haben einen so perfekten Gehörsinn, daß sie bei völliger Dunkelheit kleine Bodentiere fangen können, und sie landen so punktgenau, daß sie die Klauen an der sichersten Stelle, entlang der Wirbelsäule, einschlagen. Auch Katzen nehmen gewisse Ultraschallfrequenzen wahr, so daß sie die Mäuse sogar in ihren Verstecken aufspüren. Es könnte sein, daß sie diese Laute eher über Resonanzen der Schnurrhaare als über die Ohren aufnehmen.

Manche Lebewesen nehmen auch Infraschall, also Frequenzen unterhalb des menschlichen Hörbereichs, wahr. Die Känguruhratte hat ein so feines Infraschallgehör, daß sie eine sich nähernde Klapperschlange auch in stockdunkler Nacht an den Gleitgeräuschen erkennt. Sie kann die Qualität dieser Laute sogar so fein einschätzen, daß sie seelenruhig weiterfrißt und erst wegspringt, wenn die Schlange zustößt.

Elefanten stehen fast ständig durch Infraschallsignale miteinander in Verbindung. Infraschall ist viel weitreichender und durchdringender als Ultraschall. Ihre großen dicken Ohren sind offenbar nicht nur Verzierung. Demgegenüber sind die hauchdünnen Ohren vieler Fledermausarten Frequenzfilter, die nur die höchsten Ultraschallfrequenzen ungehindert passieren lassen. Bei manchen ist das Gehör so scharf, daß sie sogar winzige Zuckmücken noch in einer Entfernung von bis zu zwanzig Metern ausmachen können. Manche Vögel teilen sich über niederfrequente Territorial-, Geschlechts- und andere Signale mit. Es könnte sogar sein, daß die charakteristischen niederfrequenten Lautsignale, die von Wüsten, Berggipfeln und anderen Geländeformationen ausgehen, für manche Lebewesen eine Art Orientierungssignal sind, ähnlich dem Lichtfinger eines Leuchtturms. Solche Geräusche tragen über Hunderte von Kilometern.

Unter Wasser haben Schallsignale eine ganz besondere Bedeutung, weil der Schall hier weiter trägt als Licht und sich außerdem viel rascher ausbreitet als in der Luft. Es gibt eine Krabbenart mit einer höchst originellen Jagdmethode. Eine der Scheren ist so abgewandelt, daß die Krabbe sie mit lautem Knall zuschnappen lassen kann. Die Wirkung dieses Knalls auf Fische in unmittelbarer Nähe ist vernichtend, sie verlieren die Orientierung und werden gepackt und mit weiteren «Schüssen» völlig betäubt; dann macht sich die Krabbe an ihre Mahlzeit. Diese Schüsse sind so laut, daß man sie fast einen Kilometer weit hört.

Von Fischen wird meist angenommen, daß sie nicht viel zu sagen haben, aber sie «singen» sogar wie Vögel und geben niederfrequente territoriale, geschlechtliche und sonstige soziale Signale. Und wie Amseln mit ihrem lauten Warngezeter der Allgemeinheit einen nützlichen Dienst erweisen, wenn sie etwa eine anpirschende Katze entdecken, so geben Stachelfische und höchstwahrscheinlich auch einige andere Fischarten Ultraschall-Warnlaute von sich, wenn ein Räuber sich nähert. Sicherlich steckt mehr als bloßer Eigennutz hinter solchen Verhaltensweisen, die der Allgemeinheit zugute kommen.

Der Fisch-«Gesang» ist nicht so vielgestaltig und melodiös wie der Gesang der Vögel, vielleicht weil sie auf der Skala von Bewußtsein und Intelligenz tiefer angesiedelt sind. Der Zweifarbige Riffbarsch lockt Weibchen seiner Art mit Zirplauten an, und ein Crescendo zeigt, daß er irgendwo eins ausgemacht hat. Unter den kleinen Karpfenfischen gibt es eine Art, die schnurrt, während der Dorsch grunzt und das Liebeslied des Schellfischs wie ein Motorrad klingt – ziemlich unmelodiös, dafür aber mit Strophen von bis zu zwanzig Minuten Länge.

Und wie überall gibt es auch hier die Halsabschneider, die aus den alltäglichen Bedürfnissen und Verrichtungen der anderen Kapital schlagen. Haie und andere große Raubfische können diese Infraschallsignale abhören, ja sogar die Laute, die durch die bloßen Schwimmbewegungen von Schwärmen kleinerer Fische entstehen.

## So viele Wirklichkeiten wie Lebewesen?

Und so ließen sich die Bilder weiter aneinanderreihen. Jedes Wesen hätte seine ganz eigene Geschichte zu erzählen, wenn es nur könnte. Jedes hat seine irgendwie «seltsame», ganz eigene Wirklichkeitswahrnehmung. So haben viele Vierbeiner einen besonders scharfen Geruchssinn. Möglicherweise kann auch die Geruchswahrnehmung manchen Tieren ein dreidimensionales Bild der Welt vermitteln. Vielleicht bilden Gerüche für sie ein Spektrum wie für uns die Farben. Bei den meisten Säugetieren nimmt man an, daß sie Farben nicht wie der Mensch sehen, daß sie also kein so ausgeprägtes Unterscheidungsvermögen der Wellenlängen besitzen.

Das Farbensehen ist, wie ich schon sagte, wie jede andere Sinneswahrnehmung eine ziemlich subjektive geistige Erfahrung. Es gehört nicht nur ein geeigneter Sehapparat dazu, sondern auch die entsprechende Geiststruktur. Nehmen unsere Haushunde also Gerüche mit dem gleichen feinen Gespür für Nuancen wahr wie wir die Farben? Ganz sicher riechen wir die Dinge nicht so wie sie. Um ihre Geruchserfahrung nachvollziehen zu können, brauchten wir ihre Geiststruktur, Geruchsphysiologie und Gehirnorganisation. «Rot» ist keine universale, sondern eine subjektive Erfahrung, und so ist es mit allen Sinneswahrnehmungen.

Für Hunde und viele andere Jäger ist die Nase *der* Orientierungssinn. Sogar an trockenen Tagen bleibt sie feucht, um interessante Moleküle einzufangen, in Lösung zu halten und weiterzumelden. Wenn Sie je einen Hund besessen haben, wissen sie, wie wichtig der Geruchssinn für ihn ist. Hunde erschnüffeln einander, die Katze, jedes andere vorbeikommende Wesen, ihre menschlichen Gefährten und alles, was sonst noch wissenswert ist. Sie hinterlassen Duftmarken an den Bäumen, die dann für andere Hunde wieder höchst faszinierend sind. Sie leben in einer Welt der Witterungen und Düfte, die wir uns kaum auch nur ahnend vorstellen können.

Fledermäuse sind wie viele andere Säugetiere mit ausgezeichneten Geruchsorganen, aber auch mit wirksamen Duft-«Sendern» versehen. Sie besitzen erstaunlich viele Duftdrüsen, deren Funktion hormonell und über Nervenreize gesteuert wird. Von Art zu Art sind diese Duftdrüsen zwar anders verteilt, aber man findet sie an fast allen Körperstellen: Anus, Geschlechtsorgane, Hand- und Fußgelenke, Brust, Beinansatz, Schultern, Rücken und an vielen Stellen am Schädel, im Gesicht und um die Ohren. Kot und Urin dienen darüber hinaus als «persönliche» Markierung. Die Tatsache, daß zwischen den Geschlechtern auffällige Unterschiede in Verteilung und Aufbau der Duftdrüsen bestehen, deutet darauf hin, daß sie auch eine kommunikative Bedeutung für das sexuelle Verhalten haben, aber auch hier müßten wir erst Zugang zum Fledermaus-Geist haben, um zu verstehen, wie solche Botschaften interpretiert werden und welches Verhalten sich daraus ergibt. Die Welt der Düfte können wir Menschen uns so schlecht vorstellen wie die Welt der dreidimensionalen Schallwahrnehmung. Was wir uns vorstellen, ist immer nur Projektion unserer eigenen Sinneswahrnehmung.

Beim Menschen dienen die Augen sowohl zum Fern- als auch zum Naherkennen. Bei anderen Lebewesen werden die beiden Bereiche von verschiedenen Sinnen erfaßt. Hunde und viele andere Säugetiere erfassen mit ihrer Nase die nähere Umgebung, während sie sich mit den Augen den Gesamtüberblick verschaffen. Ein Hund, der gerade mal keiner bestimmten Fährte folgt, läuft häufig mit erhobenem Kopf; doch sobald er auf etwas Interessantes stößt, ist die Nase sofort dicht am Boden. Auch unter den Fledermausarten, die sich anhand von Schallwellen orientieren, gibt es manche, die ein entferntes Beutetier zunächst mit den Augen wahrnehmen und dann ihr präzises Sonar benutzen, um es zu fangen. Interessanterweise fliegen viele Fledermausarten offenbar nicht gern in mondhellen Nächten, vielleicht wegen der Gefährdung durch Eulen. Ihr Sehvermögen ist natürlich bestens abgestimmt auf das, was wir Menschen «Dunkelheit» nennen.

Rings um uns her gibt es also viele individuelle Wirklichkeiten, die einander überschneiden und doch jede von ganz eigener Art sind. Die Unterschiede bestehen vor allem in der Geiststruktur. Das gilt sogar innerhalb einer Spezies, insbesondere beim Menschen. Jeder sieht die Dinge anders, je nach den karmischen Voraussetzungen, die seine persönliche geistige Konstitution bestimmen. Alle Verständigungsschwierigkeiten, das Wort sagt es schon, sind jedoch nur Ausdruck der Beschränktheit unseres Verstandes. Von einer höheren Warte aus gesehen, ist alles nur Manifestation des größeren Geistes.

Wir brauchen eine andere und weisere und vielleicht mystischere Sicht der Tiere. Der Natur entfremdet und in komplizierter Künstlichkeit lebend, betrachtet der Mensch die Kreatur durch die Lupe seiner Erkenntnis und sieht eine Feder vergrößert, das Ganze aber verschwommen und verzerrt. Wir blicken mitleidig auf sie herab, auf ihre Unfertigkeit, auf das tragische Schicksal, so tief unter uns Gestalt angenommen zu haben. Und darin täuschen wir uns. Denn der Mensch ist nicht das Maß der Tiere ... Sie sind weder unseresgleichen noch Untergebene; sie sind andere Nationen, wie wir selbst im Netz von Leben und Zeit verfangen, Geiseln wie wir der Herrlichkeit und der Wehen der Erde.

Henry Beston, *The Outermost House*

# 5. Verhaltensmuster

## Motorische Reaktionen, Verhalten und Lernen

Wir haben bisher vor allem die Sinneswahrnehmung der äußeren Wirklichkeit betrachtet, doch das ist nur das halbe Bild, denn Sinneswahrnehmung ist stets mit motorischen Reaktionen, also mit äußerem Verhalten verbunden. Äußere Wahrnehmung und äußeres Verhalten existieren, wie wir bereits erörtert haben, im Bereich der geistigen Energie als die sensorischen und motorischen Indriyas, und sie sind sehr eng miteinander verflochten. Es hat wenig Sinn, etwas visuell oder anhand des Geruchs oder durch Schallecho wahrzunehmen, wenn man nicht über die erforderlichen motorischen Fähigkeiten und Verhaltensmuster für den Umgang mit diesem Etwas verfügt, sei es, daß man es jagt, packt, angreift oder verzehrt, daß man darin lebt, ihm ausweicht, Duftmarken an ihm hinterläßt, sich mit ihm paart oder was auch immer.

Deshalb bilden die sensorischen und motorischen Indriyas in der Geiststruktur eines Lebewesens eine funktionelle Einheit. Ganzheitlichkeit ist die Natur aller geistig-körperlichen Energiefelder, und so sind die Verhaltensreaktionen instinktiv und automatisch, in jeder natürlichen Situation von perfekter Abstimmung und Tauglichkeit. Und weil die Indriyas eine Einheit bilden, sind

Bau und Funktion des Körpers perfekt auf die Sinneswahrnehmungen und Instinktreaktionen abgestimmt. Was auch immer die Lebewesen tun, tun sie als Ganzheit und in der größeren Ganzheit von Seele, Geist und Natur.

Von der Vollständigkeit des inneren tattvischen Gewebes hängt es ab, wieviel eine Biene, ein Vogel oder ein anderes Tier über seine Umwelt lernen und an seine Artgenossen weitergeben kann. Sogar die Pflanzen, die nur ein Tattva besitzen, wissen, wo sie Licht, Nahrung und Wasser finden können. Blätter, Stamm und Zweige richten sich nach der Sonne aus, die Wurzeln tasten nach Wasser und Nährstoffen.

Daß alle Lebewesen lernfähig sind, zeigt sich an der Art, wie sie sich in ihrer Umgebung zurechtfinden. Sogar Schmetterlinge können sich eine Stelle merken, an der sie eingefangen wurden; läßt man sie wieder frei, meiden sie dieses Gebiet eine Zeitlang. Insekten, Skorpione und Spinnen, Fische, Vögel, Säugetiere und die Menschen haben mehr oder weniger stark ausgebildete Territorialinstinkte, also müssen sie zumindest die Ausdehnungen ihres Territoriums kennen. Tierbändiger und Abrichter wissen um die unterschiedliche Lernfähigkeit der Tiere; sie wissen auch, daß man ihnen Glanznummern beibringen kann (die sie in freier Natur niemals aufführen würden), sofern sie nicht völlig außerhalb ihres Verhaltensrepertoires liegen. Die Geiststruktur gibt die Grenze vor, innerhalb derer Wahrnehmung und Verhalten eines Lebewesens trainierbar sind. Einem Löwen kann man beibringen, durch einen Reifen zu springen, denn in freier Natur setzt er manchmal auch mit einem Sprung über ein Hindernis; Seelöwen wird man mit einiger Geduld dazu bringen, einen Ball auf der Nase zu balancieren und dabei zu klatschen, denn das entspricht ihrer natürlichen Behendigkeit und Verspieltheit. Aber niemand wird je einen Löwen dazu bringen, einen Ball auf der Nase zu balancieren und dabei in die Pfoten zu klatschen.

Manchen Tieren kann man sogar eine neue Sprache, neue Kommunikationssignale vermitteln. Sie mögen hörbar oder gestisch sein, jedenfalls werden weder die Reaktion noch das Signal gänzlich außerhalb des Verhaltensrepertoires dieses Lebewesens sein. Wenn Tiere, in deren natürlicher Geistkonfiguration menschliche Kommandos wie «sitz» oder «Gassi» eigentlich nicht vorkommen, dennoch in der Lage sind, Körperhaltung, Handbewegungen, Worte, Pfiffe oder Zurufe ihres Dresseurs richtig zu verstehen, kann man davon ausgehen, daß sie in der Natur eine eigene Zeichensprache für die gleichen Dinge haben.

Auch die Körpersprache ist wichtig. Eine Haltung der Ruhe läßt Vertrauen und das Gefühl der Sicherheit aufkommen, eine Drohgebärde treibt die Tiere in die Flucht; ein Hund duckt sich, eine Katze verdrückt sich, wenn wir nur böse dreinschauen, ohne ein Wort zu sagen. Fast alle Tiere verstehen eine scharfe, aggressive Kopf-, Schulter- oder Handbewegung. Obwohl sicherlich nur innerhalb einer Art volle Verständigung möglich ist, bestehen also keine absoluten Trennungslinien zwischen den Arten. Alle Lebewesen sind auf der Ebene des Geistes miteinander verbunden, und alles Verhalten ist wie bei uns Menschen die Äußerung von etwas Innerem. Es mag als Kommunikation gemeint sein oder einfach nur das augenblickliche innere Befinden des Wesens zum Ausdruck bringen. Ständig jedenfalls äußert sich der Geist bewußt oder unbewußt durch den Körper.

Ein ichbefangener menschlicher Geist nimmt das vielleicht nicht wahr, doch sobald er still wird, dringt es uns ins Bewußtsein, ohne jedes intellektuelle Bemühen, ohne Willensanstrengung. Wenn wir das Wirken unseres eigenen Geistes wahrhaft erfassen, verstehen wir auch, wie der Geist in allen anderen Lebewesen, ja in der gesamten Schöpfung als grundlegender Musterbildner wirkt, als Ursprung aller Baupläne, als Schöpfer des Gewebes von Energiebeziehungen, als *das* Formbildungsprinzip im reinen Bewußtsein.

# Jugend

Das Heranwachsen ist wohl ebensosehr eine Sache des Lernens und geistigen Reifens wie des körperlichen Wachstums. Beim Menschen ist das sehr deutlich, denn ein Kind ist in der Zeit der körperlichen Reife noch weit entfernt von seelischer Reife. Die Jugend ist bei allen Lebewesen eine Zeit des Übens und Lernens; der Gebrauch des mentalen und physischen Apparates muß trainiert, die vorprogrammierten Muster müssen erprobt werden. Die grundlegende Geiststruktur ist immer da, aber sogar Instinktmuster erfordern Training.

Die Flugfähigkeit ist einem Vogel angeboren, trotzdem muß die Mutter ihre Nachkommen zum ersten Flug mit Lockrufen von einem Zweig in der Nähe des Nestes überreden. Eine Katze bringt eine noch lebende Maus heim, um ihren Kindern zu zeigen, wie man sie fängt. Diese wissen ganz genau, was zu tun ist, sie müssen nur noch ihre Geschicklichkeit üben. Menscheneltern macht es so viel Freude, ihren Kindern das Laufen und Sprechen und so viele Dinge beizubringen. Spielen ist immer auch ein Lernen, das Einüben der subtilen und körperlichen Anlagen. Deshalb sollten wir bei der Auswahl der Spielzeuge für unsere Kinder ein wenig Sorgfalt und Umsicht walten lassen.

Was die Vögel angeht, sollten wir hier noch anmerken, daß die Mutter ihre Jungen zwar lockt und ihnen schmackhafte Bissen hinhält, aber ihnen eigentlich nicht das Fliegen beibringt. Sie ermuntert sie nur zu tun, was sie ohnehin können, da die körperlichen und geistigen «Muskeln» dafür vorhanden sind. Das ist wohl das Bezaubernde an Jungtieren und Menschenkindern: die Frische und Unbeholfenheit, mit der das innere Leben sein neues geistiges und körperliches Gewand erprobt. Überall fehlt es noch an der automatischen Geläufigkeit, mit der wir Erwachsene so viele Dinge beherrschen, und das rührt uns, weckt unsere Hegeinstinkte und den Wunsch, dem Neuankömmling zu helfen beim Vertrautwerden mit diesem neuen Gewand. Bei allem gilt jedoch, daß wir keinem Lebewesen etwas vermitteln können, wozu nicht das innere Instinktpotential schon als latentes Muster in Geist und Körper vorhanden ist.

Je tiefer ein Lebewesen auf der Skala des Bewußtseins steht, desto geringer ist offenbar seine Lernfähigkeit und desto bedingungsloser ist es seinen Instinkten unterworfen. Insekten etwa lehren ihre Nachkommen nichts, doch auch hier gilt: Wo die Fähigkeit des Ortswechsels vorhanden ist, besteht ein gewisses Lernvermögen, zumindest was die Züge der näheren Umgebung angeht. Bei den Bienen finden wir den «Schwänzeltanz», ein kompliziertes Kommunikationsritual, bei dem mitgeteilt wird, in welcher Richtung Nektar zu finden ist. Dieses instinktive Verhalten wird jedoch nicht gelehrt. Bienen sind mit dieser Fähigkeit geboren, sie ist von Anfang an Bestandteil ihrer subtilen Geiststruktur. Es mag sein, daß junge Bienen etwas lernen, doch offenbar werden sie nicht speziell unterwiesen, außer eben durch ihre eigene Erfahrung.

Allgemein gesagt: Je höher ein Lebewesen auf der Skala des Bewußtseins steht, desto mehr hat es zu lernen und desto länger ist bei ihm die Zeit des Reifens und die Abhängigkeit von den Eltern. Es kann allerdings – durch Umweltbedingungen oder die Körpergröße des Wesens – leichte Abweichungen von dieser Regel geben.

Das Spielen ist eine Seite dessen, was die Behavioristen etwas trocken als soziales Bonding bezeichnen. Es bedeutet, daß Leben mit Leben, Geist mit Geist in Berührung kommt, es vermehrt einfach das Wohlbefinden und bekundet die Lebendigkeit und Lebensbereitschaft der Beteiligten. Zum sozialen Bonding gehören beim Menschen viele Dinge, vom Nicken und Zwinkern über das Händeschütteln bis zur herzlichen Umarmung. Auch Kleidermoden und allgemeine Bräuche gehören dazu. Andere Kreaturen haben ihre eigenen sozialen Kontakte, je nach Instinkt- und Geiststruktur. All das trägt dazu bei, daß Leben zu Leben und Geist zu Geist in Beziehung tritt.

Und natürlich hat das Bewußtsein große Bedeutung für die tieferen Aspekte des Lebens: Je höher das Bewußtsein, desto größer die Liebesfähigkeit und die Aufgeschlossenheit für andere Lebewesen. Das ist ein ganz natürlicher Zusammenhang, denn Bewußtsein ist in seiner höchsten Ausprägung letztlich gleichbedeutend mit Liebe. Und so sind auch Liebe und Leben eigentlich dasselbe. Je weniger deshalb das Bewußtsein, die Lebenskraft, durch starre Instinktstrukturen eingeschränkt ist, desto mehr wird ein Wesen zu liebevoller Fürsorglichkeit neigen, und desto größer ist die Lernfähigkeit seiner Nachkommen. Lernfähigkeit und Unterweisungsbedürftigkeit der Nachkommen einerseits und die Fürsorgefähigkeit der Eltern andererseits entsprechen einander und manifestieren sich miteinander. Sie bilden eine Ganzheit, wie alles in der Natur.

## Die Sprache der Tiere

Wie es uns aufgrund von Unterschieden der Bewußtseinsstruktur schwerfällt, die Wahrnehmungen anderer Wesen nachzuvollziehen, so tun wir uns auch schwer, ihre Sprache zu verstehen. Wir haben nicht die gleichen vorprogrammierten Instinkte und geistigen Muster, die gleiche tattvische Konstitution, und deshalb wissen wir nie ganz genau, was eigentlich mitgeteilt wird.

Manche Mitteilungen sind ihrer Natur nach selbstverständlich oder können aus Reaktionen erschlossen werden – die Warnrufe mancher Tiere beispielsweise, die von anderen Arten automatisch erkannt und befolgt werden. Auch das Bellen eines aufgebrachten Hundes verstehen wir oder das Schnurren einer Katze, das Schnauben eines wütenden Stiers oder das aufgeregte Summen eines gestörten Bienenschwarms. Solche Äußerungen werden von vielen Lebewesen richtig gedeutet, wenn auch nicht unbedingt in allen Details. Das Gezeter der Amsel und das Schimpfen des Eichhörnchens teilt jedem Tier in weitem Umkreis mit, daß eine Katze durch meinen Garten schleicht. Wir Menschen und diese anderen Lebewesen verstehen jedoch nicht ohne weiteres die Ausdrucks- und Bedeutungsnuancen, die eine andere Amsel oder ein anderes Eichhörnchen den Mitteilungen entnehmen könnten.

Der Mensch versteht seine Art der Sprache. In jeder menschlichen Sprache finden wir Namen und Nomina für Gegenstände, Verben für Vorgänge, Adjektive zur näheren Beschreibung und Adverbien und andere grammatische Kategorien, die die Verknüpfung zu Sinneinheiten herstellen. Und selbst wenn wir die Worte einer fremden Sprache nicht verstehen, sind wir doch alle vom gleichen Menschengeist, und schon das genügt, um manche Bedeutungsinhalte zu vermitteln. Bedeutung ist demnach grundlegender als Wörter und Sprache, sie liegt im Geist. Auch ohne verbale Sprache können wir Bedeutungen übermitteln. Wir können die Mitteilungen anderer Lebewesen nicht in ihren Feinheiten verstehen, weil ihre innere Bedeutungserfahrung eine andere ist. Und das liegt im Sein dieser besonderen Kreatur begründet, einem Sein, daß von einer bestimmten Konfiguration geistiger und tattvischer Züge umgeben ist.

Sprache, gleich welcher Art, bedeutet grundsätzlich die Übermittlung von Bedeutung. Auch wenn wir mit unserem Hund oder irgendeinem anderen Tier sprechen, haben Gestik, Körperhaltung, Gesichtsausdruck und Tonfall einen Anteil an der Bedeutungsvermittlung, selbst wenn wir diese Elemente mehr oder weniger unbewußt ins Spiel bringen. Und im Umgang mit Menschen sagt uns das Ausdrucksverhalten, auch wenn wir die Worte nicht verstehen, eine ganze Menge über das, was gesagt wird. Auch ohne die Worte zu verstehen, können wir recht wohl unterscheiden, ob jemand uns böse oder freundlich gesinnt ist. Das Wortverständnis ist nur dann unerläßlich, wenn es um die Vermittlung abstrakter Vorstellungen und intellektueller Ideen geht.

Wo zwischen verschiedenen Arten genügend Übereinstimmung

der Geiststruktur, der subtilen energetischen Anatomie und Funktionsweise besteht, da sind gewisse Inhalte mitteilbar, etwa Angst, Zuneigung, Begrüßung, Verabschiedung, Schmerz, Freundlichkeit, Aggressivität. Es lassen sich sogar Worte durch entsprechendes Training mit bestimmten, dem Tier geläufigen Bedeutungsinhalten verknüpfen, zum Beispiel in den Kommandos, die wir einem Hund geben. Aber der Hund versteht das Wort «sitz» natürlich nicht in der Weise, wie wir es verstehen; wir können einem Hund auch beibringen, sich auf das Kommando «flieg» hinzusetzen.

Sehr auffällig wird die Verständigungsbarriere, wenn zwischen verschiedenen Spezies sehr dringend etwas Lebensentscheidendes mitgeteilt werden muß. Viele Geschichten gibt es von Hunden, Pferden, Elefanten, Walen, Delphinen und anderen Tieren, die Menschen in Not oder Gefahr zur Hilfe kamen oder bei anderen Menschen Hilfe suchten für ihresgleichen oder menschliche Gefährten. Das zeugt von einem gewissen Maß an schöpferischer Intelligenz, von Geist, und daran denken wir meist nicht. Nun ja, viele Menschen gewahren ja nicht einmal ihren eigenen Geist, wie sollten sie da mit dem Geist anderer etwas anfangen können? Jedenfalls ist es für uns normalerweise nicht gerade ein naheliegender Gedanke, uns wirklich ernsthaft in den individuellen Charakter eines Hundes, eines Sperlings, eines Fisches, eines Insekts, einer Pflanze, einer Amöbe einzufühlen.

Wie für andere Aspekte des Verhaltens gilt also auch hier, daß ein für jede Art spezifisches sprachliches Grundvermögen durch die Geiststruktur gegeben ist, mit der ein Lebewesen geboren wird; doch darüber hinaus besitzen alle Lebewesen von Natur aus eine gewisse Lernfähigkeit. Je vollständiger die tattvische Konfiguration, desto größer das Lernvermögen. Die wesentlichen geistigen Parameter sind zwar bei allen Lebewesen, auch beim Menschen, festgelegt, doch die Fähigkeit zu lernen, zu antworten und zu reagieren ist ebenfalls ein Wesenszug der Natur. Leben wendet sich spontan dem Leben zu. Der Gott im Außen sucht den Gott im Innen, denn Er ist in allem. Innerlich sind alle Wesen nichts als Tropfen desselben Ozeans.

Ein Tier des Dschungels wird also durch Erfahrung lernen müssen, daß der Warnruf der Languren und der Axishirschkuh auf die Nähe eines Leoparden hindeuten; die Spatzen und anderen Vögel in meinem Garten lernen durch Erfahrung, daß das Zetern der Amsel auf eine Katze im hohen Gras hindeutet. Vögel können sogar auf der Basis ihrer angeborenen Sprachstrukturen lokale Dialekte entwickeln. Stare sind glänzende Nachahmer; ihr Repertoire reicht von der Fabriksirene über die Signale des Eismanns bis zu den Martinshörnern von Polizeifahrzeugen im Einsatz. Im Lake District hörte ich sie den Brachvogel nachahmen, den es in der Gegend von Cambridge nicht gibt.

Descartes, Verfechter einer rigoros mechanistischen Sicht der meisten Dinge, betrachtete die Seele als vollkommen getrennt vom Fleisch und vom Lebensprozeß überhaupt. Tiere waren für ihn reine Mechanismen von Reizen und Reaktionen, ohne jede Spur von Geist oder Seelenleben. Für Descartes besaß nur der Mensch eine Seele. Darwins Sicht war etwas anders: Wenn der Körper evolvieren könne, müssen man dieses Potential wohl auch dem Geist zugestehen. Er räumte allerdings freimütig ein, daß er über das Wesen des Geistes – oder auch nur des Lebens – nichts wisse. Heute wird kaum noch bezweifelt, daß alle Lebewesen eine Geiststruktur besitzen. Sogar Behavioristen widersprechen dem nicht. Uneinigkeit besteht jedoch in der Frage, ob der Geist das Produkt molekularer und elektrischer Vorgänge oder überhaupt von subtilerer Natur ist.

Das klassische Beispiel für das kognitive Vermögen der Tiere ist das Gedächtnis und die Fähigkeit der Verhaltensänderung aufgrund von Erinnerungen. Es gibt hierzu die verschiedensten Experimente, aber häufig zeigt man dem Tier einfach eine Serie von Fotos – Bildern von Bäumen, Flüssen, Seen, Grasland und so weiter. Dann legt man eine weitere Serie vor, bei der einige Bilder mit früheren identisch sind, andere nicht. Es gibt einen «Ja»-Knopf, den das Tier bei einem schon gesehenen Bild zu drücken hat, und wenn die Antwort richtig ist, wird sie mit einem Leckerbissen belohnt. Alle möglichen Tiere, von der Taube bis zum Affen, haben bereits bewiesen, daß sie dieser Aufgabe gewachsen sind. Je länger übrigens die Serie der Fotos, desto länger muß das Tier «überlegen», bevor es reagiert und mit Schnabel oder Pfote den Ja-Knopf betätigt.

Aber diese Art des Verhaltens ist auch bei allen wildlebenden Tieren und Haustieren zu beobachten; sie *lernen*, sich in ihrer Umgebung zurechtzufinden, und sie prägen sich Gestalt, Gesicht, Geruch, Stimme und vieles andere ein, wonach sie ihre menschlichen Gefährten unterscheiden. Die Eichhörnchen und Vögel in meinem Garten erkennen mich ohne Zweifel. Sie kommen bettelnd ans Fenster, wenn sie mich sehen; aber wenn es ein Freund ist, den sie noch nicht kennen, bleiben sie fern. Jeder Bauer, jeder Tierhalter kennt dieses Verhalten.

Eine gute Freundin, Ruth Dayan, hat sich in der israelischen Wüste einmal mit einer bestimmten Ameisenart beschäftigt. Diese Ameisen spritzen Eindringlingen einen sehr unangenehm brennenden Saft in die Augen, aber mit der Zeit gewöhnte sich das Völkchen, das Ruth studierte, an ihre Gegenwart und akzeptierte sie ohne Angst und entsprechende Attacken. Wochenlang konnte sie ihr soziales Verhalten beobachten, ohne Angriffen ausgesetzt zu sein. Die Ameisen lernten, daß dieser Mensch, den sie am Geruch oder irgend etwas anderem erkannten, nicht gefährlich war. Sobald jedoch irgendein anderer dazukam, wurde er auf die altbekannte Weise attackiert. Und als Ruth ihre stille, unaufdringliche Aufmerksamkeit einem anderen Volk in einiger Entfernung zuwandte, wurde sie selbst auch augenblicklich angegriffen. Hier war erst wieder ein neuer Akklimatisierungsprozeß notwendig.

Irgendeine Form der Akklimatisierung findet stets statt, wenn Lebewesen einander begegnen. Fast alle Tiere haben Rituale des

Umgangs miteinander, die ihre individuelle Beziehung kennzeichnen, die Verbundenheit der Leben und Geister. Menschen geben sich die Hand, Hunde beschnüffeln einander, Schmetterlinge umtanzen einander im Taumelflug.

Das Besondere an der menschlichen Kommunikation ist der Gebrauch von Lauten als Symbole für Bedeutungen, die in der Regel keine natürliche Beziehung zu den Lauten erkennen lassen. Wir nenne diese Laute und Lautkombinationen *Wörter.* Die Laute «Auto», «Hund», «Haus» haben an sich selbst nichts, was an die gemeinten Dinge erinnert, und «Zorn», «Furcht», «Zufriedenheit» ähneln keineswegs den entsprechenden emotionalen Zuständen. Abstrakte Begriffe wie «Demokratie» scheint es nur in den Denk- und Kommunikationsprozessen des Menschen zu geben. Ein Hund lernt zwar schnell, Herrchens Auto oder Haus zu erkennen, und Furcht und Zufriedenheit sind ihm nicht unbekannt, aber er wird kaum je verstehen, was «Demokratie» bedeutet.

Unsere menschliche Sprache wird uns durch das innere formative Ākāsha-Feld zuteil. Unser Sprachvermögen geht gleichsam einher mit der Fähigkeit, unseren Ort in Raum und Zeit zu erkennen und die Implikationen und Folgen unseres Handelns zu bedenken. Verben setzen ein Zeitverständnis voraus, Substantive ein Erkennen von Objekten im Raum oder von mentalen Begriffen und Erfahrungen; Adjektive stehen für Eigenschaften, zwischen denen wir unterscheiden können, und Adverbien für Assoziationen in Zeit, Raum und Qualität.

Untersucht man Inhalt und Aufbau irgendeines Satzes in diesem oder einem anderen Buch, so wird man eben dieses Muster beobachten. Aber ohne seine Ākāsha-Komponente besäße der Mensch nicht dieses instinktive Wissen um die kosmische Ordnung, das all diese mentalen Prozesse erst ermöglicht. Das eine ist die natürliche Folge des anderen. Kein anderes Lebewesen hat diese Ākāsha-Komponente in seiner Geiststruktur, und deshalb finden wir nirgendwo etwas, das unserer menschlichen Sprachstruktur auch nur ähnlich ist. Den anderen Kreaturen fehlen einfach die subtilen Energiefelder oder mentalen Konfigurationen, in denen solch eine Wahrnehmung der stofflichen Wirklichkeit möglich wäre.

Auch die bahnbrechende Arbeit etwa von Sue Savage-Rumbaugh, die Schimpansen beibrachte, Lexigramme (graphische Symbole) zu erkennen, unterstreicht nur die Tatsache, daß Tiere die gewünschten Assoziationen nur anhand von sensorischen Reizen herstellen können, die Anklänge an ihre bereits gegebene Geiststruktur erkennen lassen. Wenn ein Affe also lernt, daß eine Taste mit einem bestimmten Symbol in einer Computertastatur bei Betätigung in einem bestimmten Raum eine Banane aus dem Futterkasten fallen läßt, dann ist das keine grundsätzlich andere geistige Leistung, als eine Bananenpflanze im Wald zu erkennen und sich am nächsten Tag zu erinnern, wo sie zu finden ist. Eine geistige Leistung, wenn auch von niederer Art, ist das jedoch auch. Alle Lebewesen haben einen Geist.

Das Herstellen von Assoziationen ist ganz entschieden eine *geistige* Leistung, ob wir es mit Insekten, Krokodilen, Vögeln, Säugetieren oder Menschen zu tun haben. Und diese assoziativen und anderen geistigen Prozesse reichen um so weiter, je höher ein Wesen sich auf der Stufenleiter des Bewußtseins befindet. Der Mensch mit seinem Ākāsha-Element ist die einzige Spezies, die das ganze Bild sehen und im mystischen Bewußtsein sogar das Eine in allen Dingen erkennen kann.

Etwas Ähnliches wie bei den Schimpansen können wir schon bei Blaumeisen beobachten: Sie lernen ohne weiteres eine komplexe Abfolge von Manövern, die erforderlich sind, um einem speziellen Lern-Futterspender eine Erdnuß zu entlocken; und das ist nicht schwieriger als vieles von dem, was sie im normalen Meisenleben ohnehin lernen: aus den verstecktesten Winkeln Samen und Insekten herauspicken, sich selbst und den Schnabel in die einzige Position bringen, aus der das möglich ist. Und keine von Menschen erdachte Vertracktheit kann komplexere Bewegungsabläufe und mehr Findigkeit erfordern als der Nestbau – Moose, kleine Zweige, Haare, sogar allerlei von Menschenhand gemachte Fasern zu einer behaglichen Behausung miteinander verflechten, die kein Mensch je nachbauen könnte.

Wenn man nun einem Schimpansen nicht die menschliche Form der Kommunikation beizubringen versuchte, sondern die der Hunde – wäre das nicht vielleicht einfacher? Nein, sie können beides nicht – so wenig, wie der Mensch sich auf Affen- oder Hundeart mitteilen kann. Der Geist ist einfach ganz anders in seiner Grundkonfiguration. Keinem Schimpansen oder Delphin kann man die Sprache des Hundes oder des Menschen beibringen, abgesehen eben von solchen Mitteilungen, die einen Bezug zu gemeinsamen geistigen Grundzügen haben – Territorialverhalten, Geborgenheitsstreben, Hunger, Durst, Geschlechtlichkeit und so weiter. Kein Schimpanse wird je Bananen *anbauen,* kein Delphin je Fische *züchten* können; derartiges ist ihrer Geiststruktur völlig fremd und erfordert eine vorausschauende Planung, die nur dem Menschen möglich ist.

Vielleicht kann man einen Delphin dazu bringen, eine Banane zu schälen, aber sicherlich nur im Rahmen eines Handlungsablaufs, mit dem der Delphin etwas erreichen kann, was für ihn selbst bedeutungsvoll ist – Nahrung, Zuneigung, Spiel und dergleichen. In solch einem Zusammenhang ist das Schälen einer Banane keineswegs wunderbarer als all das, was ein Delphin zu lernen hat, um sich in seiner eigenen Welt, dem Meer, zurechtzufinden und zu ernähren. So auch der Seelöwe mit seiner angeborenen Geschicklichkeit, der auf bestimmte Signale hin einen Ball auf der Nase balanciert und dazu auch noch in die Flossen klatscht: Für ihn sind das nur Mittel, seine natürlichen Bedürfnisse – Nahrung, Spiel, Umgang mit anderen und so weiter – zu befriedigen, und diese Bedürfnisse sind bei ihm keine anderen als bei seinen in freier Wildbahn lebenden Artgenossen.

Keines der Experimente, die je mit von Menschen aufgezogenen

Schimpansen durchgeführt wurden, hat je dazu geführt, daß ein Schimpanse wie ein Mensch zu sprechen lernte. Ihre Geiststruktur und ihre Sprechwerkzeuge sind damit überfordert. Mit Hilfe einer Zeichensprache aus Gesten und Grimassen, die man bei wildlebenden Schimpansen beobachtet, können sie zwar gewisse Inhalte mitteilen, und das zeugt für eine gewisse Flexibilität und Lernfähigkeit; aber kein Schimpanse hat je etwas mitgeteilt, was außerhalb seiner Instinktveranlagung liegt. Das wird deutlich, wenn man die Grundzüge ihres Verhaltens und ihrer Kommunikation sowohl in freier Wildbahn als auch nach dem Vertrautwerden mit Menschen genau studiert.

In einem Experiment gelang es mit Hilfe von Plastikkarten für einzelne Wörter, Schimpansen einfach Sätze wie «Mary geben Sarah Apfel» bilden zu lassen, und gleich hieß es, man habe einen Durchbruch erzielt: Es sei gelungen, einem Schimpansen *Grammatik* zu vermitteln, also gewisse Grundzüge der abstrakten und komplizierten Bildungsregeln menschlicher Sprache. Bei genauerer Betrachtung zeigte sich jedoch, daß der Affe lediglich das Verhalten seines Trainers nachahmte und außerdem Assoziationen zwischen bestimmten «Symbolen» oder Formen und bestimmten Dingen herstellte – nichts anderes als die Assoziation einer Bananenpflanze mit Bananen, verknüpft mit dem Handlungsablauf, der erforderlich ist, um die Banane zu pflücken oder die Pflanze in der Wildnis zu erreichen. Wenn man einem Tier eine Abfolge von *Handlungen* beibringen kann, die menschlichem Verhalten ähnelt, dann heißt das noch nicht, daß sein Geist nun auch wie der eines Menschen funktioniert. Das geistige Geschehen hinter dem äußeren Handeln bleibt radikal verschieden.

Wir können also keiner Kreatur beibringen, sich *geistig* einer anderen anzugleichen; wir haben nichts, womit wir die grundlegende Geiststruktur eines Lebewesens ändern könnten. So ist das auch unter uns Menschen: Wenn wir darauf beharren, daß die geistigen Muster anderer so sein müssen wie unsere, werden wir nur Unglück schaffen und Zwietracht säen. Und wenn wir andere zwingen, sich so zu verhalten wie wir selbst oder wie wir es wünschen, und dabei völlig übersehen, daß sie die Dinge innerlich dennoch ganz anders sehen als wir, dann haben wir etwas «erreicht», was beim geringsten Nachlassen unserer Macht augenblicklich null und nichtig wird. Wollen wir aber einen anderen Menschen wirklich verstehen, dann müssen wir die Dinge aus *seiner* Perspektive betrachten lernen. Das ist möglich. Es ist uns Menschen möglich, den Geist eines anderen zu verstehen, aber erst dann, wenn wir die subtile Energiestruktur unseres eigenen Geistes durch Meditation gründlich erforscht haben. Das ist nicht auf analytischem Wege möglich, sondern nur als unmittelbare Erfahrung.

Gelänge es uns doch, die Geiststruktur eines anderen Lebewesens abzuändern, würden wir feststellen, daß wir damit «wunderbarerweise» zugleich auch den Körper verändert hätten. Wir können das nicht, aber die Natur tut es ständig. Es erfordert jedoch den Tod des alten Körpers und die Neuschöpfung eines anderen aus den Geist-Samen der alten subtilen Struktur. Dies ist das Gesetz der Reinkarnation. Wir bekommen eine neue Geiststruktur, einen neuen Körper und ein neues Schicksal, die genau unseren geistigen Eindrücken, unseren Begierden und Neigungen entsprechen. Die Natur ist hier sehr genau. Und so geht die Schöpfung weiter. Sie ist nichts als eine Welt des Geistes.

Selbst innerhalb ein und derselben Art sind keine zwei Lebewesen ganz gleich. Vögel und andere Tiere haben wie wir Menschen ihre individuelle Stimme und andere Kennzeichen, an denen sie für ihresgleichen zu unterscheiden sind. Wer je auf einer Schafweide stand und gehört hat, wie die Rufe hin und her gehen, der wird sofort die großen Unterschiede der Intonation bemerkt haben; und schaut man näher hin, dann sieht man, das auch die Gesichter der Schafe verschieden sind. Eine Pinguinmutter findet auch nach Tagen der Abwesenheit ohne weiteres ihr eigenes Kind unter Tausenden von gleich aussehenden Pinguinen einer Kolonie wieder. Vermutlich besitzen alle Vögel diese Fähigkeit, ihre Jungen, ihre Geschlechtspartner und die Angehörigen ihres größeren Verbandes zu erkennen.

Der Zaunkönig pfeift zwanzig oder mehr Einzeltöne von verschiedener Höhe pro Sekunde. Sein Geist kann offenbar zwanzig Töne pro Sekunde unterscheiden und sowohl in seinen eigenen Signalen als auch in denen seiner Artgenossen die Variationen und Nuancen heraushören. Man könnte sein Territorium kaum durch Pfeiftöne abgrenzen, wenn alle anderen genau die gleichen Pfeiftöne benutzten.

Wenn Bienen mit ihrem Tanz neben dem Einflugloch Entfernungen und Richtungen «windbereinigt» angeben können, sollte man dann nicht von Vögeln und anderen Tieren erwarten, daß sie ihren Artgenossen ausführlich und genau mitzuteilen in der Lage sind, was für *ihre* jeweilige Wirklichkeit von Bedeutung ist? Nur handelt es sich da um Inhalte, für die wir nicht die Geist-Struktur haben und die wir deshalb nicht auf der für die jeweilige Spezies relevanten Bedeutungsebene erfassen können.

Wir Menschen teilen einander hauptsächlich Einzelheiten unserer tagtäglichen Erfahrung mit – Pläne, Hoffnungen, Befürchtungen, Probleme, Wünsche oder einfach Klatsch. Sogar Politik, Philosophie und Wissenschaft gehören in diese Kategorie. Wir sprechen gemäß unserer menschlichen Geistkonfiguration über die Welt. Und andere Wesen sprechen vermutlich gemäß ihrer jeweiligen Geistkonfiguration über die Welt. Das ist im Vergleich zu unseren Möglichkeiten gewiß eine begrenzte Kommunikation, aber doch Kommunikation.

Nicht nur der Mensch hat also Geist und Bewußtsein, sondern die anderen Kreaturen auch. Wenn wir uns schlecht mit ihnen verständigen können, so liegt es daran, daß wir nur unvollkommen wahrnehmen, was wir selbst wirklich sind und was die Welt wirklich ist.

# Der Gesang der Wale

Der Gesang der Buckelwale – und der Ausdruck «Gesang» ist nicht zu hoch gegriffen – fasziniert uns Menschen. Wie zu erwarten ist, tragen solche Gesänge individuelle Züge. Bestimmte Themen werden häufig wiederholt. Jeder Gesang besteht aus einer konstanten Anzahl solcher Themen, und jedes Thema setzt sich aus Phrasen zusammen. Kein Thema wird je ausgelassen, aber die Individualität der Tiere ist an der Häufigkeit zu erkennen, mit der sie bestimmte Phrasen wiederholen. Manchmal wird solch eine Phrase sehr häufig wiederholt, immer mit kleinen Abwandlungen, so daß sie am Ende ganz anders klingt als am Anfang.

Variationen über Phrasen und Themen sind uns Menschen aus musikalischen Kompositionen geläufig. Aber was teilen die Wale einander mit, vielleicht über Hunderte von Meilen? Die Buckelwale gelten als Einzelgänger, doch ihr Gesang weist wohl darauf hin, daß räumliche Nähe für ihren Umgang miteinander nicht ausschlaggebend ist. Gewiß vermittelt dieser Gesang ihnen ein Gefühl des Zusammenseins und gibt ihnen auch die Möglichkeit, einen Paarungspartner zu finden.

Jedenfalls suchen fast alle Lebewesen den Austausch mit ihresgleichen, und häufig, vor allem unter den höheren Tieren, geschieht das in schierer Verspieltheit und Ausgelassenheit. Gehören solche Gesänge vielleicht auch zu diesem Spiel wie das Knurren und Fauchen balgender Katzenkinder? Vielleicht sind manche Buckelwale sogar berühmte Barden und werden von ihren Artgenossen immer wieder zu Zugaben aufgefordert. Schließlich kommen ja Hund und Katze auch zu uns, um sich die «Streicheleinheiten» abzuholen, die ihnen so sehr behagen. Gibt es also bei den Buckelwalen vielleicht Laute, mit denen sie ihren Wunsch nach einer weiteren Ballade zum Ausdruck bringen? Wir werden es vielleicht nie erfahren.

# Instinkt und Lernfähigkeit

Wenn wir ein wenig über Aufbau und Anlagen anderer Lebewesen unterrichtet sind, verstehen wir viel besser, weshalb sie sich gerade so verhalten, wie sie sich verhalten.

Gewohnheit ist die zweite Natur des Geistes. Hat sich eine Gewohnheit erst einmal gebildet, fällt es auch uns Menschen schwer, sie zu durchbrechen – auch wenn wir sehen, daß sie nur schadet. Instinkte sind lediglich vorprogrammierte geistige Gewohnheiten; sie bilden die Muster, nach denen ein Lebewesen sich zu verhalten hat und nach denen die Seele eine bestimmte körperliche Form annimmt. Ein Küken weiß, wie es die Eischale aufbricht. Eine junge Silbermöve klopft der Mutter an den Schnabel und löst damit das Auswürgen seiner nächsten Mahlzeit aus. Bei vielen Arten geht der Nachwuchs sofort in Deckung, wenn der Warnruf ertönt. Sie verstehen den Ruf instinktiv und wissen auch, wo und wie sie Schutz zu suchen haben: Sie verschwinden im Erdbau oder schmiegen sich flach an den Boden, um wie Erde oder altes Laub auszusehen; andere verschwinden unter Mamas Fittichen oder in ihrem Beutel oder sogar, wie bei den Krokodilen, zwischen ihren bergenden Kiefern. Das ist kein erlerntes und kein in der DNS auffindbares Verhaltensmuster.

An allen Hunden – auch wenn wir inzwischen derart verschiedene Rassen gezüchtet haben, daß Bewohner eines anderen Planeten sie wohl für verschiedene Spezies halten würden – sind noch die Verhaltensweisen des Wolfes zu erkennen, zumindest als Tendenz. Hundewelpen umzingeln auf dem Hühnerhof die Hennen wie ein Wolfsrudel seine Beute. Sich gegenseitig zu lecken ist eine Form des sozialen Bonding, die man nicht nur bei Haushunden, sondern auch bei Wölfen und Wildhunden findet. Alle uns wohlbekannten Formen der Kommunikation – Bellen, Jaulen, Knurren, Winseln – begegnen uns auch bei Bellos wildlebenden Verwandten. Schwanzwedeln, sich auf den Rücken werfen und den Hals hinhalten, das Schwanzeinziehen des Unterlegenen und die selbstbewußte Pose des Überlegenen – all dies Begrüßungs- und Rangordnungsgebaren ist vielen hundeartigen Raubtieren, Wolf, Hyäne, Hund oder Schakal gemeinsam.

Man kann diese Verhaltenseigentümlichkeiten durch Zucht in relativ geringem Maße beeinflussen, nie jedoch grundsätzlich ändern – das wäre so, als wollte man aus Hunden Katzen züchten. Alle Lebewesen haben eine verborgene subtile Seite, die sie zu dem macht, was sie sind, und ihnen die grundlegenden Verhaltensmerkmale ihrer Spezies mitgibt. Der Mensch lernt das Sprechen und viele andere Dinge, die zum Menschsein gehören, aber das grundlegende Vermögen, zu sprechen und ein Mensch zu sein, ist ihm einfach mitgegeben. Das sind unsere menschlichen Instinkte; sie gehören zu dem, was wir sind.

Niemand lehrt eine Spinne, wie man ein Netz spinnt, niemand zeigt einer Raupe, wie man einen Kokon baut, niemand bringt einem Vogel bei, wie man ein Nest baut und wo man die geeigneten Materialien findet. Auch einem Kind muß man den Gebrauch der Stimmorgane zum Erzeugen von Lauten und Worten oder den Gebrauch des Geistes zum Denken und Fühlen nicht eigens erklären. Das alles ist schon in der vorstrukturierten und vorprogrammierten Geiststruktur enthalten, in dem formativen Feld, das dem Körper und der Instinktausstattung zugrunde liegt.

Auch der Mensch zeigt zwanghaft immer wieder das gleiche Verhalten, wenn er – fern dem Ort seines wahren Menschseins, nämlich dem Augenzentrum – seinen eingefleischten Gewohnheitsmustern gemäß lebt. Ein Dieb bleibt ein Dieb, solange er nicht seine innersten geistigen Gewohnheiten ändert. Die Persönlichkeit des Menschen bleibt sich gleich, darauf können wir uns in der Regel verlassen. Kritik und gute Worte nützen wenig, wenn es darum geht, in der Psyche eines Menschen etwas grundlegend zu ändern.

Ein Rotkehlchen geht wütend auf ein Bündel roter Federn los, ein Sozialist fällt verbal über einen Rechtskonservativen her, eine Spinne versucht eine an ihr Netz gehaltene schwingende Stimmgabel einzuspinnen. All das zeugt von tief eingefleischten geistigen Energien. Je weniger intelligent ein Lebewesen ist, desto unabänderlicher sind die ihm einprogrammierten Verhaltensmuster und desto geringer ist sein Vermögen, durch Erfahrung zu lernen. Je stärker aber die subtilen Tattvas in seine Geist-Energien eingebunden sind, desto größer sind seine Intelligenz und sein Bewußtseinspotential.

An der Tatsache, daß die inneren Muster der Bildung der äußeren Muster zugrunde liegen, erkennen wir deutlich, daß jedes Lebewesen eine Ganzheit ist. Die subtilen Energien der instinkthaften geistigen Muster bringen automatisch einen entsprechenden Körper mit entsprechenden Sinnesorganen hervor. Die beiden Seiten bilden eine Einheit. Das subtile instinkthafte Geist-Muster eines Insekts sorgt etwa dafür, daß dieses Insekt seine Umgebung nach jener ganz spezifischen infraroten Pheromon-Emission abtastet, die von der Anwesenheit eines Weibchens kündet. Seine Fühler sind auf den Empfang genau dieser Emission abgestimmt. Das ist ein Musterabgleichen: Seiner Geist- oder Instinktstruktur gemäß hält das Insekt nach diesem Muster Ausschau, und seine Fühler sind die äußere Manifestation dieses Instinkts. Vielleicht sucht es auch nach einer bestimmten Nahrungspflanze oder Blütenart und geht dabei bestimmten Gerüchen oder elektromagnetischen Emissionen nach. Möglicherweise folgt er auch einer von Artgenossen gelegten Pheromonspur zu einer Nahrungsquelle.

Ein Vogel orientiert sich vielleicht an bestimmten Sternenmustern oder am Magnetfeld der Erde. Jedenfalls ist die Richtung, an die er sich etwa beim jährlichen Vogelzug hält, nicht in seinen Genen vorgegeben. Dagegen könnte der Bau entsprechender Sinnes- und Bewegungsorgane durchaus genetisch programmiert sein. Die DNS, die Gene, die zellulären Zentren der biochemischen Intelligenz und Ausrichtung, sind nur einer von vielen Aspekten bei der

Umsetzung der subtilen energetischen Baupläne in die äußeren Formen, die uns vertraut sind.

## Mehr über Wale

Sogar in Anbetracht ihrer Körpergröße besitzen die Wale und ihre Verwandten einen großen Kortex. Das ist die Rindenschicht des Gehirns, der man die Koordination der sensorischen und motorischen Funktionen zuschreibt, welche natürlich selbst wiederum Ausdruck für Anlage und Inhalt der subtilen sensorischen und motorischen Indriyas sind. Die geistigen Funktionen, die man mit Intelligenz assoziiert (Gedächtnis, Emotionalität, das Durchschauen der Dinge und so weiter), sind für das Leben von zentralerer Bedeutung als die sensorischen und motorischen Funktionen. Auch wenn alle sensorische und motorische Aktivität unterbunden ist, hat man immer noch ein Seins- und Identitätsgefühl, Gedanken und Gefühle, Intellekt und Gedächtnis. Ohne ein zentrales Seinsgefühl jedoch, das heißt in der Bewußtlosigkeit, liegen die sensorischen und motorischen Funktionen still, auch wenn die Sinnesorgane noch Signale ans Gehirn weitergeben. Interessanterweise hat dieser Zusammenhang seinen physischen Niederschlag darin, daß die Großhirnrinde gleichsam an der Peripherie des Mittelhirns liegt, des körperlichen Zentrums von Geist und Bewußtsein.

Wale und Delphine sind Fleischfresser, aber sie ernähren sich meist von wesentlich kleineren Lebewesen – Fische, Hummer, Krill, Plankton –, je nach Art und Lebensraum. Der Schwertwal, besser bekannt als Killer- oder Mordwal, bildet eine Ausnahme, weil er Robben und Seelöwen, ja sogar kleinere Verwandte jagt, zum Beispiel Schweinswale und Delphine. Schwertwale vermögen ihre Beutetiere offenbar in ziemliche Panik zu versetzen; es ist schon vorgekommen, daß eine Robbe ihre Menschenscheu überwand und sich mit einem Sprung aus dem Wasser auf einen Felsen rettete, auf dem bereits ein Mensch saß.

Da Robben, Delphine und Schweinswale beträchtliche Schäden an Fangnetzen anrichten können und außerdem die Fische verjagen, geht die Fischindustrie neuerdings dazu über, in der Nähe von Lachs- und Sardinennetzen unter Wasser Tonaufnahmen von Schwertwalen abzuspielen, um diese Räuber fernzuhalten. Es kommt vor, daß die Robben den Ruf des Schwertwals dann mit der Zeit eher als Essensgong auffassen, und das kann natürlich fatale Folgen für sie haben. In unserem gegenwärtigen Zusammenhang wollen wir jedoch der Frage nachgehen, ob der Ruf des Schwertwals von neugeborenen Robben oder Schweinswalen *instinktiv erkannt* wird oder erst später durch das Zusammensein mit anderen Artgenossen eine *erlernte* Bedeutung bekommt. Die Laute anderer Lebewesen werden vielleicht nicht so ohne weiteres allein aufgrund von Instinkten erkannt; es ist allerdings wahrscheinlich, daß das noch Ungeborene, besonders gegen Ende seiner intrauterinen Entwicklungszeit, schon äußere Geräusche wahrnimmt und die Reaktion seiner Mutter bemerkt. Das Lernen könnte also schon vor der Geburt beginnen.

In seinen Grundzügen ist das emotionale Repertoire instinktiv und nicht erworben, wenn auch die äußeren Auslöser für bestimmte Emotionen erlernt sein können. Ein junges Tier muß Angst oder das Gefühl der Sicherheit nicht erst lernen, und so könnte es sein, daß es von Geburt an auch instinktiv auf die Stimmungen reagiert, die in den Lauten anderer Lebewesen mitschwingen – etwa auf das Gebrüll eines jagenden Löwen, das zornige Schnauben eines verärgerten Bullen, das harmlose Brüllen einer grasenden Kuh und das Zusammenhalt schaffende Blöken der Schafe in einer Herde. Im Ruf des Schwertwals schwingt sicherlich Beutegier mit, und die wird von jungen Robben und Schweinswalen instinktiv erfaßt, da solche Gefühle auch in ihrer eigenen Geiststruktur vorgesehen sind. Das ist bei uns selbst ähnlich, wenn wir einfach spüren, ob von einem Hund oder einem anderen Tier etwas Bedrohliches ausgeht – und zwar ohne die Einzelheiten ihrer Sprache zu verstehen. Zu den Einzelheiten würde – wie beim Umgang mit unseresgleichen – gehören, daß wir diesen bestimmten Hund an seiner Stimme erkennen, das Ausmaß seiner Erregung einschätzen können und so weiter.

Interessant ist auch das Verhalten der walartigen Meeressäuger bei der Futtersuche. Tiere derselben Spezies arbeiten häufig zusammen, und das gilt insbesondere für die Schwertwale, die in größeren Schulen jagen und dabei wie Wölfe oder Löwen nach bestimmten Strategien vorgehen. Auch das ist wieder eine Mischung aus Instinktverhalten und gelerntem Verhalten. Bei Buckelwalen hat man beobachtet, daß sie gleichsam Schlingen aus Luftblasen legen. Der Buckelwal umschwimmt einen Schwarm kleinerer Fische in einiger Tiefe und legt dabei aus seinem Atemloch eine feine Blasenspur. Die aufsteigenden Blasen bilden eine Art glitzerndes «Netz» um die kleinen Fische, die das so beunruhigt, daß sie alle zur Mitte dieser Blasenröhre hindrängen. Das ist der Augenblick, in dem der Wal aus der Tiefe heraufschießt und sie alle auf einmal verschlingt.

## Hausbau

Haben Sie sich je die unglaublich komplizierte Konstruktion eines Vogelnests genau angesehen? Jede Vogelart baut auf ganz individuelle und charakteristische Weise. Manche benutzen Moose und Blätter, andere flechten hängende Körbe aus Gras und Zweigen, wieder andere betätigen sich als Töpfer und bauen mit Lehm und Wasser unter den Dachvorsprüngen unserer Häuser. Sie graben sich Höhlen in sandige Uferböschungen, sie kleiden ihre Nester mit Lehm, mit Moos, mit Blättern, mit Federn aus, sie schaffen sich Nisthöhlen in Bäumen. Manche legen ihre Eier zwischen Steine, farblich so angepaßt, daß sie kaum von den Steinen zu unterscheiden sind. Aber niemand lehrt die Vögel, ihr Nistmaterial zu suchen, es zu präparieren und ein Nest daraus zu flechten. Und kein Vogel weicht dabei je von seiner Instinktprogrammierung ab. Die Schwalbe baut immer mit Lehm, die Singdrossel kleidet es stets mit Lehm aus, und der Webervogel experimentiert nie mit anderen Behausungen als seinem hängenden Korb.

Wenn man solch ein Nest genau untersucht, kann man nur staunen, daß so etwas überhaupt möglich ist. Woher nehmen diese Wesen die Klugheit, allein mit Schnabel und Klauen ein Flechtwerk zu schaffen, das keine noch so geschickte Menschenhand je nachahmen könnte? Wollen wir wirklich annehmen, daß solch ein Instinkt allein aus molekularen und elektromagnetischen Mustern im Gehirn besteht, daß solches Verhalten irgendwie in der DNS verschlüsselt ist?

Die Behausung, die eine Kreatur sich schafft, ist für sie Lebensraum und Schutz – zumindest vor einigen der Risiken, die das Dasein in dieser Welt mit sich bringt. Der Mensch steht mit seiner Baumeisterschaft keineswegs allein da; er wird darin sogar von seinen geringeren Brüdern in mancher Hinsicht weit übertroffen. So viele Lebewesen, von den einzelligen Amöben bis zu Spinnen, Insekten, Vögeln und Säugetieren, bauen sich Nester oder irgendeine Art von Unterschlupf von häufig hochkomplexem Aufbau.

Es gibt Amöben, die Sandkörner einer bestimmten Größe sammeln und sich eine Schutzschicht daraus machen; das deutet auf ein gewisses Unterscheidungs- und Entscheidungsvermögen hin. Manche sondern auch selber solche Schutzkörnchen ab. Unter dem Elektronenmikroskop bieten beide Varianten häufig ein Bild von staunenswerter Schönheit und Vielgestaltigkeit. Es gibt sogar Arten, die diese winzigen Sandkörnchen nicht für sich selbst als Schutz benutzen, sondern im Innern sammeln, so daß bei einer Zellteilung gleich beide Tochterzellen von Anfang an versorgt sind. Sogar Amöben sorgen also für ihre «Nachkommen» vor.

Jede Kreatur baut ihrem Instinkt gemäß. Manches wird gelernt oder muß geübt werden, vor allem bei den höheren Tieren, aber der Grundbestand ist stets als Instinkt gegenwärtig – als Teil der Geiststruktur eines Lebewesens. Sogar die Behausungen des Menschen – seien es Paläste, strohgedeckte Lehmhütten oder Hochhäuser aus Beton – sind nur Variationen über das Grundthema der menschlichen Art von Gebäuden: auf dem Boden stehend mit Wänden und einem Dach. Wir bauen nicht wie andere Lebewesen, wir bauen wie Menschen. Unsere Instinkte sind Menscheninstinkte.

Die Nester und Bauten von Bienen und Termiten, die Gehäuse aus Sand und kleinen Holzstückchen, die Köcherfliegenlarven unter Wasser bauen, die Netze und Fallen der Spinnen, die Nester mancher Fische, die gewaltigen Gruben der grünen Meeresschildkröte, der verzweigte Bau der Waldmaus mit seinen Nestkammern, die unterirdischen Bauten von Fuchs, Dachs, Kaninchen und Maulwurf, die Damm- und Hüttenbaukunst der Biber – all diese Beispiele künden von einem inneren Instinkt- und Motivationsmuster, das unmöglich allein in den Gehirnzellen liegen kann.

Wenn Wissenschaftler mit entsprechenden Experimenten an Tieren demonstrieren, daß Gehirnschäden den Ausfall von Verhaltensmustern zur Folge haben, heißt das nicht, daß instinktives Verhalten seinen Ursprung im Gehirn hat. Es zeigt nur, daß das Gehirn eine wichtige Funktion hat bei der Umsetzung der inneren Geiststruktur in äußeres Verhalten. Wenn ich den Stecker irgendeines elektrischen Geräts aus der Steckdose ziehe, funktioniert das Gerät nicht mehr. Das heißt aber nicht, daß die Steckdose die eigentliche Energiequelle für das Gerät ist. So genau ich die Steckdose auch untersuchen mag, hinter die eigentliche Natur oder die Herkunft der Elektrizität komme ich dadurch nicht.

Grundsätzlich gilt: *Solange ich horizontal vorgehe, kann ich den Ursprung irgendeines Phänomens so weit zurückverfolgen, wie ich will, und werde doch nie zu einer letzten Antwort kommen.* Elektrizität ist kein Erzeugnis der Steckdose, ja nicht einmal des Kraftwerks. Kein Kraftwerk hat je auch nur ein einziges Elektron *erzeugt*, und nicht einmal die Physik kann die Natur des Elektrons und der elektrischen Ladung erklären. Die moderne Technik und Zivilisation beruhen weitgehend auf der Nutzbarmachung des Elektrons, aber eigentlich weiß niemand, *was* wir da eigentlich nutzbar machen. Ebensowenig wissen wir über den Geist, denn, wie gesagt, die Tatsache, daß das Gehirn an der Umsetzung geistiger Prozesse beteiligt ist, besagt nicht, daß der Geist eine Funktion des Gehirns ist. Es gibt eine subtile Hierarchie innerer Energien. Wenn Spinnen unter dem Einfluß von LSD ziemlich verrückte Netze bauen, heißt das nur, daß ihr Gehirn an der Umsetzung von Instinktmustern beteiligt ist, und nicht, daß dieser Instinkt seinen Sitz im Gehirn hat.

Endlos läßt sich über die sozialen Rituale, Kommunikationen, Verhaltensmuster, Sinneswahrnehmungen und motorischen Aktivitäten sprechen, die man bei den Kreaturen dieser stofflichen Welt findet; ganze Bücher werden geschrieben über *einen* bestimmten Aspekt *eines* bestimmten Lebewesens, und doch kommt man nirgendwo an ein Ende, geschweige denn zum Ursprung.

## Geheimnisse des Wanderverhaltens

Im hohen Norden Kanadas ziehen große Herden von Karibus umher, einer Hirschart, die wir in Europa Rentier nennen. Aber «Niemand kennt die Wege des Windes und des Karibu», wie die dort lebenden Inuit (Eskimo) sagen. Nach Zeichen, die durch die Witterung gegeben werden, ziehen gewaltige Herden dieser Hirsche über uralte Migrationsrouten in geschützte Täler, die ihnen mehr Nahrung bieten. Generation für Generation gehen sie diese Wege seit unvordenklicher Zeit und mit nur minimalen Abweichungen.

Welcher Instinkt, welches subtile geistige Energiemuster bewegt die Hirsche, in dieser Weise Zuflucht vor dem nahenden Winter zu suchen? Wie haben sie ihre Winterquartiere ursprünglich gefunden? Und wie wird das Wissen von Generation zu Generation weitergegeben? Man könnte vermuten, daß die Jungen von den Alten lernen, daß sie den Duftspuren des Vorjahres folgen. Vielleicht ist es so, aber wie wurden diese Migrationswege entdeckt, woher wußte der erste Karibu, wohin er sich zu wenden hatte?

Bei den Vögeln ist das noch rätselhafter, denn die im sommerlichen Europa geborenen jungen Schwalben fliegen *vor* ihren Eltern nach Afrika. Das Muster, dem sie folgen, ist instinkthaft und geographischer Natur. Wie soll ein derartiges Verhalten wohl, in DNS-Molekülen fixiert, genetisch vererbt werden? Die DNS ist gewiß nicht das einzige formative Prinzip eines Lebewesens, denn was, muß man ja wohl fragen, gibt der DNS ihre Struktur? Die Schöpfung ist ein *fortdauernder* Prozeß, ein ewiges Zeugen des Lebens von innen nach außen.

Manche dieser Karibus hat der Mensch in jüngster Zeit in ausweglose Situationen gebracht. Um Elektrizität aus Wasserkraft zu gewinnen, hat man an einem der großen Flüsse Nordkanadas einen Staudamm errichtet, und dadurch versanken die oberhalb des Dammes gelegenen uralten Furten in den Fluten. Davon wußten die Karibus natürlich nichts, und so standen sie bei Einbruch des Winters ratlos vor den jetzt nicht mehr passierbaren alten Übergängen. So lange harrten sie, von ihrem Instinkt getrieben, dort aus, bis das steigende Wasser ihnen auch den Rückweg abgeschnitten hatte. Tausende von Karibus verendeten allein im ersten Jahr nach dem Dammbau.

Oder denken wir an die Lemminge, jene kleinen bodenbewohnenden Nagetiere Eurasiens und Nordamerikas. Berühmt wurden sie durch ihre Massenwanderungen nach allzu starker Vermehrung und vor allem durch das merkwürdige Schicksal, das der skandinavische Zweig ihrer Familie dabei erleidet. Die Migration vollzieht sich wie bei den Karibus auf uralten Wegen, deren Verlauf den Lemmingen als Instinkt mitgegeben ist. Viele dieser Wege existieren noch wie früher, und hier verläuft die Wanderung erfolgreich. Aber manche dieser Wege sind inzwischen unterbrochen, und die Lemminge, die diese Wege ziehen, finden sich plötzlich an einem Abgrund. Wie die Karibus laufen sie dann eine Weile kopflos auf und ab. In ihren Geistmustern sind einfach keine Programme, die ihnen sagen könnten, was man tut, wenn das feste Land, das irgendwann einmal da war, einfach nicht mehr existiert. Nach einer Weile ist dann der innere Drang nicht mehr zu bezwingen, und sie stürzen sich über die Felskante ins Meer. Das allein ist noch nicht schlimm, denn Lemminge können schwimmen. Aber sie folgen auch im Wasser ihrem Richtungssinn, und in dieser Richtung kommt so bald kein Land ... Und so schwimmen sie aufs offene Meer hinaus und kommen um. Doch das ist kein Massenselbstmord, wie man früher einmal angenommen hat. Die Tiere folgen nur einem Wanderinstinkt, zu dem auch eine genaue, aber nicht mehr zutreffende Landkarte gehört.

Dann die «Süßwasser»-Aale, die den größten Teil ihres Lebens in den Flüssen Westeuropas verbringen. Hier sind sie jedoch nicht geboren. Jedes Jahr tauchen im Meer vor der europäischen Küste Aallarven von etwa zehn Zentimeter Länge auf. Sie machen hier einen erstaunlichen Verwandlungsprozeß durch, aus dem sie als Jungaale hervorgehen, die es nach Süßwasser verlangt. Sie schwimmen die Flüsse hinauf, gleiten nachts über feuchte Wiesen, winden sich über steiniges Gelände immer höher hinauf und sind schließlich sogar in den hochalpinen Gebirgsbächen zu finden. Hier kommen sie endlich zur Ruhe und bleiben viele Jahre lang. Aber sie vermehren sich hier nicht. Ihr Leben begann hier nicht, und ihre uralten Laichgründe liegen weit, weit weg.

Dreitausend Meilen entfernt, in der Sargassosee zwischen den Azoren und den Westindischen Inseln, waren die Larven einst geschlüpft. Ihre Eltern stammten jedoch vermutlich nicht aus Europa, sondern aus Amerika. In der Sargassosee legen die Aale in großer Tiefe ihre Eier, und mit Beginn des Sommers steigen die winzigen Larven in die oberflächennäheren Gewässer auf. Der Golfstrom nimmt sie mit und trägt sie im Laufe von drei Jahren nach Europa, wo sie sich in den Flüssen und Seen ihren Platz suchen.

Doch hier endet die Geschichte nicht. Nach fünfzehn bis zwanzig Jahren dieses Lebens kommt der Vermehrungs- und Wandertrieb über sie, und so streben sie wieder den Flußmündungen zu, gleiten nachts über feuchte Wiesen, verbringen ganze Tage in feuchten Löchern, wo gerade genügend Wasser in ihren Kiemen bleibt, daß sie atmen können. So erreichen sie schließlich den großen Fluß, der ins Meer mündet.

Wenn dieser Wandertrieb über sie kommt, gehen große Veränderungen in ihrem Körper vor. Sie fressen sich große Fettvorräte für die lange Reise an, und der ganze Körper überzieht sich mit Schleim für die langen Landwege. Erreichen sie dann das Meer, verschwinden sie auf Nimmerwiedersehen. Noch nie hat man einen in Europa markierten Aal in der Sargassosee gefunden, dafür aber ihre amerikanischen Verwandten, die einen viel kürzeren Weg haben. Wenn Aale das Meer erreichen, schließt sich ihr After, so daß sie nun keine Nahrung mehr aufnehmen können und allein auf ihre Fettpolster angewiesen sind. Offenbar reichen diese Reserven bei den europäischen Aalen nicht aus für den langen Weg in die Laichgebiete, und man nimmt an, daß sie irgendwo unterwegs verenden.

Es besteht kein Zweifel, daß der Vermehrungstrieb der Grund für die Migration der Aale ist, denn ihre Keimdrüsen sind zu dieser Zeit voll entwickelt. Aber was aus ihnen wird, ist bislang ein Geheimnis, denn keiner wurde je gefunden, nicht einmal in den Tiefen des Atlantiks. Man könnte sich nun alternative und leichter erreichbare Stellen denken, an denen die Aale laichen könnten, aber das geographische Muster ist ihrem Migrationsinstinkt offenbar unauslöschlich aufgeprägt. Vielleicht stammt dieses Muster, wie bei den Lemmingen, aus einer Zeit, als das Ziel der Reise noch in erreichbarer Nähe lag. Aber wie wird solch eine innere Landkarte zum vererbten Instinkt? Und wenn die Deutung zutrifft, daß die europäischen Aale durch Äonen der Kontinentaldrift allmählich von ihren Laichgründen abgeschnitten wurden, weshalb sind dann nicht viele andere wandernde Lebewesen vom gleichen Schicksal betroffen?

Die Instinktveranlagung eines Lebewesens hängt in bestimmten Details mit seiner Umwelt zusammen, und keines von ihnen lernt seine angeborenen Fähigkeiten: Die Schwalbe baut ein Nest aus Lehm, der Schützenfisch schießt kleine Beuteinsekten aus bis zu viereinhalb Metern Entfernung mit einem gezielten Wasserstrahl ab – und so hat jedes Lebewesen irgendwelche erstaunlichen angeborenen Fertigkeiten. Und die Naturwissenschaft weiß einfach keine befriedigende Antwort auf die Frage, wie Gehirn, Körper und Instinkte zu einem Ganzen gefügt sind. Die Biologie hat uns nichts über den Geist irgendeiner Kreatur zu sagen. Das Verhalten und die DNS passen nicht gut als Partner zusammen, denn Geistfunktionen sind nicht so einfach in molekularen Codes unterzubringen.

Und was so allgemein gilt, trifft auch auf diesen besonderen Fall des präzisen geographischen Instinkts zu, den wir bei so vielen migratorischen Tieren finden. Wie kann ein so detailliertes Wissen ohne Lernprozeß von einer Generation an die nächste weitergegeben werden? Wollen wir wirklich behaupten, daß in der DNS der Keimzellen ganze Landkarten verschlüsselt seien? Wie denn? DNS-Struktur und geistige Fähigkeiten sind zwei radikal verschiedene Dinge. Der Geist ist niemals in den Molekülen zu finden. Man kann wohl nur sagen, daß das Leben mehr ist als bloß molekulare Prozesse, daß der Ebene der sinnlichen Erfahrung ein komplexes und dynamisches Gewebe der Geist-Energie zugrunde liegt. Und in diesem größeren Geist, an dem jeder individuelle Geist ein Teil ist, gibt es «Gesetze», Prozesse und Beziehungen, die wir kaum auch nur ahnen.

Äußerlich sehen wir von diesem größeren Geist nur die Wirkungen, gleichsam das Bild auf der Leinwand. Die Muster und Rhythmen des sensorischen Bereichs sind nur kleine Wellen auf dem Meer des *Geistes,* und das gilt auch für die Zyklen dieser Welt. Gäbe es im *Geist* selbst ebenfalls Zyklen, die der Lenkung des Lebens auf diesem Planeten dienen, so hätten wir einen ersten Ansatzpunkt für die Beantwortung etwa der Frage nach der geographischen Vererbung. Zu erklären wären dann auch die Anpassungsfähigkeit der Instinkte an veränderte geographische Bedingungen, denn wenn jeder individuelle Geist ein Teil des größeren Geistes ist, vollzieht er auch dessen Wandlungsphasen mit.

Gibt es also im *Geist* selbst einen Herbst, in dem alte Gewohnheiten abgelegt werden, und einen Frühling, in dem altes Wachstum fortgesetzt wird und neue Schößlinge sprießen? Wie die Jahreszeiten kommen und gehen, jede mit ihrer eigenen Bestimmung, wie die Nachtruhe den Verrichtungen des Tages folgt, so könnte es auch große, Äonen überspannende Zyklen des *Geistes* geben, die abgestorbenes Holz entfernen, die Harmonie zwischen allen Formen erneuern, die Welt im Gleichgewicht halten.

# 6. Die Zyklen der Natur

## Der Geist als Schöpfer der Zeit

Die Zeit ist ein Fenster, durch das wir die Welt wahrnehmen. Und da wir ganz von unseren eigenen Belangen gefesselt sind, entgeht uns die Bedeutung der weit zurückliegenden oder weit vorausliegenden Zeit. Die großen Zyklen der Natur erstrecken sich über Zeiträume, die wir nicht überblicken können. Aber sie sind für das Leben hier so wichtig wie Nacht und Tag, wie Winter und Sommer, wie Geburt und Tod. Wenn wir schon unser eigenes Kommen und Gehen kaum in den Blick fassen können, wie soll es uns dann gelingen, ein Gefühl für Zeitspannen von Jahrmillionen zu bekommen?

Wäre die Zeit – wie der Gurt eines Förderbandes – eine geschlossene, endlos sich drehende Schleife, in der, von einer höheren Warte aus gesehen, Vergangenheit, Gegenwart und Zukunft gleichzeitig existieren, so wäre unsere beschränkte menschliche Sicht nur ein winziger Abschnitt dieses Gurtes. Wie sollten wir da je die Natur und Funktionsweise der ganzen Zeitschlaufe erkennen? Die beschränkte Sicht ist die unseres individuellen menschlichen Geistes. Der größere Geist jedoch ist der Schöpfer der Zeit, und wenn wir in uns selbst die Ebene des Universalen Geistes erreichen können, sehen wir das Förderband in seiner Gesamtheit sich drehen. Das ist vielleicht ein sehr hohes mystisches Ziel, doch sehen wir zu, ob nicht mit unserem gegenwärtigen Bewußtsein auch schon Hinweise zu gewinnen sind. Betrachten wir also einige Zyklen der Natur und ihre Bedeutung für die Erhaltung des Lebens auf diesem Planeten.

Mystiker der Vergangenheit und Gegenwart haben gesagt, daß die stoffliche Manifestation der Lebenskraft, des Schöpferischen Wortes, Zyklen unterliegt. Wie in den uns vertrauten Jahreszeiten gibt es auch bei der Lebenskraft ein Zu- und Abnehmen, doch erstrecken sich diese Bewegungen über ungeheure Zeiträume. Ein Zyklus (der nicht unbedingt mit unserer geologischen Zeitrechnung genau übereinstimmen muß) beginnt nach den Worten der Weisen mit einer Periode von 1,7 Millionen Jahren, in denen die Lebenskraft unermeßlich viel stärker ist als heute. Es herrscht eine solche Harmonie, daß der Mensch – in einer viel ätherischeren Verfassung als heute – 100 000 Jahre lebt. In den hinduistischen Purānas wird dieses Zeitalter als Sat-Yuga bezeichnet, wobei *sat* «Wahrheit» bedeutet und *yuga* «Zeitalter». Es ist also das Zeitalter der Wahrheit, in dem das Leben gesehen wird, wie es ist, und der Mensch seine Rolle in der Gesamtheit der Dinge kennt. Nicht Meinungen, sondern unmittelbare Erfahrung und Wahrnehmung bestimmen das Bild.

So etwas klingt unseren Ohren vielleicht zunächst ein wenig abwegig, aber vergessen wir nicht, daß die Griechen und Römer der klassischen Zeit ähnliche Ansichten hegten, die auch sie ihren Mystikern verdankten. Jedenfalls soll dann die Kraft dieser starken, lebenspendenden Schwingung im Laufe von 4,32 Millionen Jahren langsam abnehmen, bis der Mensch sogar vergißt, daß er wahres Leben und Bewußtsein besitzt. In dieser Endphase sind wir zur Zeit. Der heutige naturwissenschaftliche Mensch hält sich selbst für ein Zufallsprodukt von Staub und Wasser – wenn er auch einräumt, daß in der Welt der Atome und Moleküle, ja in allen Lebensformen, ein sehr hoher Grad von Ordnung und Organisation herrscht. Aber die materialistische Sicht kann nicht erklären, wie diese Organisation entsteht und wie sie gewahrt wird. Deshalb ist jetzt das Schlagwort «Selbstorganisation» modern geworden. Aber niemand wüßte zu sagen, woher diese Fähigkeit der Selbstorganisation kommt.

Der Niedergang – auch des Bewußtseins – nach dem Sat-Yuga erreicht seinen tiefsten Punkt im Kali-Yuga, der Zeit, in der wir heute leben. *Kali* bedeutet «Zeit», «Tod», «Universaler Geist» oder «Negative Kraft». Das Leben erreicht seinen tiefsten Stand und der Mensch hat allen Richtungssinn verloren. Er hat den göttlichen Lebenssinn fast ganz vergessen, denkt nur an sich selbst und jagt Trugbildern nach. Die gesamte stoffliche Welt befindet sich im Niedergang. Die spirituellen Werte des Lebens gelten nicht mehr viel. Wenn die Lage schließlich völlig unhaltbar geworden ist, folgt etwas, für das vielleicht der herrlichste Frühling, den wir je erlebt haben, ein blasser Vergleich ist: Eine neue Woge von Lebenskraft überflutet die Welt, Bewußtsein und lebendige Spiritualität ohne alle religöse Äußerlichkeiten brechen sich Bahn. Ob sich dieser Umschlag im Laufe eines Jahres oder in tausend Jahren oder übers Wochenende vollzieht, weiß ich nicht; es heißt aber, daß das Kali-Yuga in dem Augenblick ins Sat-Yuga umschlägt, in dem die manifeste Lebenskraft ihren tiefsten Stand erreicht hat.

Was könnte wohl das Einströmen frischer Lebenskraft für die biologischen Prozesse bedeuten? Haben wir hier vielleicht den Schlüssel zum geographischen Instinktverhalten der Aale und Lemminge und anderer Lebewesen? Vielleicht ist dieser Umschwung auch die Gelegenheit zu einer allgemeinen biologischen und genetischen Neuorientierung. Wenn die Dichte des Grobstofflichen abnimmt, haben vielleicht die subtilen Elemente unter dem formativen und integrativen Einfluß des *Geistes* die Chance, sich nach den tatsächlich bestehenden Verhältnissen neu auszurichten.

Eines jedenfalls ist gewiß: Ein vom Darwinismus und Materialismus geprägtes lineares und reduktionistisches Denken wird die ineinander verwobenen Zyklen und Muster, die wir überall erkennen können, niemals in ihrer komplexen Ganzheit beschreiben, geschweige denn erklären können. Zyklische Abläufe sind in der Natur eigentlich die Regel; nur versuchen wir ständig, diese Zyklen mit unserem analytischen Denken in getrennte, lineare Bahnen umzudeuten. Die Natur selbst jedoch weiß nichts von solchen oberflächlichen Vorstellungen. Sie ist *eine* integrierte Ganzheit. Die Gespaltenheit besteht ausschließlich in unserem Geist. Und weil wir aufgrund dieser Gespaltenheit das Ganze nicht mehr sehen können, sind wir auf eine materialistische Evolutionstheorie verfallen und müssen nun versuchen, alle Fakten dieser trostlosen und beschränkten Sicht anzupassen.

Mit unserer begrenzten Zeitwahrnehmung haben wir Mühe, uns auch nur Intervalle oder Zyklen von hundert Jahren vorzustellen. Aber die Archäologen haben viertausend Jahre alte Getreidekörner aus den Pharaonengräbern zum Keimen und Sprießen gebracht. Bakterien, die sich unter günstigen Lebensbedingungen alle zwanzig Minuten teilen und vermehren, können sich unter ungünstigen Bedingungen zu höchst widerstandsfähigen Sporen umbilden und in dieser Form gewaltige Zeiträume überdauern (im Gestein eingeschlossen möglicherweise Jahrmillionen!), bis sie wieder günstige Lebensbedingungen finden und sich erneut vermehren. Wie könnten solche unermeßlichen Zyklen wohl je durch Zufallsmutationen zustande kommen?

Ein ganzer Stamm von Lebewesen, die *Rotatoria* oder »Rädertierchen«, scheint sich im Baum der Evolution nirgendwo so recht einzufügen. Sie erscheinen wie aus dem Nichts in jeder noch so kleinen, schnell entstandenen und schnell wieder ausgetrockneten Wasserlache, voll entwickelt mit ihren Kronen aus Wimperhaaren, die ihnen sowohl bei der Nahrungssuche als auch zur Fortbewegung dienen. Trocknet die Pfütze aus, verwandeln sie sich in winzige Stäubchen, die den nächsten Regen erwarten.

Geographische Grenzen respektieren sie nicht, man findet die gleiche Spezies in Afrika, Asien, Amerika und Europa. Die trockenen Sporen trifft man in der Atmosphäre noch in 15 Kilometern Höhe an. »Für Instant-Rädertierchen einfach nur Wasser hinzufügen«, bemerkt Lyall Watson dazu in seinem Buch *Geheimes Wissen*, und er fügt hinzu, nichts spreche dagegen, daß diese trockenen Stäubchen noch höher fliegen, vielleicht sogar in den Weltraum gelangen könnten. Vielleicht, meint er, kommen sie sogar dorther, von irgendeinem Planeten eines anderen Sonnensystems. Wie erforscht man den Lebenszyklus eines Wesens, das möglicherweise Jahrtausende lebt oder sogar die Galaxis durchquert? Wie wenig wir doch von den Prozessen der Natur wissen und wie viel wir einfach annehmen! William Blake hat es sehr knapp und treffend gesagt: «Ein Narr sieht nicht den gleichen Baum, den ein Weiser sieht.»

## Zyklen und die Wandlung der Spezies

Wir kennen also einige sehr lange biologische Zyklen, und könnte es nicht sein, daß noch andere große Zyklen sich in der Natur verbergen, Zyklen, die den Lebewesen erlauben, sich auf veränderte Umweltbedingungen einzustellen? Angesichts einer sich ändernden Umwelt und der alle Beschränkungen lockernden periodischen Sat-Yugas sollte man vielleicht annehmen, daß alle Lebewesen fähig sind, sich zu ändern: Wie ein Hermelin für den Winter ein neues Fell bekommt, wie ein Samenkorn Tausende von Jahren ruhen kann, wie Bakterien und Rädertierchen in ihren ausgedörrten Zeitkapseln über gewaltige, vielleicht unvorstellbar große Zeiträume ihre Chance abwarten können – so bergen vielleicht all die vertrauten Lebensformen Geheimnisse, die nur der Lauf der Äonen enthüllen kann.

Das Axolotl, die Kaulquappe des südamerikanischen Tigersalamanders, nimmt in den zoologischen Lehrbüchern eine Sonderstellung ein, weil es gegen die Regel verstößt und sich schon im Larvenstadium, in dem es noch seine äußeren Kiemen hat, geschlechtlich vermehren kann. Unter bestimmten Umweltbedingungen, über die wir noch kaum etwas wissen, können die Jungen des Axolotl ihre Kiemen verlieren und sich zu der ausgewachsenen Form entwickeln, die an Land lebt. In den um die 2000 Meter hoch liegenden Seen um Mexico City kommt die Umwandlung in die ausgewachsene Form nicht vor, dafür findet man Exemplare von bis zu dreißig Zentimetern Länge. Wer wollte allerdings in einem solchen Zyklus sagen, welche Form die juvenile und welche die ausgereifte ist? Die landbewohnende Form erinnert sich in der nächsten Regenperiode an ihre Wasserheimat und legt dort ihre Eier – ein neuer Zyklus beginnt.

Viele Jahre dachten die Wissenschaftler, diese beiden Formen seien zwei verschiedene Spezies. Erst als sich im Jardin des Plantes in Paris einige Axolotl vermehrten und ihre Jungen die Kiemen verloren und sich als die wohlbekannten Tigersalamander entpuppten, wurde das Geheimnis gelüftet. Jetzt kann man die Umwandlung in die landbewohnende Form sogar im Labor künstlich herbeiführen, nämlich durch eine Energieschwingung – ein Hormon –, die im biologischen Gewebe eine Schlüsselrolle spielt.

Dann gibt es die Regen- und Trockenzeitformen mancher tropischer Schmetterlinge; man nimmt an, daß ihre Entwicklung von der Temperatur während des Larven- und Puppenstadiums abhängt. Im Falle von *Melantis leda* entscheidet offenbar die Temperatur in den letzten zwei bis drei Wochen vor dem Verlassen des Puppenstadiums darüber, in welcher Form dieser schöne Schmetterling schließlich hervortreten wird. Das ist zugleich eine treffsichere biologische Vorhersage der Regenmenge und sonstigen Umstände, die im Leben dieses Schmetterlings eine Rolle spielen werden. Ein interessantes Beispiel biologischer Vorausschau, das gewiß viele physiologische Modifikationen voraussetzt. Und wie, müssen wir uns fragen, soll sich ein derart komplexes Muster wohl nach einem linearen Prozeß entwickeln, in dem der Zufall die einzige treibende Kraft ist?

Wenn sich eine Spezies also an kleinere Umweltschwankungen anpassen kann, wäre es dann nicht denkbar, daß sich in dem subtilen und stofflichen Mosaik aus Form und Funktion, das wir «Spezies» nennen, noch andere Wandlungspotentiale manifestieren, wenn die entsprechenden Umstände gegeben sind?

Hier wäre, etwas außerhalb unseres Gedankengangs, die interessante Tatsache zu erwähnen, daß Lebewesen, die eine Metamorphose durchmachen und dabei ganz verschiedene äußere Formen annehmen, dennoch während des ganzen Zyklus ihre «psychische» Grundkonstitution beibehalten. Wenn, wie wir hier annehmen, die geistige Natur eines Lebewesens schon vor seiner Geburt besteht, ist das auch nicht anders zu erwarten. So sind die Libelle und ihre Larve gleichermaßen gefräßige Jäger. Schmetterlinge und ihre Raupen sind im allgemeinen Vegetarier; die Raupe frißt Blätter, der Schmetterling saugt Nektar. Erstaunlicherweise gibt es so etwas sogar im Pflanzenreich: Die fleischfressende Schlauchpflanze lockt ihre Opfer in blütenähnlich aussehende, aber wassergefüllte Ausstülpungen ihrer Blätter, wo eine chemische Narkose das Insekt erwartet; es ertrinkt und wird dann von Enzymen zersetzt. Schon die winzigen Samen dieser Pflanze fangen mit zähem Schleim und Gift Insekten, und wenn sie dann keimen, finden sie in den verrotteten Insektenleichen die erste Nahrung.

Die innere Anlage dieser Lebewesen bleibt sich ihr Leben lang gleich, mag auch die äußere Gestalt sich in den verschiedenen Metamorphoseschritten stark verändern. Wären sie jedoch nichts weiter als ihr physisches Gewand, warum sollten sie dann nicht in einer Phase harmlose Vegetarier und in einer anderen ganz auf Beutefang bedacht sein?

## Tag und Nacht der Erdgeschichte

Zyklen also treffen wir in der Natur allenthalben und in den verschiedensten Formen an – und ganz gewiß nehmen wir viele dieser Zyklen mit unserer begrenzten Sicht nicht wahr. Eiszeiten, Warmzeiten, feuchte und trockene Perioden – viele dieser bekannten, aber auch viele noch unentdeckte Zyklen muß die Erde im Laufe von Jahrmillionen durchmessen haben, und viele stehen ihr zweifellos noch bevor.

Die Dauer eines Menschenlebens ist nur der Bruchteil einer kosmischen Sekunde im Bereich der dichten, materiellen Schwingung. Dann braucht auch der Mensch eine kurze Rast von diesem Eingesperrtsein im Körper. Vielleicht ist die Pause nur eben so lang, daß sein Geist einen neuen Körper finden und sich gestalten kann, um darin die geistige Aufarbeitung seines Karma fortzusetzen. Vielleicht wird auch der Seele, die um Befreiung von menschlicher Schwäche gerungen hat, ein mehr oder weniger langer Aufenthalt in irgendeiner höheren astralen Sphäre gewährt – bis es den Geist schließlich nach weiterer Erfahrung in dieser dichteren stofflichen Welt verlangt.

Und vielleicht nimmt der dunkle Geist, der Geist der Bosheit und Disharmonie, des Zorns, der Lüsternheit, der Gier und des übermäßigen Haftens an den Dingen der Welt, vielleicht nimmt er die Hölle, die er im körperlichen Dasein erfährt, als Hölle des Geistes mit sich, wenn er der körperlichen Gestalt beraubt ist. Denn wohin sollte ein höllischer Geist nach dem Tod gelangen, wenn nicht in die Fortsetzung seiner höllischen Gedanken und Träume? Doch auch das dauert nicht ewig, und irgendwann folgt die nächste körperliche Geburt der Seele. Vielleicht nicht unbedingt in menschlicher Gestalt, sondern dort, wo sich ihr Schicksal nach den ausgleichenden Gesetzen des Universalen Geistes erfüllen kann.

Was weiß der Mensch von diesen längeren Zyklen? Eines jedoch ist gewiß: Der Mensch und die Schöpfung sind mehr als Fleisch und Stein. Die Kräfte des Zufalls und der Mechanik sind gewiß nicht die einzigen, die in diesem großen kosmischen Drama wirken.

Große Zyklen sind zu erkennen in der Art und Weise, wie sich die Oberfläche unseres Planeten umgestaltet. Die Oberfläche bewegt und faltet sich, das Gefüge der großen Kontinentalplatten gleitet und verschiebt sich. Der Himālaya, dessen Auffaltung vor vielleicht 50 Millionen Jahren begann, hebt sich immer noch um durchschnittlich sieben Millimeter pro Jahr, doppelt so schnell wie vor zehn Millionen Jahren. Dennoch fließt der Indus, einige Millionen Jahre älter als die Berge, nach wie vor durch diese Gegend. Er schneidet sich ein in das aufstrebende Gestein, und so trägt er Tag für Tag fünf Millionen Tonnen ab vom Gestein der Berge, womit er dann weiter unten auf dem Weg zum Meer die Schwemmlandebenen befruchtet. Für dieses Unterland ist der Himālaya ein unerschöpflich erscheinender Spender von Wasser, Fruchtbarkeit und manchem anderen.

In den vergangenen 1,5 Millionen Jahren war unser Planet von einer Eiszeit beherrscht. Etwa alle 100 000 Jahre gab es ein »Temperaturfenster«, eine Zeit, in der sich das Eis für sieben- bis zehntausend Jahre zurückzog. Danach rückte es wieder vor. Während eines Temperaturfensters wird der eisfreie Boden allmählich durch Auswaschung entmineralisiert; er verarmt und kann infolgedessen immer weniger Vegetation tragen: Eine Theorie besagt, daß hier ein natürlicher Rückkopplungsprozeß wirksam wird, der das Klima so beeinflußt, daß das Eis wieder vorrückt und frische Erosionsprodukte mitbringt, die dann den Oberboden im nächsten Temperaturfenster wieder mit Mineralien anreichern.

Die Pflanzen brauchen die Nacht, um die tagsüber gesammelte Energie zu speichern. Auch alle Tiere brauchen die Nacht, um ihre Kräfte für den nächsten Tag zu regenerieren. Der Winter ist die notwendige Entsprechung des Sommers, eine Zeit der Ruhe und Sammlung nach den Monaten fieberhafter Aktivität. Trockene und feuchte, kalte und heiße Perioden sind notwendig für die großen Gezeiten der Natur. So sind wohl die Eiszeiten die langen Winter der Erde, wo ihr der tiefe Schlaf gegönnt ist, den sie zur Erneuerung braucht. Doch mit oder ohne Eiszeiten: Die Jahrmillionen tragen die Mineralhaufen, die wir Gebirge nennen, langsam ab. Nicht zu schnell, nicht zu langsam – gerade so, daß die Freisetzung von Mineralien genau richtig ist. Aber woher kommen neue Gebirge, neue Mineraliendepots der Erde? Wenn alles Land in einigen Millionen Jahren ins Meer gespült ist, wie soll das System dann weiterhin funktionieren? Und weshalb wird das Meer nicht mit der Zeit eine dicke Mineraliensuppe wie das Tote Meer, das nicht umsonst so heißt?

Die Lebewesen selbst sorgen dafür. Kleine Meeresorganismen binden die Mineralien der Meere und sinken, wenn sie absterben, zum Meeresboden. So entstehen dort im Laufe der Äonen gewaltige Mineraliendepots, die nicht nur die Mineralienübersättigung der Meere verhindern, sondern auch das Material künftiger Kontinente und Gebirge darstellen.

Der Mensch, von einigen Spezialisten abgesehen, nimmt kaum Notiz von diesen großen Zyklen. Wenn seine Felder durch rücksichtslose Landwirtschaft entmineralisiert sind, versucht er dennoch weiterhin, dem Land seinen Willen aufzuzwingen. Aber Dünger auf die Felder zu schütten nützt nicht viel, denn die Prozesse der Natur sind zu komplex, als daß man sich über sie hinwegsetzen oder sie mit ein paar Handgriffen simulieren könnte. Dünger ist ein kurzfristiges Ausbeutungsmittel, eine typische Ausgeburt menschlicher Profitgier. Was wir säen, bedarf auch des mikrobiellen Bodenlebens, um wachsen und gedeihen zu können; Mikroben und Bakterien sind ein ganz entscheidendes Glied in der Nahrungskette. Was sie erarbeiten, wird von den Pflanzen bestens verwertet, und wir oder andere Tiere verzehren dann die Pflanzen oder auch Tiere, die sich von den Pflanzen ernährt haben.

Ohne die Bakterien sowie die Schimmelpilze und andere niedere

Pilzarten würde die Erde unter einem gewaltigen Mantel von niemals verrottendem pflanzlichen und tierischen Abfall ersticken. Außerdem gibt es mindestens fünfzig Bakterienarten, die Gestein zersetzen können und damit deren Mineralien verfügbar machen. Sie sind besonders gut erforscht, weil sie natürlich auch alten und historischen Gemäuern sehr zusetzen. Die Natur ist ein perfekt organisiertes Ganzes. Diese winzigen Lebewesen ernähren sich von Steinen und geben dann die Mineralien an die Erde ab, von denen die Pflanzen leben.

Aber Pestizide und Dünger töten diese Mikroben ab und machen aus den Äckern sterile Flächen, auf denen Pflanzen nur mit künstlicher Ernährung am Leben gehalten werden können. Das Ökosystem des Bodens braucht, wenn es gesund sein soll, den guten alten Mist oder Kompost mit seinen unzähligen Mikroben. Pflanzen, die auf sterilem Boden wachsen, sind von geringem Nährwert und praktisch ohne Lebensenergie. Und die Degeneration des planetaren Ökosystems zeigt sich an der Gesundheit des Menschen. Degenerative Erkrankungen wie Krebs oder Aids greifen um sich. Das ist der natürliche Verlauf des zyklischen Naturgeschehens, das Zu- und Abnehmen in Zeit, Raum und den Energiemustern der Schöpfung.

Einen schweren Felsbrocken an den Rand eines Abgrunds zu wälzen kostet viel Mühe, doch dann genügt ein kleiner Stoß, um ihn abstürzen zu lassen. Wenn ein System einen kritischen Zustand erreicht hat, gehört nicht mehr viel dazu, es abstürzen zu lassen. Dann folgt eine Zeit der Wirren, bis ein neues Gleichgewicht gefunden ist. Solchen Schwellenphänomenen begegnen wir in den Naturprozessen allenthalben. Von den scheinbar unteilbaren Quanten der physikalischen Energie bis zu den Grenzen zwischen dem festen, dem flüssigen und dem gasförmigen Zustand – Schwelleneffekte verhindern, daß die Vielfalt der Energiemuster zu einem diffusen Spektrum verschwimmt oder sich ganz zu Homogenität auflöst. Solche klar definierten Muster finden wir in gesellschaftlichen und politischen, aber auch in allen anderen Systemen.

So ist es auch mit unserem Welt-Ökosystem. Wir stehen am Rande des Abgrunds. Doch nicht der Mensch allein ist dafür verantwortlich, denn auch er ist nur ein Teil des gesamten Ökosystems. Der Mensch reagiert nur auf die größeren Zyklen der Natur.

Die Geheimnisse der Migration – Anlaß zu diesem kurzen Ausflug in die biologische und geologische Vergangenheit – sind nur eines der zahllosen Rätsel der Natur, des größeren Geistes, die vom großen Drama des Lebens künden, wie es sich seit Jahrhundertmillionen, wenn nicht Jahrmillarden innerhalb fein ausgewogener Parameter entwickelt.

Schließen wir nun dieses Kapitel mit ein paar Bemerkungen zur Natur des naturwissenschaftlichen und mystischen Wissens. Im nächsten Kapital werden wir dann einige Geschichten von enger Verbundenheit von Mensch und Tier erzählen, um schließlich in den letzten beiden Kapiteln vom größten Musterbildner zu sprechen, von der Macht, die das eine Gewand der Natur webt – vom größeren oder Formativen Geist.

## Wissenschaft, Wissen und Gewißheit

In der Wissenschaft bestehen wir auf rationaler Objektivität, und dahinter steht wohl die Einsicht, daß wir Menschen Meister der Selbsttäuschung sind. Ohne die Gewißheit, die allein die mystische Erfahrung uns geben kann, neigen wir dazu, Dogmen an die Stelle von echtem Wissen zu setzen. Dieser verhängnisvollen Neigung versuchen wir mit einer Art der Redlichkeit zu begegnen, die wir «Objektivität» nennen.

Wissen oder Wissenschaft ist dem Anspruch nach die pure objektive Beschreibung der Erfahrung – sei es unmittelbare oder durch Instrumente vermittelte Sinneserfahrung. Solche pure Objektivität gibt es jedoch nicht, denn Erfahrung ist bedeutungslos ohne Interpretation.

Diese Interpretation leistet unser Geist, doch der ist von Gewohnheiten geprägt und umgrenzt – von dem, was man uns zu denken gelehrt hat, von unterbewußten Emotionen, von menschlichen Schwächen und vom sozialen Umfeld. Wir sehen die Dinge durch den Filter unserer unterbewußten Programmierungen. Das gilt für den Naturwissenschaftler mindestens ebenso wie für jede andere Gruppe von Menschen. Sogar «objektive» Experimente tragen schon in ihrem Aufbau die Züge bestimmter Denkmuster und Überzeugungen.

Die Geschichte der Ideen gibt uns nicht das Bild eines stetigen Fortschreitens zu einer letzten philosophischen oder wissenschaftlichen Wahrheit. Meistens beschreiben diese Ideen nur Kreise und geben Zeugnis vom jeweiligen Zeitgeist. Geschichtlich betrachtet, sind Ideen über die Welt nicht besonders langlebig. Wirklich dauerhaft sind nur die spirituellen Grundwahrheiten, die immer wieder mal und in immer wieder anderen Gestalten an die Oberfläche dringen.

Es ist noch gar nicht so lange her, daß wir Abendländer glaubten, die Erde sei flach, sie sei das Zentrum des Universums und tatsächlich in sieben Tagen von Gott erschaffen worden. Naturwissenschaftlich kann man das geozentrische Weltbild und die Lehre von der flachen Erde als erledigt betrachten (wenngleich es immer noch Menschen gibt, die da anderer Meinung sind), und diese Auffassung ist objektiv und wahr, der Ansicht bin ich auch. Doch diese Wahrheit war zur Zeit ihrer Entdeckung beileibe nicht so offensichtlich und einleuchtend wie heute, sondern wurde sogar erbittert bekämpft.

Demgegenüber gibt es jedoch Theorien, die ein absolut materialistisches und mechanistisches *Glaubenssystem* zur Grundlage haben; sie beruhen nicht in erster Linie auf Beobachtung, sondern deuten Beobachtungen nur (unter Bagatellisierung aller Anomalien) so aus, daß sie sich einer vorgefaßten Theorie einfügen. Von solcher Art sind das landläufige Evolutionsmodell, die Urknall-Theorie vom Ursprung der Materie, die Definition des Lebens als Nebenprodukt biochemischer Reaktionen, die molekulare und elektromagnetische Theorie von Geist und Denken – und manches andere.

Menschlichem Wissen, sei es durch das Denken oder auf dem Wege der Beobachtung gewonnen, haftet immer ein Element des Zweifels an. Nur mystisches Wissen hat Gewißheit, denn es stammt aus unmittelbarer Wahrnehmung und Erfahrung und ist anderen daher nicht zu vermitteln. Wem es jedoch zuteil wird, der erkennt es sofort als etwas von höherer und realerer Natur als die «normale» Alltagserfahrung. Es ist wie beim Erwachen aus einem Traum: Wir erkennen dann sofort seinen illusorischen Charakter, wissen, daß wir ihn in irgendeinem Winkel unseres Geistes selbst erzeugt haben.

Zum Glück bringt es diese mystische Gewißheit mit sich, daß wir den menschlichen Geist jetzt nicht nur besser verstehen, sondern ihm auch mehr Verständnis entgegenbringen: Wir stoßen uns nicht mehr daran, daß andere, die solche Erfahrungen nie gemacht haben, nicht nur an der Existenz solcher Erfahrungen zweifeln, sondern auch am Verstand derer, die die Erfahrung kennen. Man begreift immer mehr, weshalb die Menschen denken, was sie denken, und tun, was sie tun. Man erkennt immer deutlicher den *Geist*, der allen Formen und Erscheinungen zugrunde liegt. Die innere Echtheit und Kraft der mystischen Erfahrung ist jedoch das natürliche Erbe aller Menschen und im Prinzip jedem erreichbar. Ich glaube sogar, daß viele Menschen im Laufe ihres Lebens «Ahnungen der Unsterblichkeit» zuteil werden, und wir alle können das erleben, wenn wir unser Herz nur dem inneren Leben öffnen, das uns ruft, dessen Ruf aber untergeht im ständigen hektischen Getriebe der Sinne und des Oberflächenbewußtseins.

In lichten Augenblicken, in denen der innere Wirrwarr sich löst, fühlen wir uns Gott näher, der inneren Quelle näher. Und das sind die Zeiten in unserem Leben, in denen wir dem Wirklichen am nächsten sind. Lassen Sie sich von niemandem (auch von sich selbst nicht) etwas anderes einreden.

Je mehr wir unserem Intellekt gemäß leben, desto weniger erfassen wir den Sinn des Lebens.

William James

Es ist ganz gut und schön, in dieser Welt dem Intellekt gemäß zu leben. Der Intellekt zeigt uns die Mittel und Wege zu einem behaglichen Leben. Aber der Intellekt führt uns nicht zum Herrn. Um diesem Pfad zu folgen, müssen wir vom Intellekt ablassen. Dann nämlich bedarf es der Übung und des Glaubens. Ich sage nicht, ein intellektueller Mensch könne den Weg nicht gehen. Der Intellekt ist ein Hindernis, kein Zweifel; aber wir müsssen dieses Hindernis mit Hilfe des Intellekts durchbrechen. Solange der intellektuelle Mensch nicht überzeugt ist, daß es der richtige Weg ist, wird er ihn nicht gehen. Er kann sich nicht dem Herrn anvertrauen, solange sein Intellekt nicht befriedigt ist. Ist sein Intellekt aber befriedigt, so braucht er ihn nicht mehr, um dem Weg zu folgen. Was wir also brauchen, ist Glaube und Übung.

Maharaj Charan Singh Ji, *The Master Answers*

# 7. Kommunikation

## Mensch, Geist und Kreatur

Der Mensch kann den Menschen verstehen. Zumindest hat er die Anlagen dazu. Selbst wenn wir Menschen aus anderen Erdteilen begegnen, wo ganz andere Sprachen gesprochen werden, genügt das universale Bedeutungsmuster in unserem Geist, um uns mit Gesten und Zeichen zu verständigen – und wir wissen, daß wir die Sprache des anderen lernen können, wenn es uns wichtig genug ist.

Bei anderen Lebewesen ist die Kommunikation weitgehend von Instinktmustern abhängig. Ein Hund macht «wuff» und muß das nicht eigens lernen; er tut es ganz von selbst, auch wenn er vom Menschen mit der Flasche aufgezogen wird. Das ist ein Muster seines inneren Seins wie das Schwanzwedeln, wie bei einer Kuh das Wiederkäuen. Interessant ist in diesem Zusammenhang gewiß die Frage, ob dem inneren Geist-Muster des Menschen, das menschliches Sprechen ermöglicht, eine subtile und universale Bedeutungssprache zugrunde liegt, zu der wir in Beziehung treten, wenn wir uns verbal mitteilen.

Sicherlich gibt es beim Menschen eine geistige Grundstruktur, die wir bei unseren Mitmenschen erkennen und deren weitgehendes Fehlen bei anderen Lebewesen wir ebenfalls erkennen. Im gegenwärtigen Kali-Yuga jedoch hat der individuelle Geist die Herrschaft an sich gerissen; der Mensch hat das Bewußtsein seines inneren Aufmerksamkeitsbrennpunkts, des Augen-Zentrums, weitgehend verloren und verhaspelt sich in der Vielfalt der Welt, die die Sinne seinem Geist vorspiegeln.

Deshalb ist der Mensch aus der direkten Wahrnehmung seiner eigenen inneren Geistenergien herausgefallen und lebt beinahe unbewußt, fern seiner wahren Mitte. Viele seiner natürlichen geistigen Vermögen wie etwa Telepathie und Hellsichtigkeit werden von der pausenlosen Betriebsamkeit seiner niederen Natur so vollkommen übertönt, daß man sogar Laborexperimente durchführt, um zu sehen, ob es dergleichen wirklich gibt. Da könnte man ebensogut mit Versuchen erkunden, ob wir wirklich lebendig sind! Aber das eigentliche Labor für alle diese Experimente ist in uns, der Bereich der Seele und des *Geistes.* Und die Technik nennt man Meditation.

Telepathie ist kein sensorisches Phänomen. Wenn man die Existenz der Telepathie aufgrund der Analyse sensorisch gewonnener Daten beweisen will, wird immer Raum für Zweifel bleiben. Für die Existenz des Denkens gibt es ja schließlich auch keine sensorischen Beweise. Aber bezweifeln wir die Existenz des Denkens? Das Denken ist eine mentale und keine sensorische Erfahrung. Die Resultate des Denkens können wir wahrnehmen, nicht aber das Denken selbst. So ist es mit allen Aspekten des Geistes – Emotion, Intuition, Gedächtnis, Intellekt und so weiter.

Der Mensch kommuniziert mit dem Menschen, aber größtenteils verbal, selten direkt von Geist zu Geist. So entstehen Verwirrung, Mißverständnis und Argwohn, denn die den Worten unterlegte Bedeutung ist wandelbar wie unsere zur Gewohnheit gewordenen Überzeugungen. Und wenn es gar um andere Lebewesen geht, sind wir noch ratloser. Ihr Geist besitzt andere Energiekonfigurationen als unserer. Artgenossen verstehen einander ohne weiteres, während wir ihre Kommunikation meist nicht einmal wahrnehmen, geschweige denn verstehen. Zum Beispiel können wir Pheromone nicht sehen oder riechen, wie Insekten und andere Tiere es können. Wir können uns nicht vorstellen, wie es ist, die Welt mit Fühlern wahrzunehmen. Wir können die Ultraschallsignale der Fledermäuse nicht hören, geschweige denn mit ihrer unvorstellbaren Schnelligkeit interpretieren und umsetzen. Wir können dem Wedeltanz einer Biene nicht das entnehmen, was er ihren Artgenossen sagt. Wir hören die Rufe der Buckelwale in der Tiefe des Meeres, verstehen jedoch wenig oder nichts von dem, was sie mitteilen.

Sogar bei den Schimpansen und Menschenaffen, die wir für unsere nächsten Verwandten halten, müssen wir auf unsere eigenen geistigen Muster zurückgreifen, um ihre Zeichen und Signale zu deuten. Wir mögen ihrer Kommunikation entnehmen, daß zwischen ihnen und uns gewisse Ähnlichkeiten der Gefühlsverteilung bestehen, aber wie ein Schimpanse beispielsweise Zorn erfährt, ist für uns nicht nachzuvollziehen. Wenn es unter Menschen zu Zornausbrüchen und Streit kommt, bleibt davon meist ein ungutes Gefühl übrig, ein Groll, der sich erst nach einiger Zeit wieder legt. Von den Schimpansen jedoch berichten Jane Goodall und andere, daß die Feinde des Vormittags am Nachmittag schon wieder Spielgefährten sind. Gewiß, das gehört zu der Strategie, mit der die Natur die Gemeinschaft zusammenhält – wie jedoch der Geist der Schimpansen aufgebaut ist und wie sie empfinden, wissen wir nicht.

Es haben ja auch wenige Menschen – und wohl auch wenige der heutigen «Gurus» – je die wissenschaftliche Technik der Meditation mit Nachdruck und Beharrlichkeit auf ihren eigenen Geist angewandt. Und wie sollten wir, solange wir damit noch gar nicht richtig angefangen haben, das innere Sein anderer Kreaturen verstehen können? Aber auch die Beobachtung ihres äußeren Verhaltens mit *unseren* Sinnen und *unserem* Geist kann schon zu faszinierenden Ergebnissen führen. Wie schon in früheren Kapiteln wollen wir hier wieder einige dieser Beobachtungen betrachten.

# Wale, Delphine, Tiger und Hunde

Zahllose Geschichten erzählen von der Intelligenz und Fürsorglichkeit mancher Tiere. Diese Tiere haben zweifellos Bewußtheit und ein Seelenleben. Bei Tieren, die uns äußerlich ähneln – also bei Schimpansen und anderen Primaten –, können wir das Vorhandensein von Intelligenz und Gefühl eher akzeptieren als etwa bei Walen oder Delphinen. Die haben zwar auch Augen, Kopf und Körper, aber ansonsten sind äußerlich kaum Übereinstimmungen zu erkennen. Dennoch besitzen sie ein aktives soziales Leben voller echter Kommunikation – in einer Sprache freilich, die unserer Erfahrung von Geist und Bedeutung sehr fern ist.

Viele werden den Film von der Greenpeace-Kampagne gegen den Walfang gesehen haben. Diese Leute steuerten ihre kleinen Schlauchboote zwischen die wütenden Walfänger und die Wale, und als sie bei dem hohen Seegang in Bedrängnis gerieten, kamen ihnen die Wale zur Hilfe. Das mag uns befremden, doch sogar bei staatenbildenden Insekten und erst recht bei Vögeln und höheren Tieren finden wir ein sehr genaues Gespür für die Not und Bedrohung anderer, einen starken Sinn für gegenseitige Hilfe in schwierigen Zeiten. Bienen und Wespen greifen massenhaft an, wenn sie ihre Gemeinschaft bedroht sehen. Ein Bienenstich setzt ein sehr starkes Pheromon frei, das von anderen aus der Ferne wahrgenommen wird und augenblicklich den Angriffsinstinkt auslöst. Fische, Reptilien, Vögel und Säugetiere verteidigen ihre Jungen und häufig auch einander erbittert, wenn Gefahr droht. In Verbänden lebende Tiere umgeben verletzte oder jüngere Artgenossen häufig wie ein Schutzwall, einerlei, wer die Eltern sind.

Wo immer es soziale Verbindungen und Zusammenschlüsse gibt, gehen die Tiere aufeinander ein. Viele Fälle gibt es von Hunden, Pferden, Ochsen, Elefanten und anderen Tieren, die Menschen beschützen, zu denen sie ein Gefühl der Zugehörigkeit empfinden. Hunde werden sogar zu eben diesem Zweck abgerichtet, und das ist einfach nur eine Ausweitung ihres natürlichen Instinkts, das Rudel zu beschützen. Jim Corbett berichtet in seinem Buch *Man-Eaters of Kumaon* von solch einer Begebenheit, und da im Zusammenhang dieser Schilderung die geistigen Fähigkeiten nichtmenschlicher Lebewesen deutlich werden, möchte ich sie gern ausführlich zitieren. Corbett erzählt von seiner Jagd auf die Tigerin von Chowgarh, die zwischen 1925 und 1930 mindestens 64 Menschen tötete, bevor sie einander zum ersten und letzten Mal begegneten. Das ist übrigens noch eine relativ geringe Zahl von Opfern; manche Menschenfresser haben Hunderte von Menschen getötet, bevor sie schließlich erlegt wurden. Die erwähnten Dörfer liegen in der Kumaon-Region der Himālaya-Vorberge.

> Ich hatte meine Männer am Vorabend angewiesen, sich auf einen frühen Aufbruch vorzubereiten, und kurz vor Sonnenaufgang verabschiedete ich mich von meinen Freunden, die noch zu packen hatten, bevor sie mir folgen konnten, und begann den Aufstieg zur zwei Meilen oberhalb verlaufenden Forststraße ... Der Pfad wand sich durch Senken und Schluchten, durch Eichen- und Kiefernwälder mit dichtem Unterholz. Seit einer Woche hatte man nichts mehr über die Tigerin gehört. Das machte mich noch vorsichtiger, und eine Stunde nach meinem Aufbruch vom Lager erreichte ich ohne Zwischenfall eine Lichtung nahe der Hügelkuppe, etwa hundert Meter von der Forststraße entfernt.
> Es war eine birnenförmige Lichtung, etwa hundert Meter lang und halb so breit, in der Mitte ein Tümpel, in dem sich Regenwasser gesammelt hatte. Sambarhirsche und anderes Wild nutzten diesen Tümpel als Tränke und Suhle, und da ich gern sehen wollte, was es da für Fährten gab, verließ in den Pfad, der die Lichtung linker Hand umsäumte und entlang einer Felswand zur Straße hinauf weiterführte. Als ich mich dem Tümpel näherte, sah ich gleich die Spuren der Tigerin im weichen Boden am Rand. Sie war aus der gleichen Richtung wie ich gekom-

men, war dann offenbar von mir gestört worden und hatte das Wasser durchquert und war in dem dichten Dschungel aus Bäumen und Gestrüpp verschwunden, der zur Rechten die Lichtung einfaßte. Da hatte ich eine große Chance vergeben, denn hätte ich nach vorn so genau Ausschau gehalten wie nach hinten, hätte ich sie wohl eher gesehen als sie mich. Trotzdem waren die Vorteile jetzt eigentlich alle auf meiner Seite.

Die Tigerin mußte mich wahrgenommen haben, sonst hätte sie nicht, wie die Spuren zeigten, eilig das Wasser durchquert und Deckung gesucht. Wenn sie mich gesehen hatte, wußte sie auch, daß ich allein war; zweifellos beobachtete sie mich jetzt aus ihrer Deckung und nahm an, daß ich ans Wasser gehen würde, um zu trinken. Bis jetzt hatte ich mich ganz natürlich bewegt, und wenn ich sie weiterhin von meiner Arglosigkeit überzeugen konnte, würde sie mir vielleicht eine zweite Gelegenheit geben. Ich beugte mich hinunter, im Schutz der Hutkrempe die Umgebung scharf beobachtend, hustete mehrmals und planschte mit den Händen im Wasser. Dann bewegte ich mich langsam, trokkenes Holz aufsammelnd (wie es ein Inder aus der Gegend wohl tun würde), auf den Fuß der Felswand zu. Hier entfachte ich ein kleines Feuer, lehnte mich an den Felsen und zündete mir eine Zigarette an. Als ich sie geraucht hatte, war auch das Feuer niedergebrannt. Ich legte mich hin, den linken Arm als Kopfkissen, neben mir das Gewehr, mit dem rechten Zeigefinger am Abzug. Die Felsen über mir waren zu steil, als daß ein Tier dort Halt hätte finden können. Ein Angriff konnte also nur von vorn kommen, und da der dichte Bewuchs überall erst in mindestens zwanzig Schritt Entfernung begann, war ich hier ganz sicher. Die ganze Zeit über hatte ich nichts gesehen und gehört; dennoch war ich überzeugt, daß die Tigerin mich beobachtete. Der Hutrand tarnte meine Augen, ohne mir die Sicht zu nehmen, und so tastete ich mit dem Blick alles, was in meinem Gesichtsfeld lag, Zentimeter für Zentimeter ab. Kein Windhauch regte sich, kein Blatt, kein Grashalm. Meine Männer, die ich angewiesen hatte, sich dicht beieinander zu halten und vom Aufbruch an bis zu unserem Zusammentreffen auf der Forststraße zu singen, würden erst in etwa eineinhalb Stunden hier sein, und ich konnte hoffen, daß die Tigerin während dieser Zeit ihre Deckung aufgeben würde, um sich anzuschleichen oder einen Überraschungsangriff zu wagen. Manchmal scheint die Zeit zu schleichen, manchmal wie im Fluge zu vergehen. Mein linker Arm, der mir als Kopfkissen diente, kribbelte längst nicht mehr und war eingeschlafen; dennoch erreichte mich das Singen meiner Männer im Tal unter mir nur allzu bald. Immer lauter wurden die Stimmen, und dann sah ich die Männer auch schon um eine scharfe Wegbiegung kommen . . .

Nachdem meine Männer gerastet hatten, stiegen wir zur Straße hinauf und machten uns auf den Marsch zum zwanzig Meilen entfernten Rasthaus von Haira Khan. Die Straße führte zunächst ein paar hundert Meter durch offenes Gelände, um dann im dichten Wald zu verschwinden. Ich ließ die Männer vorangehen und bildete selbst die Nachhut. So hatten wir etwa zwei Meilen zurückgelegt, als ich hinter einer Kurve einen Mann an der Straße sitzen sah, der Büffel hütete. Da es Zeit war für die Frühstückspause, fragte ich den Mann, wo wir Wasser bekommen konnten. Er wies auf eine Stelle direkt hügelabwärts und sagte, da unten sei eine Quelle, aus der sich sein Dorf, das gleich hinter der Hügelflanke lag, mit Wasser versorgte. Wir brauchten allerdings nur auf der Straße noch ein Stück weiterzugehen, dann würden wir auch dort eine gute Quelle finden.

Sein Dorf lag am oberen Ende des Tals, in dem in der Vorwoche die Frau aus Lohali getötet worden war, und er erzählte mir, seitdem habe man von der menschenfressenden Tigerin nichts mehr gehört, sie sei nun vielleicht am andere Ende des Distrikts. Diese Illusion mußte ich ihm nehmen und erzählte ihm von den frischen Spuren, die ich am Tümpel gesehen hatte; ich riet ihm dringend, seine Büffel zusammenzutreiben und zum Dorf zurückzukehren. Seine etwa zehn Büffel grasten langsam den Hang hinauf, und er sagte, er werde heimgehen, sobald sie oben angelangt seien. Ich gab ihm eine Zigarette und ging mit einer nochmaligen Warnung weiter. Was danach geschah, erzählten mir die Männer des Dorfes, als ich einige Monate später noch einmal in dieser Gegend war.

Als der Mann an diesem Tag schließlich sein Dorf erreichte, erzählte er den Bewohnern von unserer Begegnung und meiner Warnung und sagte, er habe mir noch hundert Meter bis zur nächsten Wegbiegung nachgesehen und dann die Zigarette anzünden wollen, die ich ihm gegeben hatte. Es war windig, und er beugte sich schützend über die Streichholzflamme, als er plötzlich von hinten an der Schulter gepackt und zurückgerissen wurde. Sein erster Gedanke waren die Männer, die ihn gerade verlassen hatten, aber leider hörten sie seine Hilfeschreie nicht. Dennoch wurde ihm Hilfe zuteil, denn die Büffel stürmten, als sie seine Schreie und das Knurren der Tigerin hörten, augenblicklich herbei und vertrieben das Raubtier.

Schulter und Arm waren gebrochen, aber es gelang ihm unter großen Mühen, einen seiner Retter zu besteigen, und so gelangte er mit allen Tieren ins Dorf zurück. Die Dörfler verbanden ihn, so gut es eben ging, und trugen ihn in einem Gewaltmarsch ins dreißig Meilen entfernte Haldwani-Hospital, wo er bald darauf starb.

Wenn Atropos, die den Lebensfaden abschneidet, mal einen dieser Fäden verfehlt, durchtrennt sie einen anderen. Und wir, die wir nicht wissen, weshalb der eine verfehlt und der andere zerschnitten wurde, nennen es Schicksal, Kismet oder wie auch immer. Einen Monat lang hatte ich in einem offenen Zelt gelebt, immer hundert Meter vom nächsten menschlichen Wesen entfernt, hatte von morgens bis abends den Dschungel durchstreift, mich mehrmals als Frau verkleidet und Gras geschnitten an Orten, die kein Bewohner der Gegend aufzusuchen wagte. In dieser Zeit hatte die Menschenfresserin vielleicht häufig dazu angesetzt, mich in die Schar ihrer Opfer einzureihen, und dabei war sie nun ganz zufällig auf diesen unglückseligen Mann gestoßen und hatte ihn statt meiner getötet.

Inzwischen kannte die Tigerin wohl Geruch und Haltung des Jägers genau und erkannte ihn vermutlich auch in seiner Verkleidung als Inderin. Tiere erfassen, wie wir schon sagten, sehr genau, welche innere Haltung die Körperhaltung zum Ausdruck bringt, und so konnte Corbetts stets wache Aufmerksamkeit der Tigerin nicht entgehen, mochte er sich auch noch so arglos gebärden. Auch den subtilen Kontakt zwischen Geist und Geist, Leben und Leben, gewahrt eine Tigerin wahrscheinlich deutlicher als die meisten Menschen. Viele Jäger und naturnah lebende Menschen sprechen von diesem sechsten Sinn, der sie bei Gefahr warnt.

Corbett macht auch eine interessante Bemerkung über den Geruchssinn der Tiger und seine Einbindung in das Instinktverhalten; diese Instinktbindung zeigt, daß Menschen nicht die natürliche Beute des Tigers sind, und macht ihn überdies berechenbar:

> Tiger wissen nicht, daß Menschen einen sehr schwachen Geruchssinn haben, und wenn ein Tiger ein Menschenfresser wird, geht er mit Menschen genauso um wie mit wildlebenden Beutetieren: er schleicht sich gegen den Wind an oder lauert einem Opfer auf, das mit dem Wind auf ihn zukommt.
> Von welcher Bedeutung das ist, sieht man sofort, wenn man bedenkt, daß der Jäger den Tiger zu sichten versucht, dieser jedoch sich möglichst ungesehen anzupirschen oder dem Jäger aufzulauern bemüht ist. Angesichts der Schulterhöhe, Tarnfärbung und Lautlosigkeit eines Tigers wäre das ein sehr ungleicher Kampf, gäbe es nicht diesen Windfaktor, den der Mensch zu seinen Gunsten ausnutzen kann.

Der Umstand, daß Tiger die Schwäche unseres Geruchssinns nicht aus unserem Verhalten ableiten können, zeigt sehr deutlich, wie stark ihre geistigen Funktionen vorprogrammiert und instinktgebunden sind.

Von einem weiteren Versuch, die Tigerin zu erlegen, berichtet die folgende Begebenheit. Die Tigerin war kürzlich in der Gegend gesehen worden, und Corbett bewegte sich auf seinen Streifzügen mit höchster Wachsamkeit.

> Die nächsten vierzehn Tage verbrachte ich jede Stunde, die das Licht es noch erlaubte, auf der Forststraße (wo sonst niemand sich mehr hinwagte) oder im Dschungel, und in dieser ganzen Zeit kam ich nur zweimal in die Nähe der Tigerin. Beim erstenmal hatte ich ein abseits gelegenes und im Vorjahr wegen der Nachstellungen der Menschenfresserin von den Bewohnern aufgegebenes Dorf aufgesucht und auf dem Rückweg einen vom Vieh ausgetretenen Pfad benutzt, der über einen Kamm führte und drüben auf der anderen Seite zur Forststraße abstieg. Vor einer Anhäufung von Felsbrocken spürte ich plötzlich Gefahr. Die Entfernung zwischen dem Hügelkamm und der Forststraße mag um die dreihundert Meter betragen haben. Hinter dem Kamm führte der Pfad ein paar Schritte recht steil abwärts und dann nach rechts in flacherem Winkel quer über die Hügelflanke, etwa hundert Meter weit; die Felsbrocken lagen etwa auf der Hälfte dieser Strecke rechts vom Weg. Ein Stück dahinter beschrieb der Weg eine enge Kurve nach links, und hundert Meter weiter unten, kurz vor der Einmündung in die Forststraße, gab es noch einmal eine scharfe Biegung.
>
> Ich war diesen Pfad schon oft gegangen und hatte vorher noch nie gezögert, diese Felsen zu passieren. Um ihnen auszuweichen, hätte ich entweder einige hundert Meter durch dichtes Unterholz gehen oder oben herum einen weiten Umweg machen müssen; auf dem Weg durch die Büsche hätte ich mich gro-

ßen Gefahren ausgesetzt, und für den Umweg fehlte mir die Zeit, denn die Sonne sank bereits, und ich hatte noch zwei Meilen vor mir. So mußte ich denn wohl oder übel an den Felsen vorbei. Der Wind blies den Hang herauf, also konnte ich das Dickicht links des Weges weitgehend unbeachtet lassen und mich ganz auf die rechts liegenden Felsen konzentrieren. Dreißig Schritte etwa, dann würde ich die Gefahrenzone hinter mir haben, und diese Strecke ging ich seitwärts, immer die Felsen im Auge und das Gewehr an die Schulter gelehnt; ein Zuschauer hätte das gewiß als seltsame Fortbewegungsart empfunden.

Dreißig Meter hinter den Felsen begann rechts des Weges eine freie Fläche, die sich fünfzig, sechzig Meter den Hang hinaufzog und gegen die Felsen durch einen Streifen Buschwerk abgeschirmt war. Hier äste eine Muntjakhirschkuh. Ich sah sie zuerst und beobachtete sie aus dem Augenwinkel. Sobald sie mich sah, hob sie mit einem Ruck den Kopf, und da ich nicht in ihre Richtung blickte, blieb sie regungslos stehen, wie diese Tiere es meistens tun, wenn sie den Eindruck haben, nicht gesehen worden zu sein. An der scharfen Linkskurve blickte ich über die Schulter und sah, daß sie wieder friedlich äste.

Ich war kaum ein paar Schritte weitergegangen, da sah ich sie unter hysterischen Schrecklauten den Hang hinaufpreschen. Mit ein paar schnellen Schritten war ich wieder an der Biegung und sah an der Talseite des Pfades gerade noch eine Bewegung in den Büschen. Ohne Zweifel hatte die Hirschkuh die Tigerin gesehen, und sie konnte sie nirgendwo sonst als auf diesem Weg gesehen haben. Die Bewegung, die ich gesehen hatte, konnte von einem Vogel verursacht sein, vielleicht aber auch von der Tigerin; jedenfalls mußte ich mich vergewissern, bevor ich meinen Weg fortsetzte.

Ein kleines Rinnsal, das unter den Felsen hervorkam, durchfeuchtete an dieser Stelle den Lehm des Viehpfades – ideale Voraussetzungen für die Spurensuche. Ich sah meine eigenen Fuß-

spuren und darüber die gespreizten Pfoteneindrücke der Tigerin an der Stelle, wo sie vom Felsen gesprungen und mir gefolgt war, bis die Hirschkuh sie gesehen und dann ihre lauten Warnrufe ausgestoßen hatte, so daß die Tigerin vom Weg in die Büsche sprang, genau da, wo ich die Bewegung gesehen hatte. Die Tigerin kannte hier offenbar jeden Fußbreit Boden, und da sie mich bei den Felsen nicht erwischt hatte und die zweite Chance ihr an der Spitzkehre durch die Hirschkuh verdorben worden war, schlich sie nun offenbar auf direktem Wege durch das Dickicht, um mich unten an der zweiten Kurve abzufangen.
Den Pfad weiterzugehen war jetzt nicht ratsam, also folgte ich der Hirschkuh über die freie Fläche hinauf, wandte mich oben nach links und erreichte abwärts über freies Gelände die Forststraße. Wäre es nicht schon dämmrig gewesen, ich glaube, ich hätte an diesem Abend den Spieß umdrehen können, denn nachdem sie die Deckung der Felsen verlassen hatte, war ich in der strategisch günstigeren Position. Ich kannte mich hier auch sehr gut aus, und zudem wußte ich sehr genau um ihre Absichten, während sie meine nicht kannte. Aber es war einfach schon zu spät am Abend, und so konnte ich meine Vorteile nicht nutzen.
Ohne darüber spekulieren zu wollen, worin eigentlich dieses Gespür besteht, das uns vor drohender Gefahr warnt, möchte ich hier doch anmerken, daß es dieses Gespür ohne Zweifel gibt, wenn ich auch nicht weiß und daher nicht erklären kann, durch was es wachgerufen wird. In diesem Fall hatte ich die Tigerin weder gehört noch gesehen und auch von anderen Tieren keine Hinweise erhalten, und doch wußte ich ohne den Schatten eines Zweifels, daß sie irgendwo zwischen den Felsen auf mich lauerte. Ich war an diesem Tag viele Stunden unterwegs gewesen, hatte den Dschungel Meile um Meile bei voller Aufmerksamkeit durchstreift und mich dabei nicht einen Augenblick bedroht gefühlt; kaum aber hatte ich den Hügelkamm überschritten und die Felsen gesehen, da wußte ich, daß hier Gefahr drohte, und

schon kurz darauf bestätigte sich meine Ahnung, zuerst in den Warnrufen der Hirschkuh, dann in den Pfotenabdrücken der Menschenfresserin auf meinen Fußspuren.

All das deutet darauf hin, daß Mensch und Tier einer Gefahr für Leib und Leben irgendwie gewahr sind und daß alle Lebewesen einen Geist haben. Das Verhalten der Büffel, der Muntjakhirschkuh, des Jägers und der Tigerin spricht eine deutliche Sprache. Wir sehen es auch ständig am Verhalten der Lebewesen in unserem Garten. Spatzen fliegen weg, wenn irgendwo in der Umgebung eine Katze unterwegs ist. Ihr Geist erfaßt die nahende Gefahr und löst ein entsprechendes Handeln aus. Allem Handeln aller Lebewesen liegen wie beim Menschen geistige Prozesse zugrunde. Doch der Geist anderer Lebewesen ist dem unseren so fremd, daß es uns schwerfällt zu glauben, daß da wirklich geistige Aktivität und subjektives sensorisches Gewahrsein sind.

Es ist natürlich verlockend, über die Intelligenz von Tieren zu spekulieren, die uns so exotisch anmuten wie Tiger, Wale oder Delphine. Doch solche Intelligenz gibt es ganz in unserer Nähe auch, nur nehmen wir sie vielleicht nicht wahr, weil sie so alltäglich ist. Die Collie-Hündin meiner Nachbarin hat einen alten, schon ziemlich schlappen Fußball, den sie nimmermüde jedem vor die Füße legt, damit er ihn wegschießt und sie hinterherfegen kann, um ihn dann sofort wieder erwartungsvoll in Schußposition zu legen. Vollkommen gebannt von ihrem Spiel steht sie da und fixiert einen mit aufforderndem Blick, stets bereit, augenblicklich loszustürmen. Es ist nicht zu zweifeln an ihrer mentalen Motivation, zu spielen und herumzutoben, und nichts ist für sie natürlicher, als äußerlich zu zeigen, was sie innerlich empfindet.

Daß unser Hund uns Stöcke und Bälle bringt, die wir ihm werfen sollen, ist uns so selbstverständlich, daß wir gar nicht auf den Gedanken kommen, uns einmal nach seiner Motivation oder Intelligenz zu fragen. Ebenso selbstverständlich nehmen wir hin, daß dieses Spiel ihm ganz offensichtlich einen Heidenspaß macht. Wir lassen uns sogar in die Balgereien unserer Welpen und Kätzchen verwickeln. Richtig neugierig werden wir jedoch erst, wenn genau das gleiche etwa bei Delphinen und Walen beobachtet wird.

Unsere Hunde sind liebevoll, interessant, verspielt, nachsichtig, loyal, intelligent, spontan, kreativ und so vieles mehr. Sie haben sogar eine Sprache und daher zweifellos auch eine Geiststruktur. Keine Frage, daß das auch für alle anderen Lebewesen gilt: Hier haben Verhalten, Instinkt, Erkennen, Gewahrsein, Sinneserfahrung, Gedächtnis, Lernfähigkeit und alle anderen Vermögen ihren Ort. Die Frage ist nur, wie wir je auf den Gedanken verfallen konnten, daß es anders ist.

## Der Schimpanse und die Gorillas

Wir haben schon verschiedentlich die Menschenaffen erwähnt, und ich möchte hier wenigstens ein Beispiel wiedergeben, an dem ihre mentalen Prozesse deutlich werden. Die Episode wird in Sue Savage-Rumbaughs Buch *Ape Language* erzählt.

Sherman und Austin waren zwei Schimpansen, denen man beigebracht hatte, eine Computertastatur zu benutzen, deren Tasten geometrische Muster zeigten, die sich auf bestimmte Dinge (z. B. Saft, Süßkartoffel) oder einfache Aktivitäten (z. B. Geben, Holen, Fangen) bezogen.

Eines Tages trug sich folgende Begebenheit zu, die im Zusammenhang dieses Buches für sich selbst sprechen dürfte:

> Zwei Lehrerinnen übten mit Sherman und Austin Ortsbestimmung. Eine der beiden Lehrerinnen ging beispielsweise zum Waschbecken, ins Spielzimmer oder nach draußen, und die zweite blieb bei den Schimpansen an der Tastatur. Die Schim-

pansen wurden aufgefordert, den Ort zu bezeichnen, an dem sich die andere Lehrerin aufhielt.

Bei einem dieser Versuche weigerte Sherman sich, den Aufenthaltsort der Lehrerin anzugeben und drückte statt dessen die Taste «Halsband». Dann lief er aus dem Zimmer und zu der Stelle, wo normalerweise die Halsbänder hängen, die die Schimpansen im Freien tragen müssen. «Halsband» wurde daher häufig benutzt als Ausdruck für die Bitte, nach draußen zu dürfen; und wenn die Affen «Halsband» geäußert hatten, fingen sie meist gleich an, ihre Halsbänder zu suchen, sich um den Hals zu legen und erwartungsvoll zu juchzen.

Diesmal sah Sherman an der üblichen Stelle kein Halsband hängen, und nachdem er ganz genau nachgesehen hatte, ging er zum Spielzeugregal (wo die Halsbänder manchmal versehentlich liegenblieben) und stöberte in den Kisten. Nach einminütiger Suche fiel ihm die Nummer des *National Geographic* ins Auge, die er sich an diesem Tag zusammen mit der Lehrerin angeschaut hatte.

Hauptfeature dieser Nummer war ein Gorilla namens Koko. Als Sherman nun dieses Magazin im Regal fand, tappte er mit dem Finger immer wieder auf Koko, wobei sich seine Haare aufstellten und er sich auf beiden Füßen hin und her wiegte. Er nahm die Zeitschrift, entdeckte dann auch sein Halsband auf dem Boden und kehrte mit den beiden Dingen zur Lehrerin zurück. Er hielt ihr mit der einen Hand das Halsband hin und deutete mit der anderen auf ein Bild von Koko. Als die Lehrerin sagte: «Ja, ausgehen», ließ Sherman mehrmals ein aufgeregtes hohes Bellen hören und fing an, durch das ganze Labor im Kreis herumzulaufen, immer wieder, das Magazin in der Hand. Nach draußen gehen, das war natürlich das Allerschönste für Sherman und Austin, und so war Shermans Aufregung jetzt durchaus nichts Ungewöhnliches. Ungewöhnlich war hingegen, daß er in all der Aufregung trotzdem die Bilder von Koko weiterhin mit sich herumtrug und sogar immer wieder auf sie zeigte und dabei die Lehrerin anschaute, die dazu nickte und «Ja» sagte.

Sie wußte, daß Sherman mit dem gleichzeitigen Vorweisen des Halsbands und der Bilder von Koko etwas ganz Bestimmtes mitteilen wollte, aber was, das wußte sie nicht. Ihr war auch aufgefallen, daß er sich über ihre bejahende Antwort offenbar ganz besonders freute. Während sie ihm das Halsband anlegte, zeigte er weiterhin auf die Bilder und bellte sehr laut.

Auch nach draußen nahm er die Bilder mit und bewegte sich dort zweibeinig. Und er ging schnurstracks in Richtung Gorillagehege, das auf einem Hügel hinter dem Sprachlabor lag.

Schon früher hatte er manchmal am späten Abend in diese Gegend gedurft, um sich die Gorillas anzusehen, und das war immer mit einer Art schaudernder Faszination geschehen. Meist aber durfte er nicht dorthin, denn sein Anblick erzeugte Aufregung bei den dort untergebrachten Großaffen und störte womöglich die Forschungsarbeiten, die dort gerade liefen. Jedenfalls erlebte Sherman im allgemeinen eine Enttäuschung, wenn er seine Lehrerinnen in diese Gegend zu locken versuchte.

Je näher er jetzt dem Gorillahaus kam, desto schneller lief er, desto lauter bellte er und desto höher hielt er die Fotos von Koko. Damit war der Lehrerin jetzt klar, was er vorhatte und sich von diesem Ausflug versprach. Für ihn war es so, daß er um einen Besuch bei den Gorillas gebeten hatte und die Antwort «Ja» erhalten hatte. Die Lehrerin jedoch hatte seine Aufforderung nicht ganz verstanden, und «Ja» bezog sich nur aufs Ausgehen, nicht auf die Gorillas.

Nachdem jetzt klar war, was Sherman tatsächlich vorhatte, war sie gezwungen, «Nein» zu sagen. Als Sherman sie stehen bleiben und in die andere Richtung zeigen sah, ließ er sich auf alle Viere herunterfallen, legte seinen *National Geographic* weg und gab keinerlei Laute mehr von sich; seine Haare legten sich wieder glatt an, und er wirkte sehr niedergeschlagen. Die Zeitschrift und das Draußensein schienen ihn nicht weiter zu interessieren.

Sherman hatte zwar die Tastatur nicht benutzt, aber eine Bitte geäußert, die eine Kombination voraussetzte. Er hatte ein Symbol und ein Foto zu einer neuen Kommunikationsform benutzt und damit den Wunsch geäußert, einen ganz bestimmten Ort aufzusuchen – einen Wunsch, den er allein mit der Tastatur nicht hätte formulieren können. Sein ganzes Erscheinungsbild und Auftreten änderte sich dramatisch, als ihm deutlich wurde, daß sein Wunsch nicht in Erfüllung gehen würde, und auch das spricht wohl für die Auffassung, daß er die Zeitschrift tatsächlich *benutzt* hatte, um mitzuteilen, daß er gern die Gorillas sehen wollte.

Wichtig ist hier die Feststellung, daß niemand den Schimpansen je beigebracht hatte, anhand von Bildern mitzuteilen, wohin sie gehen wollten. Und dieses bestimmte Foto war erst an diesem Tag ins Labor gelangt; es konnte also noch nicht zu Trainingszwecken verwendet worden sein.

## Begegnungen

Viele Naturkundige und andere Menschen wissen, daß die Reaktionen, die wir von unseren Mitmenschen, aber auch von anderen Lebewesen erhalten, von dem abhängen, was wir selbst im Sinn haben. Dazu möchte ich hier aus Allen Boones herrlichem Buch *Kinship With All Life* zitieren. Boone war zeitweilig Halter eines verblüffend intelligenten Deutschen Schäferhundes namens Strongheart, der in den fünfziger Jahren ein Hollywood-Star war. Die Beziehung zu diesem Hund öffnete Boone die Augen für den Geist, der in allen Lebewesen wirkt.

Die Kunst, seine eigenen Gedanken und Motive im Umgang mit anderen Lebewesen genau im Auge zu haben, ist von großem praktischem Nutzen. Insbesondere bei solchen Kreaturen wie Klapperschlangen. Diese klugen, aber kaum verstandenen Wesen mit ihren tödlichen Verteidigungstechniken sind hochkarätige Experten für Gedankenemanationen – vor allem wenn sie von einem Menschen kommen.

Als ich erstmals in die Gegenden des Westens kam, wo die Wege der Klapperschlangen sich häufiger mit denen der Weißen und der Indianer kreuzen, und mich dann selbst in dieser Lage fand, war es eine Gänsehaut erzeugende Erfahrung. Ich sah ihre hypnotischen Augen, ihr blitzschnelles Zustoßen.

Einmal erzählte mir ein alter Wüstenprospector, der sein Leben lang unter Klapperschlangen gelebt hatte, etwas Erstaunliches. Er sagte, daß Klapperschlangen ihre Fänge mit besonderem Genuß in weißes Fleisch schlagen, aber selten einem Indianer etwas tun. Ich fragte ihn, weshalb das so sei. Er wußte es nicht und hatte nie versucht, es herauszufinden.

Auf meinen Reisen konnte ich feststellen, daß es wirklich so ist. Die Klapperschlangen beißen Weiße und gewähren den Indianern fast vollständige Immunität. Ich sprach mit allen möglichen «Schlangenexperten», aber keiner konnte mir eine zufriedenstellende Antwort geben; jedenfalls keine, die ich selber an einer Rautenklapperschlange hätte testen wollen.

Fast überall herrschte ein erbitterter Krieg zwischen Weißen und Klapperschlangen; und es war ein Krieg, in dem es auf beiden Seiten um das Töten ging. Nirgendwo jedoch sah ich, daß zwischen Indianern und Klapperschlangen Krieg herrschte, vielmehr schienen sie eine Art Gentlemen's Agreement geschlossen zu haben. Auf all meinen Wegen durch die Wüsten, Prärien und Gebirge habe ich nie erlebt, daß eine Klapperschlange in Angriffs- oder Verteidigungsstellung ging, wenn ein Indianer ihr nahekam.

Mein Hund-dressiert-Mensch-Unterricht bei Strongheart hatte mich darüber aufgeklärt, welche Schwierigkeiten bei der Begegnung zwischen Mensch und Tier aus unsichtbaren geistigen Kräften erwachsen können. Deshalb verstand ich, weshalb die Weißen im Krieg mit den Klapperschlangen standen, nicht aber die Indianer. Hier fand ich bestätigt, was Strongheart mir so geduldig beizubringen versucht hatte: daß unser Denken vollkommen bloßgelegt vor uns her geht und geradezu ausposaunt, wer wir wirklich sind und was wir vorhaben ... Fast jede Klapperschlange, die ich beobachtete, machte mir klar, daß Schlangen die Art des Denkens, die ihnen entgegengetragen wird, aufnehmen und richtig einschätzen können. Danach behandelten sie den sich nähernden Körper, der zu diesem Denken gehörte, entweder als Freund oder als Feind.

Was geschieht eigentlich, wenn ein durchschnittlicher Weißer und eine Klapperschlange sich plötzlich und unerwartet begegnen? Der Mensch, der gelernt hat, alle Schlangen als widerwärtige Todfeinde zu betrachten, die keinerlei Daseinsberechtigung haben, möchte jede Schlange töten, die er sieht. Und manchmal stehen sehr starke Emotionen dahinter. Es ist eine Art Gedanken-Vendetta, ein beiderseitiges Übelwollen, in dem jeder augenblicklich in destruktiver Einstellung und Absicht zuschlägt.

Wenn der Weiße eine Waffe bei sich hat und noch Gelegenheit hat, sie zu gebrauchen, tötet er den Körper der Schlange. Entgeht jedoch die Schlange dem Schlag und hat den Gegner in Reichweite, so schlägt sie ihre Giftzähne in den Körper des Weißen, so daß dieser die Verabredung mit dem Tod einhält. Doch obwohl sie den Körper trifft, gilt ihr Angriff eigentlich dem Denken, das diesen Körper antreibt.

Wenn ein echter Indianer in die unmittelbare Nähe derselben Klapperschlange kommt, wird man etwas ganz anderes beobachten. Zunächst einmal würde man bei beiden nicht das geringste Anzeichen von Furcht oder Feindseligkeit bemerken. Wenn

> sie einander ziemlich nahe gekommen sind, werden sie beide verharren und einander sehr ruhig und freundlich und ausgiebig zur Kenntnis nehmen; und dann werden sie beide einfach wieder ihrer Wege gehen, jeder sein eigenes Ziel verfolgend und dem anderen das gleiche Recht zugestehend. In den Augenblikken oder Minuten des Verharrens kommt es zu einem Austausch, der auf beiden Seiten verstanden wird – wie zwischen einem großen und einem kleinen Schiff auf hoher See.
> Könnten wir sehen, was dieser Indianer denkt und was ihn bewegt, wir hätten das Rätsel sofort gelöst. Wir würden nämlich sehen, daß er sich, so gut er es vermag, in Harmonie mit dem bewegt, was er ehrfurchtsvoll Das Große Heilige nennt – das große Ur-Prinzip allen Lebens, das alle Dinge erschafft und belebt und durch jedes von ihnen jederzeit seine Weisheit spricht. Aufgrund dieses universalen Gesetzes war der Indianer in stiller und freundschaftlicher Kommunikation mit dem großen Rassler – nicht als «Schlange», die man fürchten und vernichten muß, sondern als bewunderter und geliebter «kleiner Bruder», dem soviel Leben, Freiheit, Glück, Achtung und Rücksichtnahme zusteht, wie er für sich selbst erhofft. Und ganz entsprechend hatte sich sein «kleiner Bruder» verhalten.

Nicht nur Mensch und Tier sind auf der subtilen Ebene eng miteinander verbunden, sondern alle Lebewesen und natürlich auch Mensch und Mensch. Wenn wir anderen übel gesinnt sind, voller Intoleranz, Kritik und Vorurteil, gehen entsprechende Schwingungen von uns aus, die der Geist dieser anderen aufnimmt, wenn auch meist unbewußt. Das geschieht auch, wenn wir uns nicht direkt gegenüberstehen, ist aber im direkten Kontakt besonders stark. Dann springt der Funke, und wenn keine der beiden Parteien weiß, daß eigentlich ihr eigener Geist der Urheber der ganzen Situation ist, werden Zorn und Emotionalität das Geschehen bestimmen.

Wenn etwa ein Familienmitglied negative Gefühle gegenüber

einem anderen hegt, ist die Gefahr groß, daß es Ärger gibt, sooft sie sich begegnen. Der äußere Anlaß eines Streits kann ganz banal sein, während der eigentliche Grund in der häufig unbewußten Einstellung eines oder beider Beteiligten liegt. Zum Glück ist es im umgekehrten Fall auch so: Wer anderen gegenüber friedfertig, liebevoll und wohlwollend gesinnt ist, dem folgen Frieden und Harmonie im allgemeinen überallhin. Liebe ruft bei uns selbst und anderen die besten Seiten hervor. Ein großer Mann hat mal gesagt: «Jeder ist allezeit ein netter Mensch, wenn wir nur allen Mitmenschen in liebevoller und positiver Haltung begegnen.»

Doch zurück zu Allen Boone und den Klapperschlangen:

> Jede Giftschlange, sei sie noch so gefürchtet, ist im Grunde ein freundlich gesonnener Bursche. Das ist vielleicht schwer zu glauben, aber es hat sich für mich immer wieder bewahrheitet, in den verschiedenen Teilen der Welt und an allen möglichen «Killer»-Schlangen. Erbracht wurde dieser Beweis von etlichen ungewöhnlichen Männern und Frauen, die alle von der gleichen Prämisse ausgingen: daß Beziehungen erst im Äußeren harmonisch sein können, nachdem sie es innerlich schon geworden sind.
>
> Eine der interessantesten Personen unter diesen seltenen Menschen war eine fast schmächtige und äußerst bescheidene kleine Frau namens Grace Wiley, die bis zum Sommer 1948 einen kleinen Zoo, den «Zoo for Happiness», in der Gegend von Long Beach, Kalifornien, unterhielt. Miss Wiley war eine sehr erfahrene Herpetologin, und im Umgang mit übel beleumundeten Schlangen konnten es auf der ganzen Welt nur wenige mit ihr aufnehmen. Sie mochte sogar die am liebsten, die ganz besonders verrufen, bissig und giftig waren. In ihrem Zoo for Happiness fand man Schlangen fast jeder Art: gewaltige Königskobras von über sieben Metern Länge, Ägyptische Kobras, Ottern, Mokassinschlangen, Vipern, australische Steignattern, grüne Mam-

bas, Tigerpythons, Fer-de-lances, Klapperschlangen aller Art und viele andere.

Von überall her kamen die Leute, um die Tiere zu sehen und vor allem Miss Wiley beim Umgang mit ihnen zu beobachten. Unter ihren wachsamen Blicken durften sogar die Besucher sie in die Hand nehmen. Sie kamen sogar, um bei ihr zu lernen, denn nur hier konnte man erfahren, was ein Schlangenleben aus der Sicht der Schlange ist. Während sie sprach, trug sie immer ein ganz besonders tödliches Exemplar bei sich, das sich wohlig in ihren Arm kuschelte, und so machte sie den faszinierten Zuhörern klar, was für prächtige Gefährten Schlangen sein können, wenn man sie nur läßt. Meist schloß sie ihren Vortrag mit dem Hinweis, daß Schlangen ihrem Wesen nach keineswegs Unruhestifter, sondern feine Gentlemen sind und nur dann zustoßen, wenn jemand mit üblen Absichten in ihre Domäne eindringt und sie in die Enge treibt oder bedroht oder verletzt.

Es war atemberaubend, dieser leise sprechenden kleinen Frau zuzusehen, wie sie diese Prinzipien mit allen möglichen gefährlichen Schlangen demonstrierte. Das fand im sogenannten Zähmungsraum statt, einem Zimmer, das bis auf einen schweren reckteckigen Tisch in der Mitte völlig leer war. Besucher waren hier meist nicht zugelassen, wenn sie eine Schlange zähmte, aber durch das Fenster in einer der Türen konnten einige wenige Privilegierte das Schauspiel verfolgen.

Miss Wiley betritt leise den Raum, nimmt ihren Platz an der Schmalseite des Tisches ein und steht dort so bewegungslos wie der Tisch. In jeder Hand hält sie einen seltsam aussehenden Stab von etwa einem Meter Länge. Der eine hat am Ende ein becherförmiges Netz; damit kann sie notfalls den Kopf einer zustoßenden Schlange zurückhalten. Der andere ist am Ende mit einem weichen Tuch umwickelt und heißt «Streichelstab».

Eine große, mit Warnzeichen übersäte Kiste wird hereingerollt und auf den Tisch gestellt. Lautes, gänsehauterzeugendes Rasseln dringt aus der Kiste und verrät den Insassen. Auf ein Nicken von Miss Wiley wird die Kiste hinten hochgehoben und vorn aufgerissen – und herausgleitet, in eine Welt ganz neuer Erfahrung, Mr. Rattlesnake. Und was für ein Brocken! Fast zwei Meter lang, wunderbar gezeichnet, unglaublich energiegeladen und so tödlich und drohend, wie man sich eine Klapperschlange nur denken kann. Ein herrliches Exemplar, irgendwo aus dem tiefsten Texas, wo Schlangen ganz schön groß und ganz schön bissig werden.

Unmittelbar nach dem Auftreffen auf dem Tisch eine blitzschnelle, für das Auge fast zu schnelle Bewegung, das Zurückzucken des Körpers in die Verteidigungs- oder Angriffsstellung. Kein Zweifel, dieser Riesenkerl aus Texas wird sich auf alles stürzen, wovon er sich bedroht fühlt. Aber, und das Erstaunen ist ihm anzusehen, hier ist kein Gegner. Kein bewegliches Ziel, auf das man zustoßen könnte. Nur die nackten Wände und die regungslose Frau ihm gegenüber. Sein Kopf schnellt in alle Richtungen, um festzustellen, woher die Bedrohung kommen wird. Der Schwanz rasselt grimmige Warnungen. Aber nichts geschieht. Überhaupt nichts.

Warum tut Miss Wiley nichts mit den Stäben in ihren Händen? Warum macht die Schlange in all ihrer Aufregung nicht wenigstens einen Übungsausfall gegen Miss Wiley?

Weil Miss Wiley schon die ganze Zeit seit dem Öffnen der Kiste etwas ganz Entscheidendes mit der Schlange tat, aber man wußte nicht, was es war, denn es geschah ausschließlich auf der geistigen Ebene. Das war nicht einfach die äußere Begegnung einer Frau mit einer Schlange; es war ein erstes Zusammenfinden zweier unsichtbarer Individualitäten, zweier Geisteszustände, zweier verwunderter und doch verwandter Wesen, die eben ihre Zusammengehörigkeit im großen Plan des Lebens entdeckten.

Miss Wiley hatte vom Öffnen der Kiste an stumm zu der

Schlange hinübergesprochen. Äußerlich schien sie überhaupt nichts zu tun. Tatsächlich bewies sie die Kraft und Wirksamkeit dessen, was ihr die wichtigste Verhaltensregel in allen Beziehungen war: daß alles Leben, gleich welcher Form, Klasse oder Reputation, auf echtes Interesse, auf Achtung, Wertschätzung, Bewunderung, Zuneigung, Sanftheit, Höflichkeit und gute Umgangsformen in gleicher Weise reagieren wird.
Der große Schwanzrassler wurde darin geradezu gebadet, und zweifellos zum ersten Mal in seinem Leben.
Wären unsere Ohren offen gewesen für die stumme universale Sprache des Herzens, wir hätten den Strom der guten Worte von Miss Wiley zu der Schlange hin gehört. Nicht abwärts, zu einer «tieferstehenden» Lebensform hin, sondern zu einem Gegenüber, einer gleichrangigen Manifestation des Lebens. Unter manch anderem wäre da Anerkennung für so viele bewundernswerte Eigenschaften der Schlange zu hören gewesen oder immer wieder die Versicherung, daß sie nichts zu befürchten habe, sondern hier einfach in eine neue Heimat komme, wo sie immer geschätzt, geliebt und willkommen sein werde. All das wurde ohne einen Laut, ohne die kleinste Geste vermittelt. Nach einer Weile traten dann bemerkenswerte Veränderungen im ganzen Verhalten der Schlange ein. Das Schwanzrasseln wurde ganz allmählich leiser. Der Kopf, der sich immer wieder nervös in alle Richtungen gewandt hatte, richtete sich immer mehr auf Miss Wiley aus, obwohl das Tier die regungslose Frau nicht klar von der Wand hinter ihr unterscheiden konnte. Der «Killer» aus Texas nahm die freundlichen Gedanken und Gefühle nicht nur auf, sondern ließ sich tatsächlich durch sie beruhigen.
Jetzt begann Miss Wiley, ihre beruhigenden Worte mit leiser, sanfter Stimme zu sprechen, und man sah förmlich, wie diese einzigartige Art der Anfreundung nun ihre ganze Kraft entfaltete. Stück für Stück gab die Schlange ihre gespannte Verteidigungshaltung auf und streckte sich vorsichtig über die ganze

> Länge des Tisches aus, bis der Kopf schließlich ein paar Handbreit von Miss Wiley entfernt auf dem Holz ruhte. Dann Miss Wileys erste körperliche Bewegung. Langsam hob sie den Arm und streichelte der Schlange sanft den Rücken, zuerst mit dem gepolsterten Streichelstab und dann, als sich kein Widerstand zeigte, mit bloßen Händen. Es war kaum zu glauben: Die Schlange buckelte und schmiegte sich wahrhaftig wie eine Katze in diese Hände, um die liebevolle Zuwendung deutlicher zu empfinden.
>
> In diesem Augenblick war wieder eine «tödliche Giftschlange» ein hochangesehenes Mitglied des Zoos for Happiness geworden. Einmal mehr hatte Miss Wiley gezeigt, daß das Gute in jedem Lebewesen ist und durch achtungsvolles, liebevolles und sanftes Einfühlungsvermögen hervorgelockt werden kann.

Diese Passage sagt eigentlich alles. Mensch oder Tier – wir sind alle vom gleichen Wesen, haben alle eine Seele. Vielmehr: Wir *sind* Seelen. Und alle Seelen sind eins im Ozean des Höchsten Bewußtseins. Seele ist das gleiche wie Bewußtsein oder Leben. Die gleiche Lebensessenz ist in allen Wesen. Welchen Namen wir dafür benutzen, ist unerheblich.

Um diese Seele herum ist der Geist. Er unterscheidet den Menschen vom Menschen und jede Kreatur von jeder anderen. Dennoch entspringt jeder individuelle Geist dem großen Ozean des Universalen Geistes. Sie sind von ähnlicher subtiler Energie oder «Materie«, wie unsere Körper von ähnlicher grobstofflicher Materie sind. Wenn wir also innerlich allen Wesen freundlich gesonnen sind, sind sie auch uns freundlich gesonnen. Die subtile Schwingung unseres Geistes breitet sich um uns aus und berührt den Geist aller anderen. In gleicher Weise bringt ein zorniger Mensch das Ungute, das er ausstrahlt, über sich selbst. Der Lüsterne strahlt sexuelle Energie aus und zieht Gleiches an, und einem friedvollen und liebenden Herzen gesellen sich wie von selbst Menschen von ähnlicher Veranlagung zu. Wir finden und wecken in anderen das, was wir bewußt oder unbewußt in uns selbst haben.

Es gibt viele Geschichten von Naturliebhabern, die ganz bestimmte Stellen aufsuchen, um dort nach seltenen Tierarten zu forschen – und schon bei der Ankunft praktisch über das Lebewesen stolpern, das sie mühsam aufzuspüren gedachten. Der Kaplan meiner alten Schule, Mr. Moule, war solch ein Mensch. Von ihm erfuhr ich viele Naturgeheimnisse bei Wanderungen durch den Lake District. Er fand viele seltene Vogel-, Pflanzen- und Insektenarten bei seinen Streifzügen, doch er erzählte kaum jemandem davon, da er die zerstörerische Natur des Menschen kannte. Einmal fand er offenbar sogar eine neue Unterart von Schmetterlingen, denn sie waren kleiner als die reguläre Art und lebten in weitaus geringerer Höhe. Da er mein Interesse kannte, verriet er mir den Ort, zog ansonsten jedoch den Fortbestand der Art einem gewissen Ruhm vor, den er sich wohl mit Veröffentlichungen über seine Entdeckung errungen hätte. Ich war zwar seit vielen Jahren nicht mehr in der richtigen Jahreszeit da, aber soviel ich weiß, leben sie dort noch – kleine, braune, unauffällige Schmetterlinge, die das ungeschulte Auge nicht gleich bemerkt.

Ein andermal machte Mr. Moule sich in seinem Morris Minor auf, um irgendwo in einem Eichenwald den Großen Schillerfalter ausfindig zu machen. Dieser prächtige Schmetterling ist nicht nur selten, sondern hält sich zudem am liebsten in den Kronen der Eichen auf und kommt selten in die Lichtungen herunter; man braucht also normalerweise ein Fernglas, um ihn überhaupt zu Gesicht zu bekommen. Manchmal allerdings kann er dem Glitzern von Pfützen und polierten Autos nicht widerstehen. Der gute Reverend jedenfalls hatte seinen Wagen gerade abgestellt und noch nicht einmal die Tür geöffnet, als auch schon ein Prachtexemplar dieses Falters aus den Wipfeln herabtaumelte. Er setzte sich wie ein Schaustück auf die Haube und öffnete die Flügel weit für den dankbaren Blick dieses gütigen Mannes, der wahrhaft mit Gott ging und die Kreaturen Seiner Schöpfung liebte.

Viele Dinge sieht der Naturkundler, der mit friedfertigem Herzen und stillem Geist wandert. Manchmal sieht es so aus, als machten die Tiere eigens einen Umweg, um sich ihm zu zeigen. Der Jäger jedoch, mit dem Gewehr überm Arm und Gedanken im Sinn, die er mit seiner Körpersprache deutlich äußert, wird von allen Wesen wo immer möglich gemieden. Das leuchtet ein, wie Sie zugeben werden.

## Sprechende Pflanzen

So schön die Natur auch sein mag, Darwin hat doch recht mit seiner Beoachtung, die er als das Gesetz vom Überleben des Stärkeren formulierte. Es gibt in der Natur das gemeinsame Leben, Kooperation und sogar wechselseitige Abhängigkeit, aber auch den gnadenlosen Konkurrenzkampf. Selten weiten sich Kämpfe in der Natur zu Krieg aus, aber es haben sich doch höchst raffinierte Strategien von Raub und Verteidigung entwickelt. Das Leben lebt vom Leben, und was für den einen Leben bedeutet, ist dem anderen Frühstück. Sogar Pflanzen können andere Wesen attackieren und sich verteidigen.

Viele Insekten und ihre Larven ernähren sich von den Blättern der Pflanzen, und in jüngster Zeit ist man einem komplexen Gewebe von Interaktionen zwischen Pflanzen und Insekten auf die Spur gekommen. Manche Insekten geben zum Beispiel Pheromone ab, die auf Artgenossen als Alarmsubstanzen wirken und sie vor drohender Gefahr warnen. Wir finden aber auch Pflanzen, die gelernt haben, solche Pheromone selber herzustellen und damit die Insekten zu verscheuchen.

Pheromone («Soziohormone») bestehen aus komplexen Molekülen, deren Aufbau eine Folge energetischer Austauschprozesse durch viele «Stadien» erfordert. Daß die Insekten nicht nur die Fähigkeit, solche Stoffe bei Gefahr abzusondern, sondern auch das Vermögen, sie richtig zu deuten, durch puren Zufall entwickelt haben könnten, erscheint völlig ausgeschlossen. Ein erstaunliches Maß an anatomischer und physiologischer Feinabstimmung ist erforderlich, um Moleküle entweder «direkt» durch «Geruchs-» und «Geschmackssinn» oder «indirekt» über die Modulation elektromagnetischer Energie wahrnehmen zu können. Die Empfangsantennen der Fühler und die angeschlossenen Zellstrukturen sind absolut genau und von erstaunlich komplexem Aufbau. Und sie müssen eine viel feinere Abstimmung leisten als etwa Radioantennen, um ganz spezifische molekulare elektromagnetische Emissionen aufnehmen oder die Pheromone auf andere Weise ausmachen zu können. Und schließlich dürfen ja auch die Myriaden Interaktionen in der Biochemie und Physiologie von Nerven und Gehirn nicht weniger präzise ablaufen. Sollte so etwas sich in winzigen Schritten durch Zufallsmutationen entwickeln können?

Zudem hat solche Evolution durch Zufallsmutation kein Ziel im Sinn. Wenn also Zufallsmutation und natürliche Auslese wirklich die treibenden Kräfte des Wandels in der Natur wären, warum ist die Natur dann nicht voller Ansätze und Halbfertigkeiten? Weshalb keine unausgeformten Sinnesorgane oder biochemische Netzwerke, in denen ein paar Glieder noch fehlen?

Pflanzen haben also wie andere Lebewesen eine natürliche Fähigkeit, sich vor Räubern zu schützen. Manche geben giftige Gase ab, die Fraßinsekten töten oder zeitweise lähmen. Das kann eine stetige Gasemission sein, aber manchmal setzt sie auch ganz gezielt zur Abwehr ein, sobald irgendein Lebewesen sich über die Blätter hermacht. Dadurch werden zwar viele Pflanzenfresser ferngehalten, aber es gibt immer auch einige, denen es gelingt, sich auf die Giftstoffe einzustellen. In dieser Welt kann keine Kreatur ganz ohne Feinde leben. Das gehört einfach zum Lauf der Dinge unter dem Gesetz von Karma und Wiedergeburt.

Das in Europa sehr verbreitete Kreuzkraut beispielsweise enthält verschiedene Alkaloide, die für die meisten Insekten und Tiere giftig sind. Die Raupen der Zimteule (Falterart) jedoch sind geradezu Spezialisten für die giftigen Kreuzkrautarten (obwohl sie die ungiftigen keineswegs verschmähen). Diese schlauen kleinen gelbschwarzen Raupen können die Alkaloide sogar in ihrem Körper speichern, so daß sie selbst giftig und außerdem sehr unschmackhaft werden. Sie nehmen diesen Giftschutz sogar durch das Puppenstadium bis in ihr Leben als Falter mit. Die sehr deutliche (aber unterschiedliche) Farbgebung sowohl der Raupe als auch des Falters warnt jeden Insektenfresser schon von weitem und schreckt ihn ab – spätestens nach dem ersten Versuch, solch ein Wesen zu vertilgen.

Auch hier: Wie soll die Fähigkeit, eine Giftpflanze unbeschadet zu verzehren, *evolviert* sein? Die biochemischen Voraussetzungen für die Entschärfung von Alkaloiden ist keine Sache von ein oder zwei Genmustern der DNS. Das ist eine ungeheuer komplexe Sache, und wenn man sie nicht gleich *ganz* hinbekommt, ist man halt erledigt und bekommt keine zweite Chance, die Fähigkeit zu «entwickeln». Wie könnte eine Spezies also langsam und in kleinen Zufallsschritten die Fähigkeit entwickeln, ein Gift, das für andere Arten tödlich ist, zu entschärfen?

So hat jede Kreatur ihre ganz eigene Geschichte zu erzählen. Die Blätter von Kohl, Senf und anderen Brassica-Arten enthalten giftiges Senföl. Aber schon kommt die Kohlfliege daher, deren Larve sich von den Wurzeln ernährt. Das Weibchen landet auf einem Blatt und probiert, zuerst mit den Geschmacksknospen an den Füßen, dann mit dem Rüssel. Erweist sich die Pflanze als geeignet, legt die Fliege ihre Eier in die Erde um die Wurzel. Wenn die winzigen Maden dann schlüpfen, sorgt ein bisher noch nicht identifiziertes Sinnesorgan dafür, daß sie der Senf-Ausdünstung zu den Wurzeln folgen. Sie wissen einfach instinktiv, daß das ihre Nahrung ist. Was für den einen giftig ist, macht einen anderen dick und fett.

Den in vielen Gegenden Europas verbreiteten Adlerfarn meiden sowohl die Schafe als auch viele Insekten, denn er enthält zwei Stoffe, aus denen im Magen Zyanid wird, und das kann kaum ein Organismus vertragen. Anders die Blattwespenlarve und manche andere Spezialisten, deren Biochemie diese giftige Diät unschädlich machen kann. Eigentlich fressen Blattwespenlarven so ziemlich alles, doch der Adlerfarn enthält noch andere unangenehme Substanzen, Terpene, die die Blattwespenlarve in ihrem Körper speichert, so daß sie ungenießbar wird. Damit wird klar, weshalb sie zusätzlich noch die Fähigkeit entwickelt haben, ein normalerweise giftige Pflanze zu fressen. Wie sollte solch eine für die Ernährung gar nicht notwendiges Spezialistentum sich wohl durch Evolution im Darwinschen Sinne gebildet haben?

Völlig außerhalb jeder konventionellen Erklärbarkeit liegt jedoch das Kommunikationsvermögen mancher Bäume. Man hat beobachtet, daß die einzelnen Blätter dieser Bäume nach einer Beschädigung vermehrt Tannine produzieren, so daß sie für weitere Freßfeinde – seien es Insekten, Nutztiere oder Hirsche und andere Waldtiere – ungenießbar werden. Dieser Effekt hält jedoch nur etwa vierundzwanzig Stunden an, weil die Tanninproduktion (wie die Botaniker sagen) stark an den Reserven der Pflanze zehrt. Außerdem besteht kein Grund, die Abwehr fortzusetzen, wenn kein weiterer Angriff erfolgt. Die Tanninproduktion jedoch setzt geradezu sprunghaft ein. Manchmal ist die Tanninkonzentration schon wenige Minuten nach einer Beschädigung so hoch, daß die Blätter – und nicht nur die angefressenen, sondern *alle* Blätter dieses Baums – giftig oder zumindest ungenießbar werden. Diese Strategie zur Begrenzung des Schadens erklärt, weshalb Kühe oder Hirsche an jedem Baum immer nur ein wenig knabbern, bevor sie weitergehen. So bleiben die Bäume gesund und werden die Tiere gehindert, ihre Nahrungsquellen zu zerstören.

Die naheliegende Vermutung lautet nun, daß es eine Art chemischer Kommunikation zwischen den Blättern und dem ganzen Baum geben muß, und dafür spricht das Vorgehen mancher Raupen: Sie durchtrennen zuerst die Blattadern, die die Verbindung zum Zweig und damit zum Baum darstellen, und machen sich dann erst an ihre Mahlzeit, in der Hoffnung wohl, daß der Baum nichts davon merkt. Das jedoch ist gewiß nicht alles, denn David Rhodes und andere haben festgestellt, das es solche Kommunikation sogar von Baum zu Baum gibt, selbst da, wo kein direkter Kontakt im oberirdischen Teil oder im Wurzelwerk besteht. Nun weiß man ja, daß Tomaten schneller reifen, wenn mehrere Pflanzen zusammenstehen; sie produzieren Äthylengas, das die Nachbarn zu schnellerer Reifung anregt. Kommunizieren Pflanzen vielleicht auch durch flüchtige Pheromone oder auf irgendeine andere, noch subtilere Weise? Ein faszinierender Gedanke: Pflanzen der gleichen Art oder sogar verschiedener Arten in ständigem Austausch miteinander. Denn wenn sie einander eine Bedrohung durch Freßfeinde mitteilen können, was mögen sie dann sonst noch untereinander austauschen auf Wegen, die wir mit unseren groben Sinnen nicht nachvollziehen können? Das Phänomen der günstigen und ungünstigen Pflanzennachbarschaft im Gemüsegarten ist wohlbekannt, und man nutzt es durch gezielte Mischkultur aus, wenn auch vielfach die Gründe unbekannt sind.

Ich habe in meinem Garten schon häufig beobachtet, wie starkwüchsige «Unkräuter» anscheinend andere Pflanzen «vergraulten», die vorher dort wuchsen. Sie wenden sich geradezu ab, als wäre der Eindringling ihnen unangenehm, und es geht offenbar nicht nur darum, daß er ihnen in der Sonne steht. Andererseits gedeihen Pflanzen manchmal besonders gut, wenn viele derselben Art beisammenstehen. Sie machen dann keine Ausweichbewegungen, sondern verschmelzen zu einer großen Familie. Könnte es also sein, daß diese «Räuber» des Pflanzenreichs unangenehme Pflanzenpheromone oder irgendeine disharmonische Schwingung elektromagnetischer oder subtiler Art emittieren, womit sie die Pflanzen «attackieren», deren Platz sie einnehmen wollen?

Schließlich sind Insekten in der Lage, die artspezifischen Infrarotstrahlungen der Pflanzen aufzunehmen – entweder als «sichtbare Düfte» aus Blüte, Blatt und Wurzel oder durch die Blatt- und Haarstrukturen, die als frequenzspezifische Sendeantennen dienen, oder aufgrund noch anderer biophysischer Prozesse, die wir nicht kennen. Weshalb sollten sich die Pflanzen dann nicht auch mit denselben Mitteln untereinander verständigen?

Bäume und andere Pflanzen verbreiten um sich her eine spezifische Atmosphäre, wie Dr. Bach erkannte, als er Heilmittel herzustellen begann, die die subtilen Schwingungen von Blüten erhalten sollten. Wenn Menschen diese Schwingungen empfinden können, dann können es die Pflanzen selbst doch sicher auch. Unter einer alten Eibe empfinden wir eine ganz andere Schwingung als unter einer Kastanie, einer Weide oder einer Eiche. Das sind die subtilen Geistesströme, die von allen Lebewesen ausgehen und einen Teil ihrer Aura bilden. Wenn Sie das noch nie erlebt haben, versuchen Sie es doch selbst einmal an einem Tag, an dem Sie innerlich ruhig sind und niemand Sie stört oder sich gar über Sie lustig macht. Ein gewisses Maß an innerer Stille ist immer notwendig, wenn man das Subtile gewahren möchte.

Jede Seele wird in der Form geboren, die ihren geistigen Eigenschaften entspricht, den Wünschen, Eindrücken und Verstrickungen, die aus früheren Leben herrühren. Sie finden Ausdruck in Gestalt und Lebensweise der Kreatur, sei sie Pflanze, Tier oder Mensch. Außerdem schlägt sich die geistige Schwingung in der Aura nieder, von der jedes inkarnierte Wesen umgeben ist. Diese Geist- oder Aura-Schwingung können etwa Schamanen und Kräuterheiler fühlen, wenn sie entscheiden, welche Kräuter für welche Menschen und für welche Zustände geeignet sind. Diese Schwingung entspricht direkt der Biochemie und «Lebensweise» der Pflanze. Wenn man die Pflanze in ihrer grobstofflichen und subtilen Ganzheit betrachtet, sie also sowohl mit den Sinnen als auch mit dem Geist erfaßt, kann man der Natur ihre Geheimnisse auch ohne teure Laborforschung ablauschen.

Die Natur ist von vollkommener Ausgewogenheit. Alles, was geschieht, geschieht plan- und zweckvoll. Alles hat seinen Platz, und das gilt letztlich sogar für das harmoniestörende Tun des Menschen; die Natur weiß ihr Gleichgewicht zu wahren, und die Dissonanzen eines Jahrhunderts wiegen nicht viel vor dem Hintergrund naturgeschichtlicher Zeitspannen. Kein Lebewesen ist unverletzlich, sonst würde es ewig leben – eine für immer im selben Körper eingesargte Seele –, und das ist nicht der Sinn und Zweck des Lebens. Die Schöpfung ist ein engmaschiges Gewebe von Erschaffung, Bewahrung und Zerstörung, in dem das Leben vom Leben lebt – oder vielmehr Körper von Körpern leben. Die Harmonie des Ganzen bleibt jedoch stets gewahrt, wenn auch vielleicht mit wechselnder Ausrichtung. Und wie die Grundzüge unseres Körpers sich gleichbleiben, obwohl seine Atome und Moleküle ständig ausgetauscht werden, so bleibt die Gesamtheit der Natur wiedererkennbar als das gleiche alte stoffliche Universum, wenn auch die Muster sich im Laufe der Zeit deutlich ändern mögen.

Der eigentliche Ursprung des Wechselspiels jedoch sind die inneren, die formativen Schichten von Geist und Leben. Das soll der Gegenstand der letzten Kapitel sein.

Über dem Eingang zum Institut für angewandte Mathematik und theoretische Physik der Universität Cambridge war monatelang folgendes Graffito zu lesen: «Gibt es intelligentes Leben auf der Erde?»

Die Frage wurde offenbar als bedenkenswert und unterhaltsam angesehen, jedenfalls hielt es eine ganze Zeitlang niemand für nötig, sie zu entfernen.

Dann stand eines Morgens plötzlich die Antwort da: «Ja, aber ich bin nur zu Besuch.»

Ein paar Tage später waren die Inschriften ausgelöscht.

# 8. Der Formative Geist: Der Mensch, der Geist und das Universum

Am Ende des ersten Kapitels standen die drei Abschnitte «Der Geist – Raumanzug der Seele», «Das Ei des Brahmā» und «Der Goldene Schoß». Sie mußten dort stehen, weil die Rolle des Geistes das Hauptthema dieses Buches ist. Da diese drei Abschnitte für die nun folgende Erörterung des Formativen Geistes von großer Bedeutung sind, dürfte es hilfreich sein, sich ihren Inhalt noch einmal kurz zu vergegenwärtigen.

## Die Drei Welten des Geistes

Mir scheint, daß jedes Teilchen und Muster im stofflichen Bereich von Ordnung und Plan zeugt, und daher von etwas, das Urheber dieser Ordnung und dieses Plans ist. Viele glauben jedoch heute, alles sei durch spontane Manifestation und darauf folgende Selbstorganisation ins Sein getreten. Noch mehr Menschen allerdings denken überhaupt nicht über solche Dinge nach; sie sind so sehr mit den Belangen ihres täglichen Lebens beschäftigt, daß solche Fragen sie gar nicht erreichen.

Doch dieser Plan, die Anlage der Welt, ist nicht vor langer Zeit entstanden und uns jetzt zum Grübeln überlassen, sondern ist eben jetzt im Prozeß der Erschaffung und Manifestation. Wir sind nicht nur Teil der Schöpfung, sondern auch dieses schöpferischen Prozesses, und wie alles andere haben wir in uns den Schöpfer. Das ist unsere Essenz und die Essenz aller manifesten Dinge.

In den höheren Regionen des Geistes, der astralen und kausalen Sphäre, ist die ewige Präsenz und schöpferische Essenz Gottes allen dort lebenden Seelen stets offenkundig. Wie wir ohne weiteres erkennen, daß die Wolken fliegen, weil der Wind weht, so gewahren sie ohne weiteres, daß das Innere und das Äußere *ein* Kontinuum schöpferischer Manifestation bilden. Sie leben in einer Welt des Seins, nicht in einer Welt der Dualität von Beobachter und Beobachtetem.

Wir sind in dieser Welt so sehr mit unseren Sinnen und unserem Tun beschäftigt, daß wir uns nicht mehr als Seelen, als Tropfen des größeren Seins, erkennen und außerdem kein Bewußtsein mehr haben vom Zusammenwirken von Geist und Sinnen. Wir realisieren nicht, daß die Sinne dem Geist eine völlig äußerliche Wahrnehmung von Dingen und Vorgängen aufzwingen. Wir vergessen sogar oder gewahren nicht, daß unser menschlicher Geist nicht aus stofflicher Substanz besteht.

Doch hier und da erfahren Dichter, Mystiker und spirituell eingestellte Menschen etwas von der Gegenwart des Höchsten. Es haben sogar viele Menschen ein gewisses Hintergrundsbewußtsein von etwas Großem, von einer Macht, die größer ist als alles Menschliche, aber sie wissen nicht, bis zu welcher Tiefe diese Erfahrung entwickelt werden kann.

Eine sehr schöne Passage finden wir zum Beispiel in Raynor Johnsons *Watcher on the Hills*, wenngleich solche Erfahrungen im Grunde nur ein Anfang sind:

> Es war einer dieser herrlichen Tage, wie man sie in England manchmal im Frühsommer erlebt – ein wolkenloser klarblauer Himmel und strahlender Sonnenschein. Es war Morgen. Die

Luft schimmerte von verdunstendem Tau. Ich ging über den Rasen und schaute mir die Blumenrabatten an. Als Gärtner interessierte mich, was gerade aufblühte, und als Künstler genoß ich die Komposition aus Farbe, Licht und Schatten.

Plötzlich, während ich versonnen dastand, wurde ich in eine andere Welt (Ebene, Dimension?) «gehoben». Mir war, als wäre ich nicht mehr in mir, obwohl ich zugleich wie gewohnt die Blumenbeete betrachtete. Alles war tausendmal klarer geworden. Alles war auch transparent geworden. Das eigentlich Erstaunliche aber war, daß ich die Farben nicht nur sah, sondern auch hörte! Jede Farbe war ein unbeschreiblich köstlicher Ton, und das Ganze bildete eine Harmonie, die kein Instrument hervorbringen könnte.

Ich weiß nicht, wie lange dieser lichtvolle Augenblick dauerte, vielleicht nicht länger als ein, zwei Sekunden, aber als ich zur Erde zurückkehrte, so möchte ich es nennen, da wußte ich, daß ich in der Wirklichkeit gewesen war. Die Erinnerung daran ist lebhaft und real geblieben und hat mir Glück und tiefes Verstehen gebracht. Jetzt weiß ich, und ich bin zutiefst dankbar für diese Gabe des Wissens.

Allen Seelen im astralen und kausalen Bereich des Geistes ist die Beziehung zwischen dem «Inneren» und dem «Äußeren» vollkommen klar. Intuitive und spirituell gesinnte Menschen, die jedoch diese Ebenen des Bewußtseins selbst noch nicht erfahren haben, setzen diese Regionen manchmal Geisteszuständen gleich, die ihnen vertraut sind; das ist jedoch eine falsche Einschätzung unserer wahren menschlichen Verfassung und dieser inneren Welten. Die Seele kann sich weit über dieses simple spirituelle Gewahrsein hinaus erheben. Eine spirituelle Einstellung ist nur ein Ausgangspunkt.

«Die gesamte stoffliche Schöpfung», sagt Shrī Yukteshvar, «hängt wie ein kleiner fester Korb unter dem gewaltigen leuchtenden Ballon der astralen Sphäre.» Und auch das ist nur der Versuch, uns ein Bild zu geben, denn die astrale Welt liegt *innen*, als direkter

«Bauplan» der stofflichen Welt. Unsere Welt ist ein kristallisiertes und dichteres Abbild der inneren Reiche, der Geist-Welten. Und wenn wir sie nicht wahrnehmen können oder es uns schwerfällt, uns vorzustellen, *wo* sie sein könnten, so ändert das an ihrer Wirklichkeit keinen Deut. Wie die Kinder müssen wir erst noch wachsen, um diese Dinge zu verstehen.

Doch viele sind so ergriffen, ja hypnotisiert von dem Gedanken, daß es ein höheres Wissen gibt, daß sie sich einbilden, schon angelangt zu sein. Ihr Glück, daß es nicht so ist: Was die wahrhaft suchende Seele an Herrlichkeiten erwartet, übersteigt unsere kühnsten Träume und läßt uns eine Erfüllung finden, neben der unser heutiges psychologisch gefärbtes Gerede von Erfüllung sich wie eine Fata Morgana ausnimmt, wenn es nicht sogar ein Hindernis für solche höhere mystische Erfahrung ist.

Alle diese Welten, die kausale, die astrale und die stoffliche, sind Welten des *Geistes.* Sie sind die drei Welten des Universalen Geistes. Der kausale Bereich ist die Welt der feinsten Essenzen von Geist, Dualität, Zeit, Raum und Geistes-Energie. Das Ur-Eine ist hier kaum verhüllt von den ersten Teilungen des *Geistes.* Aber es gibt hier Teilung, und die innere Verbundenheit aller Dinge im Einen wird als *Kausalität* wahrgenommen. Dies ist das Gesetz des *Geistes*, ein Gesetz der Gerechtigkeit, das Gesetz von Aktion und entsprechender Reaktion – das Karma-Gesetz, nach dem jedes Muster durch ein anderes bedingt ist und nichts je verlorengeht oder erschaffen wird, so daß alles Entstehen und Vergehen nur Umgruppierung ist.

Jenseits einer «Schwelle» oder «Pforte» beginnt der astrale Bereich als Projektion der Kausalsphäre; seine Kraftquelle ist *Sahasrāra*, der Tausendblättrige Lotos.* Die tausend «Blütenblätter»

* Das Sahasrāra-Chakra ist das höchste der sieben Hauptenergiezentren im astralen Körper des Menschen. Diese Zentren oder «Chakras» (wörtl.: «Räder») werden in der indischen Tradition als «Lotosblüten» von unterschiedlicher Farbe und mit einer jeweils charakteristischen Zahl von «Blütenblättern» dargestellt. (Anm. d. Übs.)

oder Energieströme werden von Verflechtungen der drei Gunas (Manifestationsweisen) und der fünf Tattvas oder (Schwingungs-) Zustände gebildet, wobei die Strukturierungskraft des Universalen Geistes stets das oberste Prinzip bleibt. Der Universale Geist selbst und die nachgeordneten Ebenen sind letztlich jedoch Emanationen des Höchsten, projiziert durch das uranfängliche Ausströmen des Logos, des Schöpferischen Wortes. Tatsächlich aber bilden sich die immer komplexer werdenden Muster des kausalen, astralen und stofflichen Bereichs unter der Herrschaft des Universalen Geistes, des ersten Architekten der Teilung, des Schöpfers der Form.

Der Tausendblättrige Lotos – dessen «Blütenblätter» für Energieströme stehen, die sich als äußerer Ausdruck der Verflechtung subtiler Energien bilden – ist die zentrale Organisationsinstanz der astralen Ebene und daher auch alles darunter Liegenden. Man sagt auch, er spiele im Astralkörper die Rolle des Gehirns. Wieder einmal sehen wir hier, daß das Äußere nur aufgrund des Inneren existiert, daß unser physisches Gehirn und der Körper Projektionen subtilerer Energieströmungen sind und daß unsere Sinne und ihre Wahrnehmungswelt enger miteinander und mit unserem Geist verflochten sind, als uns bewußt ist.

Wie das Astrale eine Projektion des Kausalen ist, so ist das Stoffliche eine Projektion des Astralen, und in jedem Bereich gelten die gleichen Grundgesetze und Prinzipien: Die Seele ist umgeben von einem Geist und einem Körper von zunehmender materieller Dichte. Das gehört zu dem Prozeß, durch den die Schöpfung projiziert wird, Mikrokosmos und Makrokosmos sind stets gegenwärtig. Ohne die Seele und ihre Geist-Hülle ist keine Schöpfung denkbar.

Durch die Myriaden Mikrokosmen, jeder letztlich ein mit Bewußtsein begabter Tropfen des Göttlichen Ozeans, wird die Schöpfung ins Werk gesetzt. Das Große Sein vermehrt sich selbst, aber da ist nie etwas anderes als Sein. Da ist nie etwas anderes als

Er. Und die Art und Weise, wie Er es macht, ist das Prinzip des Mikrokosmos. Von uns aus gesehen, könnte man sagen, daß wir alle zusammen unsere eigene Welt geschaffen haben. Aus der göttlichen Perspektive, sagen die Mystiker, ist die Schöpfung nichts weiter als die Selbstanbetung des Herrn: Durch uns betet der Herr sich selbst an. Doch wie man es auch betrachtet, ohne das Leben der Seele, der Göttlichen Essenz, wäre da nichts.

Unser physischer Geist, in dem wir unsere Gedanken haben und der unsere physischen Emotionen entstehen läßt, steht unter unserem astralen und kausalen Geist, wie auch unser physischer Körper eine Widerspiegelung des Astral- und Kausalkörpers ist. Das Niedere geht aus dem Höheren hervor. Das ist jedoch kein Prozeß linearer Entsprechung, sondern ein verflochtenes Ganzes, das unser unterscheidender, linearer Intellekt nicht erfassen kann.

Natürlich können wir auch mit dem Intellekt gewisse Züge des kausalen Bereichs annähernd erfassen, doch das heißt nicht, daß wir schon dort angekommen seien; das Lesen eines Rezepts vermittelt uns ja auch noch nicht den Geschmack der fertigen Mahlzeit. Ich sage das, weil viele meinen, ihr intuitives Gespür für die Einheit von allem bringe sie schon der echten Gotteserkenntnis nahe. In Wirklichkeit sind sie vielleicht sogar von den subastralen Zonen noch weit entfernt. Wenn man sich über den Himālaya informiert, hat man noch längst nicht den Gipfel des Mount Everest erreicht. Viele Yogis haben ein Leben lang darum gerungen, auch nur die feinstofflichen Aspekte der Prānas und Chakras zu meistern, so daß sie vollkommene Kontrolle über die stoffliche Ebene bekamen, Wunder vollbringen konnten und so weiter. Damit muß ihr Aufstieg zu den astralen Zonen noch nicht einmal begonnen haben – ganz zu schweigen vom kausalen Bereich und den reinen spirituellen Regionen darüber.

Der Eintritt in den astralen Bereich bringt die volle Beherrschung der stofflichen Sphäre mit sich; allerdings wird immer wieder dringend geraten, solche Kräfte nicht zu gebrauchen, sondern im Göttlichen Willen zu leben. Wer nicht das Bewußtsein hat, das der Gebrauch solcher Kräfte erfordert, der ist ganz gewiß noch wie wir übrigen in seinem Körper gefangen.

Wenn man Schilderungen des astralen Bereichs liest, fällt einem sofort auf, wie nah das Innere und das Äußere beieinanderliegen. Die Seele «reist durch das Mittel der Meditation», sie kommuniziert telepathisch mit anderen, ihre Gedanken und Wünsche können sich augenblicklich äußerlich manifestieren. Die Seelen können eine Gruppe bilden, um gemeinsam etwas zu schaffen, und in dem, was sich dann manifestiert, sind die verschiedenen Vorstellungen der individuellen Seelen enthalten.

Betrachten wir etwa eine Stelle aus Yoganandas *Autobiographie eines Yogi.* Hier kehrt sein verstorbener Guru, Shrī Yukteshvar, in astraler Gestalt zu seinem Schüler zurück, um ihm weitere Aufschlüsse zu geben.

> Die Intuition astraler Wesen durchdringt den Schleier und gewahrt das Tun der Menschen auf der Erde; der Mensch jedoch kann die astrale Welt nicht sehen, solange sein sechster Sinn nicht ein wenig entwickelt ist. Tausende von Erdbewohnern haben für Augenblicke mal ein astrales Wesen oder eine astrale Welt erblickt ...
>
> Die Verständigung zwischen den Bewohnern der astralen Ebene geschieht ganz und gar durch Telepathie und Television; die Verwirrungen und Mißverständnisse durch das geschriebene und gesprochene Wort, denen die Erdbewohner ausgesetzt sind, fehlen hier völlig. Wie die Gestalten auf der Kinoleinwand sich aufgrund der Abfolge der Bilder zu bewegen scheinen, aber nicht wirklich atmen, so wandeln und wirken die Astralwesen als von Intelligenz geleitete und koordinierte Licht-Bilder, ohne ihre Kraft aus Sauerstoff schöpfen zu müssen.
>
> Der Mensch braucht zu seiner Erhaltung feste, flüssige und

gasförmige Stoffe und Energie; die Astralwesen erhalten sich vor allem durch das kosmische Licht . . .
Leuchtende, strahlengleiche Gemüse wachsen überreich in der astralen Erde. Die Astralwesen verzehren Gemüse und trinken einen Nektar, der aus wunderbaren Lichtquellen und aus astralen Bächen und Flüssen strömt. Wie auf der Erde unsichtbare Bilder von Menschen aus dem Äther geklaubt und durch einen Televisionsapparat sichtbar gemacht werden können, um dann wieder in den Raum entlassen zu werden, so werden die im Äther schwebenden, gottgeschaffenen und unsichtbaren astralen Prägeformen von Gemüsen und Pflanzen auf einem astralen Planeten einfach durch den Willen der Bewohner in ihren manifesten Zustand überführt. Auf die gleiche Weise materialisieren sich auch ganze Gärten duftender Blumen nach den Vorstellungen dieser Wesen, um später wieder in ihre ätherische Unsichtbarkeit zurückzukehren. Wenngleich schon die Bewohner himmlischer Planeten wie *Hiranyaloka* so gut wie frei sind von der Notwendigkeit zu essen – noch höher ist die nichtbedingte Existenz fast gänzlich befreiter Seelen in der kausalen Welt, die nichts mehr essen außer dem Manna der Glückseligkeit . . .
Der fleischliche Körper ist aus den verfestigten, vergegenständlichten Träumen des Schöpfers gemacht. Allgegenwärtig sind auf der Erde die Dualitäten: Krankheit und Gesundheit, Schmerz und Lust, Verlust und Gewinn. Menschliche Wesen finden in der dreidimensionalen Materie Begrenzung und Widerstand. Wird der Lebenswille des Menschen ernsthaft erschüttert durch Krankheit oder andere Ursachen, so kommt der Tod; das fleischliche Gewand der Seele wird vorübergehend abgelegt. Die Seele bleibt jedoch in ihren Astral- und Kausalkörper gehüllt. Die Verbindungskraft, die alle drei Körper zusammenhält, ist das Begehren. Die Kraft unerfüllter Begierden ist die Wurzel menschlicher Unfreiheit.
Körperliche Begierden entspringen der Selbstsucht und der

sinnlichen Lust. Das Zwanghafte und Verlockende der sinnlichen Erfahrung ist stärker als die Begehrenskraft, die mit astralen Bindungen oder kausalen Wahrnehmungen einhergeht. Die Genüsse, auf die die Begierden der astralen Ebene ausgerichtet sind, haben Schwingungscharakter. Astralwesen hören die ätherische Musik der Sphären und sind verzaubert vom Anblick der Schöpfung, die für sie ein unerschöpfliches Spiel wechselnden Lichts ist. Auch was sie riechen, schmecken und berühren, ist Licht. So besteht also eine Beziehung zwischen den astralen Begierden und dem Vermögen der Astralwesen, alle Dinge und Erfahrungen als Lichtformen oder als verdichtete Gedanken und Träume in Erscheinung treten zu lassen.

Kausale Begierden werden allein durch Wahrnehmung befriedigt. Die beinahe freien Wesen, die nur noch in ihren Kausalkörper eingeschlossen sind, sehen das gesamte Universum als Verwirklichung der Traum-Ideen Gottes; sie können alle Dinge im schieren Denken materialisieren. Kausale Wesen betrachten den Genuß körperlicher Empfindungen oder astraler Freuden als grob, als betäubend für das feinere Empfindungsvermögen der Seele. Kausale Wesen erfüllen ihre Wünsche dadurch, daß sie sie augenblicklich materialisieren. Alle Seelen, die nur noch vom zarten Schleier des Kausalkörpers umhüllt sind, können ganze Universen sich manifestieren lassen wie der Schöpfer. Da alle Schöpfung aus kosmischem Traumgewebe ist, hat die so dünn gekleidete Seele ungeheure Macht verwirklicht. Da eine Seele von Natur aus unsichtbar ist, kann man sie nur aufgrund ihres Körpers oder ihrer Körper erkennen. Das bloße Vorhandensein eines Körpers besagt schon, daß unerfüllte Begierden dasein müssen.

Solange die Seele des Menschen in zwei oder drei mit Verblendung und Begierde fest versiegelte Körperhüllen eingeschlossen ist, kann sie nicht eins werden mit dem Meer des *Geistes.* Wird das grobstoffliche Körpergefäß vom Hammer des Todes zerschlagen, so bleiben doch die beiden anderen Hüllen noch, die astrale und die kausale, und hindern die Seele, sich bewußt mit dem Allgegenwärtigen Leben zu vereinigen. Erst wenn durch Weisheit Begierdelosigkeit erlangt wird, können durch diese Kraft die beiden übrigen Gefäße aufgebrochen werden. Das winzige Menschliche kommt hervor, nun endlich frei; es ist eins mit der Unermeßlichen Fülle ...

Die kausale Welt ist unbeschreiblich subtil. Um sie verstehen zu können, müßte man eine so gewaltige Konzentrationskraft besitzen, daß man die Augen schließen und den astralen Kosmos und den stofflichen Kosmos in ihrer ganzen ungeheuren Weite – den leuchtenden Ballon mitsamt dem festen Korb – als nur in den Ideen bestehend visualisieren könnte. Gelänge es mit dieser übermenschlichen Konzentration, die beiden Kosmen mit all ihrer Vielheit in reine Ideen zu überführen oder aufzulösen, so würde man die kausale Welt erreichen und an der Grenze der Verschmelzung von Geist und Materie stehen. Dort gewahrt man alle erschaffenen Dinge – feste Körper, Flüssigkeiten, Gase, Elektrizität, Energie, alle Wesen, Götter, Menschen, Tiere, Pflanzen, Bakterien – als Formen des Bewußtseins, ganz so, wie ein Mensch die Augen schließen kann und doch weiß, daß er existiert, obgleich sein Körper den äußeren Augen unsichtbar und nur als Idee gegenwärtig ist.

Alles, was ein Mensch in der Imagination tun kann, das kann ein kausales Wesen in der Wirklichkeit. Menschliche Intelligenz kann auf der Höhe ihrer Vorstellungskraft, aber eben nur im Denken, die größten Extreme überbrücken – sie kann von Planet zu Planet wandern, sich in den Abgrund der Ewigkeit stürzen oder wie eine Rakete in den galaxienübersäten Himmel aufsteigen oder wie ein Scheinwerferstrahl über Milchstraßen und Sternenräume hinwandern. Die Wesen der kausalen Welt jedoch haben eine viel größere Freiheit und können ihre Gedanken mühelos und augenblicklich in Objektivität umwandeln, ohne erst materielle oder astrale Hindernisse oder karmische Beschränkungen überwinden zu müssen.

Kausale Wesen erkennen, daß der stoffliche Kosmos letztlich nicht aus Elektronen und der astrale Kosmos letztlich nicht aus «Lebetronen» aufgebaut ist – beide sind in Wahrheit aus den kleinsten Teilchen des Gottes-Denkens erschaffen, zerstückelt und geteilt durch Māyā, das Gesetz der Relativität, das scheinbar die Schöpfung von ihrem Schöpfer trennt.

Die Seelen in der kausalen Welt erkennen einander als individuelle Punkte des von Freude erfüllten Geistes; ihre Gedanken-Dinge sind die einzigen Objekte, von denen sie umgeben sind. Kausale Wesen sehen, daß der Unterschied zwischen ihrem Körper und ihrem Denken nur in Ideen besteht. Wie ein Mensch mit geschlossenen Augen ein blendend weißes Licht oder einen Hauch von Blau visualisieren kann, so vermögen kausale Wesen allein durch das Denken zu sehen, zu hören, zu fühlen, zu schmecken und zu berühren; durch die Kraft des Kosmischen Geistes lassen sie die Dinge entstehen und vergehen.

Auch Tod und Wiedergeburt geschehen in der kausalen Welt im Denken. Die Wesen, die in einem Kausalkörper leben, nähren sich nur vom Ambrosia des ewig neuen Wissens. Sie trinken aus den Quellen des Friedens, durchstreifen das wegelose Land der Wahrnehmung, schwimmen in ozeanisch-endloser Glückseligkeit. Und sieh! – Ihr strahlender Gedankenleib schießt über Trillionen geistgeschaffener Planeten hinaus, vorbei an neuen Universen, an Weisheitssternen, an Spektralträumen von goldenen Nebeln am himmlischen Busen der Unendlichkeit!

Viele Wesen bleiben für Tausende von Jahren im astralen Kosmos. Durch noch tiefere Ekstase zieht sich die befreite Seele dann aus dem kleinen Kausalkörper zurück und legt sich die Unermeßlichkeit des kausalen Kosmos um. All die gesonderten kleinen Wirbel von Ideen, die vereinzelten Wellen von Kraft, Liebe, Wille, Freude, Friede, Intuition, Stille, Selbstbeherrschung und Konzentration schmelzen ein in das unerschöpfliche Meer der Seligkeit. Jetzt muß die Seele ihre Freude nicht mehr als einzelne Bewußtseinsquelle erfahren, sondern sie geht ein in den Einen Kosmischen Ozean mit all seinen Wellen – ewiges Lachen, Erregung und Erzittern, die ersehnte Vielheit in der Einheit.

Entsteigt eine Seele dem Kokon der drei Körper, so ist sie für immer frei vom Gesetz der Relativität und wird das unbeschreibliche Immerwährende. Sieh den Schmetterling der Allgegenwart, die Flügel gezeichnet mit Sternen und Monden und Sonnen! Die zu kosmischem Geist geweitete Seele weilt Allein in den Regionen des lichtlosen Lichts, des dunkellosen Dunkels, des gedankenlosen Denkens, berauscht von seiner Ekstase der Freude in Gottes Traum von kosmischer Schöpfung.

«Eine freie Seele!» rief ich [Yogananda] von Ehrfurcht ergriffen.

Wenn eine Seele endlich ausbricht aus den drei Gefäßen körperlicher Verblendung ... wird sie eins mit dem Unendlichen.

Als Bishop Berkeley behauptete, die Welt sei eine bloße Illusion, soll Samuel Johnson gegen einen Stein getreten haben, und er sagte: «Mir erscheint sie ganz real.» Beide beschreiben aus ihrer jeweiligen Wahrnehmungsperspektive, wie sie die Welt *erfuhren*. Heute, da die Physiker uns sagen, «feste» Materie bilde sich irgendwie aus dem energiegefüllten Vakuum heraus und manifestiere sich als ein dichtes Geflecht subatomarer Energiebrennpunkte oder Teilchen, können wir der Wirklichkeit dessen, was wir «die Wirklichkeit» nennen, nicht mehr gar so sicher sein. Und könnten wir uns zu den höheren Regionen des Geistes aufschwingen, würden wir noch einmal eine ganz andere Sicht der Natur des Lebens und dieser Welt gewinnen. Ohne diese Erfahrung, oder wenigstens Ahnungen von ihr, werden wir eher alles daransetzen, solche Darstellungen als unglaubwürdig erscheinen zu lassen. Die

Wirklichkeit selbst beeindruckt das jedoch wenig; sie bleibt einfach, was sie ist, und früher oder später werden wir uns ihr stellen müssen. Das ist für jeden eine Begegnung ganz eigener Art, die in ihm selbst stattfindet – wie bei Paulus auf dem Weg nach Damaskus (wenn es auch nicht bei jedem so dramatisch sein muß). Aber sie kommt auf uns zu, langsam oder sprunghaft, und dann entwickelt sich unsere tiefe Liebe zum Göttlichen.

## Die stoffliche Welt und der Formative Geist

Aus Schilderungen wie der obigen von Shrī Yukteshvar (für die man, wenn man nur intensiv nachforscht, zahlreiche voneinander unabhängige Bestätigungen finden kann) ersehen wir, daß der astrale und kausale Bereich Welten von höheren und subtileren Aspekten des *Geistes* sind. Daß aber auch die stoffliche Ebene eine Welt des *Geistes* darstellt, ist nicht immer so leicht einzusehen.

In dieser grobstofflichen Welt entstehen die Dinge offenbar nicht einfach aufgrund geistiger Aktivität – aber *wie* kommen sie zustande? Alle Lebewesen haben einen Geist, wie wir bereits dargestellt haben. Dieser Geist, sei er instinktiv oder kognitiv, mit oder ohne Selbstbewußtsein, ist die eigentliche Quelle aller Aktivität, aller Umstrukturierung unter den Energiemustern, die wir als diese stoffliche Ebene des Bewußtseins wahrzunehmen meinen. Wie kommt das?

Erstens ist die stoffliche Materie, die die Substanz dieser Welt bildet, entweder in den Körpern der Lebewesen selbst gebunden oder im Laufe der Zeit durch sie modifiziert worden. Auch Wüsten entstehen im allgemeinen durch die Kreaturen, die einmal dort gelebt haben – und nicht zuletzt durch den Menschen. Die «Substanz» der Biosphäre also hat im Laufe der Zeit immer wieder die Körper der Lebewesen durchlaufen. Das bedeutet, daß der inaktive «Stoff» dieser Erde durch Geist und Leben Veränderungen erfahren hat.

Zweitens sind, wie wir schon sagten, alle Sinneswahrnehmungen naher und ferner Dinge in Wahrheit subjektiv, Teil unseres Geistes. Die stoffliche Welt besteht also eigentlich aus unseren geistigen Wahrnehmungen. Sie hat für uns keine von unserem Geist unabhängige Wirklichkeit (wenngleich die Dinge natürlich auch dann noch existieren, wenn niemand sie direkt beobachtet).

Wenn Sie sich selbst und all die anderen Menschen und Lebewesen betrachten, denen Sie täglich begegnen, so folgen sie alle – ausnahmslos – dem, was sie gerade im Sinn haben. Jedes Lebewesen hat irgendeine «Idee» im Sinn, folgt irgendeinem Begehren (sei es auch «Nichtstun»), das ihm seinen Antrieb gibt. Unser Geist ist immer beschäftigt, er sagt uns, was wir als nächstes zu tun haben und wie. Der Geist innen ist stets in Bewegung, um jederzeit Aktionen einleiten oder Sinneseindrücke aufnehmen zu können.

Alle diese vom Geist erzeugten Aktivitäten hinterlassen Eindrücke in der Geist-Energie oder Geist-Substanz. Von der Motivation unseres Handelns und von der Stärke unserer geistigen, emotionalen und motorischen Reaktionen auf Sinnesimpulse hängt es ab, wie nachhaltig unsere Geist-Energie geprägt wird. Ein Mörder kann seine Tat nicht vergessen, und die immer wiederkehrenden Gedanken, heißt es, führen ihn sogar zum Ort des Verbrechens zurück. Auch unerfüllte Wünsche und Gedanken hinterlassen Eindrücke. Unser geistiges Energiefeld speichert sogar die Erinnerung an *alle* unsere Gedanken, Emotionen und Taten in Keimform; manches davon ist uns im gewöhnlichen Sinne erinnerlich, während anderes sich dem Bewußtsein entzieht, trotzdem aber unser Handeln beeinflußt. Diese energetischen Prägungen bleiben in potentieller Form erhalten wie in einem Flugschreiber, und vor allem begleiten sie die Seele, wenn sie sich vom Körper löst. Und das ist der Stoff, aus dem die Erfahrungen und das Schicksal künftiger Leben gemacht werden.

So ist also der *Geist* in allen seinen Aspekten als individueller oder universaler Geist das, woraus unsere Geist-Struktur, unsere

Persönlichkeit, unser Körper, dessen Gesundheit und all die Ereignisse und Beziehungen, die unsere Tage und Nächte füllen, hervorgehen. Diesen größeren Geist nennen wir *Formativer Geist.*

Das Prinzip, daß unsere «äußere» und innere Wirklichkeit aus unserer eigenen Geist-Energie geformt wird, gilt demnach nicht nur auf der astralen und den höheren Ebenen, sondern auch im grobstofflichen Bereich. Nur ist hier ein Verzögerungsfaktor eingebaut: Was jetzt geschieht, hat seinen eigentlichen Grund in mentalen Eindrücken, die in früheren Leben gesammelt wurden, und auch diese wiederum haben ihre Vorgeschichte. So drehen sich die Seelen, ob sie wollen oder nicht, unter dem Einfluß ihres individuellen Geistes mit dem Rad von Geburt und Tod.

Und eben diese formative Rolle des Geistes wird in der modernen Psychologie fast durchweg vernachlässigt. Doch nur wenn wir sie berücksichtigen, gewinnen wir ein Paradigma, innerhalb dessen Neurologen, Psychiater, Psychologen und Physiker in der gleichen Sprache miteinander sprechen können. Gegenwärtig haben sie einander praktisch nichts irgendwie Nutzbringendes mitzuteilen. Kein Zweifel, unsere modernen wissenschaftlichen Menschenbilder haben schwerwiegende und grundsätzliche Mängel.

Das Gehirn ist die Instanz, die das Wirken des *Geistes* auf der stofflichen Ebene umsetzt. Wir müssen das Gehirn, ja den ganzen Körper als ein Bild betrachten, das von einem inneren Geist-Muster her auf einen Schirm projiziert wird. Das ist ein energetisches Modell, das ein Vertrautsein mit der Physik der Manifestation durch das Vakuum voraussetzt. So wären Psychiatrie und Psychologie auf eine neue Basis zu stellen, von der aus alles Geschehen als Energiemuster in Energiefeldern aufzufassen ist und nicht mehr wie bisher nach vorgefaßten Begriffen, nach intellektuellen Konstruktionen, interpretiert wird. Wir müssen eine Wissenschaft der *Psychophysik* entwickeln, die Energetik und Physik des Geistes.

# Die Schnittstelle von Geist und Gehirn

Wir leben in einem Kosmos, der ganz und gar aus Sein, aus Erfahrung, besteht. Sogar unser Wissen von dem, was wir Gehirn nennen, ist nur Sinneserfahrung, und die hat ihren Ort in unserem Geist. Körper und Gehirn sind demnach nur Sinneserfahrungen oder Wahrnehmungen in den vielfältigen Bereichen unseres Seins. Nichts ist uns äußerlich. Es gibt nichts gegenständlich Gegebenes. Es gibt nur Sein. Diese Voraussetzung führt uns zu faszinierenden Einsichten in die Natur des Zusammenhangs von Gehirn und Geist oder das, was als «Schnittstelle» zwischen ihnen angesehen wird.

Sie bedeutet nämlich, daß es solch eine Schnittstelle eigentlich gar nicht gibt! Wir haben nur Sein und sonst nichts. Und dieses Sein besteht aus einer von Geist «umgebenen» Seele. Seele bedeutet hier soviel wie Bewußtsein oder Lebenskraft. Das Gehirn ist also nur die Sinneserfahrung unseres menschlichen Geistes. Unsere Art, den Geist auf der Ebene der Sinneswahrnehmung zu erfahren, ist das, was wir Gehirn nennen. Und die Sinneswahrnehmung ist ein Aspekt des Geistes und des Seins.

Damit wird die wissenschaftliche Erforschung des Gehirns nicht entwertet, sondern nur in einen viel größeren Zusammenhang gestellt, der auch erklärt, weshalb im Gehirn trotz aller Bemühungen keine Gedanken und Emotionen aufzufinden sind. Das Gehirn, so genau man es auch untersuchen mag, leistet nicht mehr als eine Analyse der *sensorischen* Erfahrung. Gedanken und Emotionen liegen in einem ganz anderen Bereich der Erfahrung. Gedankenerfahrung und emotionale Erfahrung werden niemals durch die Erforschung der Sinneserfahrung zu finden oder zu verstehen sein.

Natürlich findet man Entsprechungen zwischen Gehirn und Geist, neuroendokrine Verbindungen und andere Beziehungen, denn wir sind *ein* ganzheitliches Sein. Vielfach wird auch von den Dingen so gesprochen, als gäbe es eine Schnittstelle in einem vertikalen oder inneren Energiespektrum. Aber natürlich ist dieses «vertikale Spektrum» nicht von uns getrennt, sondern ist nur der vielgestaltige Bereich unseres eigenen Seins.

## Drei Ebenen des Geistes

Seit Sigmund Freud ist allgemein anerkannt, daß unsere mental-emotionale Erfahrung bewußte und nichtbewußte Anteile hat. Was wir für unseren bewußten Geist halten, ist in Wahrheit nur die Oberfläche unseres nichtbewußten Geistes.

Unser Geist ist nicht im Vollbesitz seines Bewußtseinspotentials, weil er sich von seinem Zentrum hinter den Augen, dem Denk- oder Augen-Zentrum, entfernt hat – unser Karma, das ihm aufgeprägt ist, verleitet ihn dazu. Deshalb handeln wir unbewußt, ohne zu wissen, warum und wie die Dinge geschehen, wie sie geschehen, und weshalb wir so fühlen, wie wir fühlen.

Diese mentale Kausalität, die sowohl der mental-emotionalen als auch der sogenannten äußeren Erfahrung zugrunde liegt, gehört zu dem, was ich Formativer Geist nenne. Beim Menschen gibt es drei Ebenen, auf denen der Geist wirkt; dabei sind die tieferen, mehr im Innern gelegenen Schichten Voraussetzung für die Funktionen der weiter außen gelegenen. Es sind:

1. Der «bewußte» Geist
2. Der nichtbewußte (unterbewußte oder unbewußte) Geist
3. Der Formative Geist.

In unserem gewöhnlichen Leben, sagten wir, können wir nicht wissen, weshalb und wie die Dinge geschehen, wie sie geschehen. Manchmal treffen die Dinge so zusammen, daß wir intuitiv wissen, daß es eine verborgene Verbindung geben muß. Wir sprechen dann von Synchronizität oder Koinzidenz, von Zufall oder Glück. Aber von einer höheren Warte aus gibt es so etwas wie Zufall nicht.

Alles ist «geplant», nämlich nach Maßgabe der früheren Inhalte unseres Geistes. Dadurch kommt es auch, daß die gleichen erfreulichen oder unerfreulichen Muster sich für uns immer aufs neue wiederholen. Manche haben immer Glück, andere immer Pech. Das mentale, karmische Muster liegt fest und bestimmt einen Trend, der unser Leben prägt. Wie unsere grundlegende Persönlichkeit während des gesamten Lebens erkennbar bleibt und sich nur in seltenen Ausnahmefällen grundsätzlich wandelt, so hat auch unser Schicksalskarma, das die sogenannten äußeren Ereignisse unseres Lebens bestimmt, eine Färbung, die der unseres Geistes entspricht. Das Äußere geschieht nur aufgrund der geistigen Inhalte, ist unmittelbare Auswirkung des Inneren.

Die Psychologen kennen diese Entsprechung, doch obwohl Freud und Jung von psychischer und mentaler Energie sprechen, verstehen sie nicht immer die energetische Basis und das vielschichtige Funktionsgefüge des Geistes. Nicht jeder «glaubt» an Reinkarnation, und das ist ein großes Hindernis für das Verständnis der Geist-Energie und ihres Wirkens; es bleibt dann nämlich unerklärbar, wodurch letztlich ein Menschenleben seine Prägung erhält.

Wunderkinder, die beispielsweise schon mit vier oder fünf Jahren als Konzertpianisten auftreten, werden in jeder Betrachtungsweise, die den geistigen Einfluß früherer Leben ausschließt, stets Anomalien bleiben. Da Persönlichkeit, Temperament und intellektuelle Fähigkeiten ganz offensichtlich nicht genetisch vererbt werden, ist ja überhaupt rätselhaft, weshalb wir alle mit Persönlichkeiten und Begabungen geboren werden, die uns ein Leben lang erhalten bleiben. Unsere seelische und geistige Veranlagung ist nicht zu erklären, solange wir nicht die Möglichkeit früherer Leben ins Auge fassen – die Möglichkeit, daß geistige Tendenzen von einem Leben zum nächsten fortbestehen oder die Wünsche eines Lebens sich in einer künftigen Inkarnation erfüllen.

Alle diese Faktoren sind einbegriffen in die Manifestation des Geistes auf der stofflichen Ebene, und um diese Prozesse verstehen zu können, glaube ich, ist es gut, den Formativen Geist in Umrissen erkennbar zu machen.

## Der Formative Geist und das körperliche Leben

Der Formative Geist ist beispielsweise die eigentliche Kraft hinter dem positiven Denken. Er ist nämlich das, was sowohl die positive Haltung als auch das entsprechende äußere Geschehen hervorbringt. Wir alle berücksichtigen, wenn auch mehr oder weniger unreflektiert, diesen formativen Aspekt, denn wir wissen, wie wichtig unsere *Einstellung* für Gestaltung und Verlauf unseres Lebens ist.

Alle Menschen, die Großes in der Welt geleistet haben, sind ein Leben lang von einer klaren Vision begleitet gewesen. Diese Vision oder Zielvorstellung kann allerdings auch von zwanghafter Natur sein. Man kann kaum davon ausgehen, daß Alexander oder Napoleon als «normale Menschen» geboren wurden und sich dann erst zu dem entschlossen, was sie schließlich taten. Nein, sie waren von Anfang an so veranlagt, und sie verfolgten ihr Ziel, bis ihre überwältigend starke innere Vision Wirklichkeit geworden war.

Künstler haben ein Leben lang den Drang, sich Ausdruck zu verschaffen. Viele bringen schon als Kinder Erstaunliches zuwege. Ihr Verlangen aus früheren Leben sammelte sich auf dieses eine Leben, und so wurden sie die Meister, die sie waren. Die Früchte ihrer Arbeit, soviel Inspiration sie auch empfangen haben mögen, kommen nie von außerhalb ihres eigenen Geistes. Die Persönlichkeit des Komponisten, der Geist des Malers sind jedem Akkord und jedem Pinselstrich aufgeprägt. Deshalb sind große Kunstwerke leicht zu erkennen als die Werke bestimmter Meister – sie sind Widerspiegelungen eines bestimmten schöpferischen Geistes.

Wir könnten sogar sagen, unser Leben und seine Umstände seien zum Zeitpunkt unserer Geburt schon perfekt. Wir müssen nur noch den Eingebungen unseres Geistes folgen, damit die «äußeren» Dinge zu uns kommen, denn Innen und Außen sind eins. Dennoch haben wir darin den Spielraum eines – bedingt – freien Willens und können neue Prägungen unseres Geistes erzeugen, neues Karma, das den Lauf künftiger Leben bestimmt. Wenn wir solchen freien Willen haben, dann kommt es darauf an, gegen negative Neigungen anzukämpfen, unsere innere Haltung zu ändern, eine spirituelle Sicht zu gewinnen und möglichst wenig neues Karma zu erzeugen.

## Teamwork, Demokratie und der Formative Geist

Unser Geist scheint eine sehr individuelle Sache zu sein, wenn es darum geht, gemeinschaftlich irgend etwas zu organisieren – leicht führt das zu einem Durcheinander, denn jeder kommt mit einem Aktionsplan daher, der seinen persönlichen Voraussetzungen und Wünschen entspricht. Damit in dieser Lage nicht das Recht des Stärkeren entscheidet, bedienen wir uns heute allenthalben demokratischer Prozeduren, um wenigstens ein Mindestmaß an Konsens zu erreichen.

Man kann aber einen Rahmen schaffen, in dem individuelle Geister durch Schulung und Gewöhnung lernen können, in einer bestimmten Hinsicht übereinzustimmen und zu kooperieren. Dieses Phänomen finden wir bei Sportmannschaften, aber auch im Berufsleben, in der Musik, in gesellschaftlichen Gruppierungen und in der Familie. Das Entscheidende beim Teamwork liegt meist nicht in der bewußten Einstellung auf den Geist anderer, sondern in der Entwicklung gemeinsamer geistiger Gewohnheiten, sei es durch Training und Drill oder durch soziale Gewöhnung etwa in Familie oder Gemeinde. Dieser Prozeß läuft weitgehend unbewußt ab und ist durchaus geeignet, Integration zu schaffen; die Effektivität eines so entstandenen Teams bleibt jedoch immer abhängig von dem Maß an Konditionierung und Training, dem die einzelnen Mitglieder ausgesetzt sind, und es gibt häufig wenig Raum für Spontaneität und Kreativität.

Dabei sind alle individellen Geister ja auf der formativen Ebene bereits miteinander verbunden. Auf der tiefsten Ebene sind sie im Universalen Geist vereinigt. In den astralen und kausalen Regionen erkennen die Seelen sich immer mehr als «Teile» eines großen Ganzen. Hier bedarf es keiner demokratischen Prozeduren, denn alle Dinge geschehen ganz von selbst so, daß alle am gleichen Strang ziehen, um das zu bewirken, was mit dem alle Dinge und Wesen durchströmenden Göttlichen Willen übereinstimmt. Das ist Kooperation im höchsten Sinne – selten zu finden in dieser vom egozentrischen Menschengeist beherrschten Welt, einem Geist, der einfach nicht wahrnehmen möchte, daß er immer schon eins ist mit allen anderen.

## Das «Übernatürliche» und der Formative Geist

Die Natur des Formativen Geistes erklärt auch, wie etwa Wunder zustande kommen. Sobald wir nämlich sehen, daß alles, was wir außen wahrzunehmen meinen, nur wie ein Bild auf einer Leinwand ist, eine Projektion unseres eigenen Geistes, können wir dieses Bild dadurch ändern, daß wir uns auf das Innere sammeln und die Muster in den tieferen Schichten der Geistesenergie ändern; entsprechend anders wird dann die Projektion aussehen. Wunder erfordern demnach nichts weiter als geistige Konzentration, eine innere Aufwärtsbewegung zu einer höheren Ebene der Aufmerksamkeit.

Wie alle Seelen eins sind im Göttlichen Ozean, so auch alle Geister im Universalen Geist. Diese Einheit wird auch an unserem Menschengeist sichtbar. Unsere in früheren Leben begründeten und im individuellen Geist festgelegten karmischen Beziehungen sind der Keim unseres Schicksals im gegenwärtigen Leben, und zwar in dem Sinne, daß wir alle als Schöpfer und Teilhaber mitwirken an unserem Geist-Traum in dieser Welt.

Wunder also entspringen einem Bewußtsein der inneren Geist-Ebene. Ebenso gehören auch Telepathie, Hellsehen und dergleichen dieser tieferen Geist-Ebene an. Der Blick in die Zukunft beispielsweise wird dadurch ermöglicht, daß unser in der verborgenen Energiematrix des menschlichen Geistes vorgeprägtes Schicksalsmuster in den Bereich unserer bewußten Aufmerksamkeit gelangt. Normalerweise fehlt unserem Geist die beständige innere Sammlung, und so kommt und geht die erforderliche innere Ausrichtung und Konzentration ziemlich unwillkürlich. Deshalb haben hellsichtige Wahrnehmungen – ganz ähnlich wie plötzliche intuitive und intellektuelle Lichtblicke – auf dieser Ebene des Geistes etwas von kurzen Blitzen der Einsicht; ein durchgehendes Vermögen, die inneren Geist-Muster zu lesen, gibt es hier noch nicht. Zudem sorgen unsere menschlichen Schwächen – die Unausgewogenheiten in unserem geistigen Energiehaushalt – dafür, daß solche Wahrnehmungen durch Emotionen und Begierden, durch Persönlichkeit und Ichbewußtsein verfälscht werden. Ihre Glaubwürdigkeit ist mehr oder weniger zweifelhaft.

Je klarer, demütiger und gesammelter der Geist, desto leichter und unverfälschter sind seine Bilder zu erfassen: Eine Wasserfläche spiegelt die Dinge um so besser, je weniger sie von Wellen bewegt ist. Telepathie stellt sich ganz von selbst ein bei Menschen von spiritueller Ausrichtung. Alle Geister sind innerlich miteinander verbunden, und Telepathie ist im Grunde nichts weiter als das Gewahrwerden dieser Verbundenheit, zusammen mit dem subtilen geistigen Vermögen, diese Verbundenheit bis zu einem gewissen Grad nachzuvollziehen. Wie man erwarten kann, tritt solche telepathische Feinabstimmung besonders zwischen Familienangehörigen und guten Freunden auf. Manchmal weiß eine Mutter ganz einfach, daß ihr Kind in Schwierigkeiten ist, und räumliche Entfernung spielt dafür offenbar überhaupt keine Rolle. Telepathie ist also letztlich nichts anderes als das Gewahrsein der Einheit aller Geister auf der formativen Ebene – einer Einheit, die immer besteht, ob wir ihrer gewahr sind oder nicht.

Die Beziehungen zwischen den Menschen sind karmischer Natur. Die Verflechtungen der Schicksale sind in der Geiststruktur aller Betroffenen vorgeprägt, und es ist nicht verwunderlich, daß wir uns auf Menschen, denen wir in dieser Weise verbunden sind, leichter einstellen können. Es kommt auch vor, daß unser Geist gleichsam dem Schicksal voraus ist. Plötzlich und «ohne jeden Grund» fällt uns ein Freund ein, und Minuten später treffen wir ihn auf der Straße, oder er ruft uns an. Wenn das Telefon läutet, wissen wir manchmal schon vor dem Abnehmen, wer dran sein wird, weil der Geist dieses Menschen uns dann schon zugewendet ist. All das ist das Wirken des Formativen Geistes.

Alle Ereignisse der Welt werden auf dieser Ebene verzeichnet, und so lassen sich durch das Verständnis des Formativen Geistes viele Phänomene und Erfahrungen erklären, die bis dahin unerklärlich blieben. Viele Naturvölker haben solch uraltes Wissen nie verloren, und diese Kommunikationsformen sind ihnen etwas ganz Selbstverständliches. Die Daheimbleibenden wissen, wann die Jäger Wild gefunden haben oder jemand in Not und Gefahr ist. Wenn sie der Richtung nicht ganz sicher sind, können sie ihren «Traum-Wanderer» aussenden und suchen dann in ätherischer oder vielleicht astraler Gestalt den betreffenden Menschen. Manchmal wissen sie auch von Dingen, die irgendwo fern in der Welt geschehen, auch wenn diese Ereignisse keine unmittelbare praktische Bedeutung für sie selbst haben.

Tiere besitzen nicht nur sehr feine Sinne, sondern nehmen auch die subtile Seite der Dinge wahr, wenn ihnen auch die kognitiven Kräfte des Menschen fehlen. Aber gerade diese kognitiven und intellektuellen Kräfte – zusammen mit dem Hang unseres Geistes, sich aus seiner Mitte zu entfernen und nach außen zu gehen – lassen uns entweder vergessen, daß wir je solche telepathischen und subtilen Fähigkeiten besessen haben, oder flüstern uns Zweifel an ihrer Existenz ein, selbst wenn wir sie erfahren. Wir müssen unsere Intuition verstehen und gebrauchen, und wir müssen lernen, sie von Einbildung zu unterscheiden.

Denken wir nur an Menschen, denen wir besonders eng verbunden sind, so daß die Gedankenströme sich manchmal mischen und jeder in die geistige Atmosphäre des anderen hineingezogen wird. Dann denken wir manchmal zugleich dasselbe, auch wenn mehr oder weniger große Entfernungen zwischen uns liegen. Ohne Zweifel sind wir miteinander verbunden, auch wenn wir äußerlich getrennt sind, aber es gibt auch eine starke geistige Energie, die auf kurze Entfernung wirkt. Sie gehört zur Aura jedes Menschen und trägt die Inhalte unseres Geistes als subtile Energieemanation nach außen. So strahlen manche Menschen Frieden aus, während andere in einem Energiewirbel unkontrollierter und unbewußter Gedanken und Emotionen daherkommen. Solche Einflüsse sind sehr wichtig für das Verhalten von Menschenansammlungen. Menschen von unruhigem Geist können auch ohne Worte Unruhe stiften und den Zorn der Menge schüren, bis es schließlich zu Gewalttaten kommt. Ganz anders wirkt der beruhigende Einfluß schöner Musik oder die Nähe eines Heiligen, der durch seine bloße Gegenwart spürbare Wellen der Liebe aussendet.

Dieser Formative Geist kann durch die höheren Formen der Meditation direkt erfahren und erkundet werden; allerdings ist es für jeden, der sich aufmachen möchte zur Erforschung des inneren Raums, geradezu lebenswichtig, einen fähigen und erfahrenen Führer und Lehrer zu haben. Dann wird völlig klar, wie Wunder zustande kommen, aber man wird angewiesen, solche Kräfte nicht zu benutzen, weil man damit nur das Ego mästet und spirituelle Kraft verschwendet.

Die Entfaltung der eigenen Bestimmung, einschließlich des Todeszeitpunkts und der Todesart, werden für den Eingeweihten wie ein offenes Buch. Der Tod selbst wird mit Bewußtsein und Verständnis erfahren, ja sogar mit einem Gefühl der Erleichterung, daß das körperliche Traum-Leben vorüber ist. Solche Erfahrungen können unerwartet über uns kommen und unsere Sicht des Lebens vollkommen verändern. Sie kommen in der Gestalt von spontanen mystischen Erfahrungen, luziden Augenblicken und Erfahrungen der Todesnähe. Manchmal sieht der Betroffene dabei sein ganzes Leben Revue passieren, sogar längst vergessene Ereignisse.

Auch solche Erfahrungen zeigen, daß der Geist seiner Natur nach ein Energiefeld ist, das alles Vergangene und alles künftige Schicksal in sich speichert. Die Vergangenheit gestaltet die Zukunft in einem endlosen Kreislauf holistischer Kausalität – wie die Ketten eines Bulldozers oder Panzers, die sich vorwärts zu bewegen scheinen, tatsächlich aber endlos in einer geschlossenen Schleife umlaufen.

Menschen, die so ihre eigene Vergangenheit noch einmal durchlebten und dann wiederbelebt wurden, betrachten solche Erinnerungen als eine höhere Art von Erfahrung, sehr viel lebendiger und unmittelbarer als jede gewöhnliche Erinnerung sein könnte. Ihre Aufmerksamkeit wird gänzlich in ihren eigenen Geist hineingesogen, und dort, in seinem formativen Substratum, stehen sie unvermittelt einer Chronik ihrer Lebensreise gegenüber, so wirklichkeitsgetreu und nüchtern aufgezeichnet wie von einem wissenschaftlichen Instrument. Das ist unsere persönliche Ākāsha-Chronik, die sich über viele Leben in die Vergangenheit erstreckt.

## Gebete, Wünsche und der Formative Geist

Auch die Kraft des Gebetes stammt aus den verborgenen Energien des Geistes. Auf der formativen Ebene sind alle Geister miteinander verbunden. Wenn wir also beten oder etwas einfach wünschen, setzen wir Wellen oder Strömungen im Formativen Geist in Bewegung, die die Dinge früher oder später in der gewünschten Weise geschehen lassen. Wir müssen aber eine *geistige* Intensität und Aufrichtigkeit hinter unsere Wünsche setzen; das bloße Wiederholen irgendwelcher Formeln, während der Geist wandert, bewirkt wenig. Solches Beten oder Wünschen führt jedoch zum Haften an Ergebnissen und am Gegenstand des Gebets, und so wird der Geist letztlich an diese Ebene gefesselt. Viele Menschen beten für Gesundheit und Wohlergehen anderer. Das scheint zwar lobenswert, aber wahrscheinlich verbrauchen wir unsere eigene begrenzte spirituelle Kraft, um diese heilende Energie zu mobilisieren, und davon mögen andere wohl etwas haben, aber wir selbst verlieren.

Das Beten um Erleuchtung oder Gnade oder mystische Einsicht oder einfach Rat und Führung in weltlichen Belangen ist nicht zu verurteilen, denn solches Beten macht den Geist demütig und bereitet uns auf den inneren Aufstieg vor. Manchmal macht solches Beten unseren eigenen höheren Geist antworten, und manchmal erhalten wir Anleitung durch Wesen höherer Sphären, die unsere Gebete als Geist-Schwingungen aufnehmen und uns gemäß ihres eigenen spirituellen Entwicklungsstands helfen können. Die höchste Art des «Betens» jedoch ist die Meditation mit gesammeltem Geist, denn sie bezeugt das Trachten der Seele nach Gott, sie spricht lauter als alles Beten und Wünschen und läßt alles Verlangen nach materiellen Dingen hinter sich.

Alles in allem stellen wir im Gebet einfach nur die Verbindung zu unserem höheren Geist her, der uns dann sogar Visionen projizieren kann, etwa von längst Verstorbenen, an die wir zu glauben meinen. Viele Visionen von Heiligen und Erlösern sind nichts weiter als die Projektion unseres höheren Geistes. Solche Visionen können wunderbar sein und unser Vertrauen dadurch gewinnen, daß sie von Ereignissen künden, die tatsächlich eintreten. All das spielt sich jedoch in den *in uns* liegenden Schichten des Formativen Geistes ab. Es entsteht dort, wie auch die Gestalten unserer Träume ganz aus den Eindrücken in unserem Geist gemacht sind und im Licht des Wachbewußtseins sofort verschwinden.

## Geist und Materie

Jeder große Sportler weiß, daß Wettkämpfe nicht nur mit dem Körper, sondern ebenso mit dem Geist gewonnen werden. Und das gilt für Errungenschaften aller Art. Der große Schwergewichtsboxer Mohammed Ali wußte das, wenn er sich selbst lange vor dem eigentlichen Kampf in höchsten Tönen pries und seinen Gegner mit Worten demoralisierte. Der Körper ist nur die materielle Umsetzung des im Formativen Geist Vorgegebenen. Wir wissen letztlich nicht, wie wir auch nur den Finger krümmen, von hochkomplexen Aufgaben ganz zu schweigen. Die Verbindung von Geist und Körper verschwimmt irgendwo in einer Wolke von Nichtbewußtsein. Der Geist mit all seinen subtilen Aspekten bildet den Bauplan oder Prototypus für alle materiellen Formen im allgemeinen und Körperformen im besonderen. Der Geist ist keine Funktion des Körpers, sondern der Körper ein Aspekt des Geistes.

Jeder Sportler, ja, jeder von uns hat gute Tage. Tage, an denen unser Geist scharf und klar ist, an denen unsere Energie freier und mit mehr Selbstvertrauen fließt. Wir vergessen sogar uns selbst und sind doch konzentrierter als sonst. Tatsächlich ist ja auch unser kleines Ich, das Ego, eine Illusion unseres Denkes. Selbstvertrauen und freier Energiefluß von innen nach außen stellen sich ein, wenn wir das kleine Ich in einem tieferen Zustand geistiger Sammlung vergessen. Der ichbewußte Mensch ist gehemmt und verkrampft, wie wir alle aus Erfahrung wissen. Er neigt zu falscher Einschätzung der Situation und demzufolge zu Fehlentscheidungen.

Manche Spiele wie etwa Schach sind fast vollständig geistiger Natur. Der Kampf wird geistig geführt, und die äußeren Bewegungen haben untergeordnete Bedeutung. Was zählt, ist der geistige Gehalt, die Absicht hinter den Zügen. Die überwiegend mentale Natur der modernen Kommunikations- und Informationstechnologie zeigt, daß wir uns in Richtung einer mentaleren Seinsweise bewegen.

Das Leben in dieser Welt ist mehr eine Sache der geistigen Haltung als des äußeren Handelns, denn das Handeln folgt ganz von selbst aus unserer Geistesverfassung, und unser Glück oder Unglück liegt ganz in unserem Geist. Viele Sportler lassen sich heute schon von Psychologen beraten, um mehr Siege zu erringen. So hat zum Beispiel ein britisches Football-Team einen Psychologen, der darauf spezialisiert ist, den Spielern bei der Überwindung bestimmter Schwächen zu helfen. Seine Arbeit fängt außerhalb des Spielfelds an. Wenn er eine bestimmte Schwäche ausgemacht hat, etwa das Schießen mit dem linken Fuß, läßt er den Spieler diese Bewegung viele Male proben, aber *innerlich*. Und der Spieler probt, mit immer mehr Finesse und durchaus auch großer Gebärde, so als wäre er *der* Experte für gerade diese Bewegung. Dadurch formt sich ein tiefes Muster in seinem Geist. Die mentalen Muster auf der unbewußten Ebene des Formativen Geistes sind aber das, was uns zu handeln erlaubt; wenn der Spieler nun in einem echten Spiel in eine Situation kommt, die den geprobten Ablauf erfordert, wird sich automatisch der innere «Film» abspulen, in dem alles wie am Schnürchen klappt, und diesen Bildern gemäß wird sich die äußere Aktion des Spielers gestalten.

Übung macht den Meister. Der Körper muß geschmeidig und trainiert sein, doch damit allein, ohne die richtigen geistigen Muster, erreicht man nichts. Übung erzeugt ein geistiges Gewöhnungsmuster, sogar ohne das entsprechende körperliche Training. Eine ähnliche Rolle spielen Wunsch und Vision, die inneren geistigen Muster, die dafür sorgen, daß die Dinge außen geschehen – wenn auch nicht unbedingt sofort. Manchmal bedarf es einer neuen Geburt, damit die äußere Manifestation sich bilden kann.

Das Buch *PSI im Sport* von Michael Murphy und Rhea White ist ein faszinierender Report, gewonnen aus zahlreichen Gesprächen der Autoren mit Sportlern der ersten Garnitur. Viele von ihnen bestätigen und haben selbst erlebt, daß Sportler das Spielgeschehen mit ihrem Willen beeinflussen. Manche können mit der Kraft ihres Wünschens und ihrer Konzentration offenbar erreichen, daß beispielsweise der Ball Bewegungen ausführt, die den Gesetzen der Physik widersprechen.

So können auch Yogis, Asketen und andere ihre Wunder vollbringen, nachdem sie sich lange in der Meditation geübt haben. Meditation ist nichts anderes als eine natürliche Methode, den Geist nach innen auf seine eigene Struktur zu sammeln und dadurch zu entdecken, auf welche Weise sich das stoffliche Universum als Projektion des Formativen Geistes manifestiert. Diese äußere Welt ist eigentlich eine Geist-Welt, und wir nehmen, ohne es zu wollen und ohne es zu wissen, geistige Eindrücke von überall her auf. Die Schwingungen oder Gedankenströme anderer Menschen, denen wir verbunden sind oder begegnen, wirken direkt auf uns ein. Wir werden beeinflußt von der Atmosphäre der Orte, an denen wir leben, arbeiten oder uns vorübergehend aufhalten – vom «Grundton» der Geistmuster, die diesen Ort geschaffen haben und prägen und entsprechende Menschen anziehen. Wo wir uns «wie zu Hause» fühlen, bleiben wir gern; wo unsere geistigen Muster nicht mit denen des Ortes harmonieren, möchten wir am liebsten gehen. Gleiches zieht Gleiches an in der Welt des Geistes. «Wenn ein Lügner einem Lügner begegnet», sagt Maharaj Sawan Singh Ji, «mögen sie einander. Trifft der Lügner jedoch einen aufrichtigen Menschen, bildet sich augenblicklich eine gespannte Beziehung.»

Außerdem tragen wir alle unsere individuellen Eindrücke aus früheren Leben mit uns herum. Unsere Neigungen, Begabungen und Interessen entspringen den geistigen Eindrücken früherer Leben und manifestieren sich jetzt für die ihnen zugemessene Zeitspanne. Das gleiche gilt auch für andere Lebewesen. Das ist ein verborgener Faktor, der bei Laborexperimenten meist nicht berücksichtigt wird, wenn es etwa um bestimmte Geschicklichkeitstests geht. Bei Labyrinthversuchen mit Ratten stellt man beispielsweise fest, daß spätere Generationen sich schneller zurechtzufinden lernen. Sogar Ratten in anderen Labors haben eine höhere Erfolgsquote, wenn irgendwelche Artgenossen, die sie gar nicht kennen, das Problem bereits gelöst haben.

Es gibt offenbar, wie Rupert Sheldrake vermutet, eine Ausbreitung der Fähigkeit als morphogenetisches Muster in einem «Ratten-Feld». Die Ratten-Schwingung innerhalb des Formativen Geistes breitet sich aus und erreicht alle Ratten. Das morphische Muster ist eigentlich ein Muster der Geist-Energie. Das geschieht auch beim Menschen, da wir alle auf der gleichen karmischen Geist-Welle reiten, warum also nicht bei Ratten auf ihrer besonderen «Resonanzfrequenz»?

Es wäre auch denkbar, daß dieselben Ratten in aufeinanderfolgenden Generationen als ihre eigenen Urenkel zurückkehren und schon unterschwellige Eindrücke von früheren Labyrintherfahrungen und Problemlösungen mitbringen. Irgendwo tief in ihrem Rattengeist kennen sie das alles schon, und es bedarf nur kleiner Auslöser, um die Fähigkeiten zu wecken, die ruhenden Samen keimen zu lassen. Vielleicht sind diese Zusammenhänge auch dafür verantwortlich, daß heutige Kinder so mühelos und schnell mit Computertechnik vertraut werden. Sie sind eingestimmt auf die formativen karmischen Geist-Wellen unserer Zeit, und sie haben vielleicht schon in früheren Leben mit diesen Dingen gearbeitet.

Es ist sogar wahrscheinlich, daß das Personal eines Labors unbewußt enge Beziehungen zu einer bestimmten Gruppe von Ratten knüpft und die Ratten immer wieder als Ratten in diesem selben Labor geboren werden. Selbstverständlich werden sie dann ihre Aufgaben schneller lernen – schließlich haben sie das alles ja schon früher gemacht. In einem anderen Labor irgendwo auf der Welt werden die Wissenschaftler möglicherweise zu anderen Ergebnissen kommen, wenn sie ein anderswo durchgeführtes Experiment wiederholen möchten: Ihre Ratten haben nicht das abrufbare Training früherer Leben in ihrer Geiststruktur.

Ratten und alle Lebenwesen haben wie wir ein Schicksal, das in den tiefsten Schichten ihres eigenen Geistes vorgeprägt ist. Dem Experimentator ebenso wie der Ratte sind durch ihr Karma Dinge bestimmt, denen sie nicht ausweichen können. Und keine zwei Begegnungen werden gleich sein, denn alle Geister sind verschieden, sogar bei den Ratten – und bei den Wissenschaftlern erst recht. Das wird von den Forschern stillschweigend eingeräumt: Sie benutzen bei ihren Experimenten mehr als eine Ratte, um eine Art Durchschnitt zu erhalten, und sie wiederholen vielfach die Experimente anderer Wissenschaftler. Genetische Unterschiede bei Ratten sind zweitrangig gegenüber den Strukturen und Mustern des Geistes. Wüßten wir über Rattenspychologie besser Bescheid, dann würden wir sehen, daß sie verschieden sind, wie auch jeder Hunde- oder Pferdezüchter sagen wird, daß seine Tiere von unterschiedlicher Natur und Persönlichkeit sind. Auch Zwillinge oder Tiere desselben Wurfs haben verschiedene Schicksale, und schon das zeigt ja, daß Unterschiede in den tieferen Schichten des Geistes bestehen müssen.

All das hängt damit zusammen, daß jedes Lebewesen mit individuellen Geist-Mustern *geboren* wird. Kein Genetiker hat je auch nur den allerkleinsten Beweis dafür gefunden, daß Psyche und Geist-Muster biochemisch in der DNS kodiert sind. Niemand hat je wirklich nachweisen können, daß irgendeine echte Geistfunktion, bei Tier oder Mensch, direkt oder ausschließlich eine Funktion des Zentralnervensystems ist. Tatsächlich trifft das Gegenteil zu. Das Gehirn ist zweifellos beteiligt, aber keineswegs der Urheber. Da jedoch das gegenwärtige wissenschaftliche Paradigma die Existenz von allem, was nicht Materie ist, leugnet, hält sich nach wie vor der Glaube, Geist lasse sich irgendwie als materielles Phänomen deuten. Und das trotz zahlloser Fakten, die dagegen sprechen. Die Implikationen der alternativen Auffassung sind den meisten materialistisch gesinnten Menschen einfach unerträglich.

## Körper und Geist

Wir haben gesehen, daß unsere Sinneswahrnehmungen dieser stofflichen Welt letztlich nur subjektive Erfahrungen in unserem Geist sind. Und da die Welt nicht verschwindet, wenn wir sie nicht wahrnehmen, muß es eine tiefe, unbewußte, aber kollektive Schicht des Geistes geben, die das stoffliche Universum zusammenhält. Besser gesagt, das stoffliche Universum ist ein Teil dieses Formativen Geistes. Und weiter: Wir sind nur durch die fünf Arten der Sinneswahrnehmung unseres physischen Körpers gewahr. Ist dieser Körper dann auch nur eine subjektive Erfahrung in unserem Geist? Es sieht in der Tat so aus.

Man kann demnach sagen, daß unser Körper sogar unter dem Gesichtspunkt der Sinneswahrnehmung ein Teil unseres Geistes ist. Der Körper ist nicht nur die äußere Schicht bei der Kristallisation der verborgenen Hierarchie von Energien des Formativen Geistes, sondern auch unsere sinnliche Erfahrung dieses stofflichen Körpers hat ihren Ort in den bewußteren Teilen unseres Geistes. Wohin wir uns auch wenden, unser Geist ist immer beteiligt – entweder auf der Bewußtseinsebene, auf der wir uns jeweils gerade befinden, oder auf der tieferen, formativen Ebene, von der wir normalerweise kein Bewußtsein haben. Es gibt keine «Substanz», keine objektive, gegenständliche Welt – es gibt nur Sein. Kein Wunder, daß die Wissenschaftler Schwierigkeiten haben, die Beziehung zwischen Gehirn undd Geist zu verstehen! Alle Untersuchungen und Beobachtungen zu dieser Frage, alles intellektuelle und intuitive Forschen, findet ja selbst auch in unserem Geist statt. Der Geist versucht, Gehirn und Geist zu verstehen. Wo will man da anfangen? Die Antwort kann nur lauten: direkte Erfahrung des eigenen inneren Seins und Aufbaus. Und das bedeutet: Meditation.

## Der Formative Geist und die Körperprozesse

Die Körper aller Lebensformen sind von innen her projizierte Bilder von Energiemustern. Sie sind Bilder auf der Leinwand des Raums, der Energie des Vakuums, der Grundlage allen körperlichen Daseins. Der innere Musterbildner ist der Formative Geist, und dessen Energie ist die Seele, das Bewußtsein, die Lebenskraft.

Betrachten wir das äußere Erscheinungsbild des menschlichen Körpers und anderer Körper, so erkennen wir gewisse wiederkehrende Gestaltungsprinzipien. Wir erkennen Kopf, Ober- und Unterkörper als gemeinsame Züge aller Wirbeltiere und etwas Entsprechendes auch bei den meisten Wirbellosen. Dann findet sich stets ein zentrales Steuerungssystem, entweder mit Zentralnervensystem und verlängertem Rückenmark oder etwas Entsprechendem, sowie eine respiratorische, eine zirkulatorische und eine abdominale Zone, die für die Assimilation der Nahrung sorgt. Sogar einzellige Lebewesen besitzen Zellkerne, die die gleichen Organisationsfunktionen wahrnehmen wie das Gehirn höherer Tiere.

Dann finden wir Organe der Fortbewegung und Manipulation – Arme, Beine, Flügel, Flossen, Schuppen, Wimperhärchen und dergleichen. Alle Wesen oberhalb des Pflanzenreichs haben irgendwelche Körperstrukturen, die ihnen eine selbständige Fortbewegung erlauben. Bei den Wirbeltieren haben wir Finger und Zehen in wechselnder Anzahl (allerdings bei normaler Entwicklung nie mehr als fünf pro Arm oder Bein). An Fingern und Zehen finden wir schützende Nägel oder Hufe und Klauen, und alle mit mehr oder weniger gleichen Grundfunktionen. Dann die wunderbaren Federn der Vögel und die Schuppen der Fische und Schlangen.

Innen finden wir ein Skelett, Herz, Därme, Leber, Milz, Gallenblase, männliche und weibliche Keimdrüsen und Geschlechtsorgane. Die gleiche *Art* von Organen bei allen Lebewesen – von den Insekten und Würmern über die Wale und Primaten bis zum Menschen. Überall auch Nerven, Blutgefäße und ein endokrines System, Zellstrukturen, wie wir sie sogar bei Pflanzen finden. In jeder Zelle ist ein Kern mit der DNS, der zentralen Organisations- und Administrationsinstanz. Unmittelbar untergeordnet die Mitochondrien.

Wenn wir noch weiter in dieses staunenswerte Mosaik namens Körper hinabsteigen, entdecken wir komplexe, ganzheitliche Energiemuster, die unser Verstand in dynamische Muster von Molekülen, Atomen und subatomaren Teilchen unterteilt. Wir zerschneiden das schwingende Gewebe zu Ionen und Elektronen, zu elektromagnetischer Strahlung, die von allen Molekülen emittiert und absorbiert wird, zu magnetischen Feldern, die mit dem Elektronenspin zusammenhängen und daher für die Funktion jedes Atoms im Körper von Bedeutung sind, zu Oszillationen und Schwingungen dieser Energieaggregate, zu den vier Grundkräften der modernen Physik. Das alles sind dynamische, wechselnde Gestalten, Muster und Rhythmen, die wir an diesem projizierten Bild namens Körper wahrnehmen können, wenn wir uns des Instrumentariums der Physik bedienen.

Aber wenn wir noch tiefer blicken, sehen wir, daß alle diese Kräfte und Teilchen nur tanzende Wirbel im Energieozean des Vakuums sind. Sie sind die Blasen in diesem erstaunlichen Meer, das wir so wenig verstehen. Sie sind nur beobachtbare Muster im Raum. Und dann wird uns klar: Alle diese Formen und Muster, die wir bis hierher untersucht haben, sind nur Wirkungen, nur Widerspiegelungen von Mustern oder Vorlagen, die noch tiefer liegen und sich unserem physikalischen Zugriff schließlich doch entziehen.

Von dorther einwärts finden wir uns im feinstofflichen Bereich der Chakras, Prānas und Geistsubstanzen. Hier ist die subtile Vorlage, nach der die Kreatur, wie wir sie äußerlich mit unseren Sinnen wahrnehmen, geformt wird. Von hier aus werden Verhalten und Instinkt festgelegt, und diese sorgen (automatisch, einfach als Abbild dessen, was innen ist) für die Sinnesorgane und Gliedmaßen, für die DNS, die Zell- und Organstruktur, die molekularen und bioelektrischen Muster – für alles, womit wir vertraut sind, und für so vieles, was wir noch zu entdecken haben.

Doch dieser subtile physisch-mentale Bauplan ist noch nicht die unterste Ebene. Er ist selbst nur Spiegelung von etwas, das noch tiefer innen liegt. Wenn wir der Hierarchie der Energien immer höher hinauf folgen, durch die astrale und kausale Ebene und darüber hinaus, erreichen wir schließlich den inneren Ursprung von allem, jenseits sogar des Universalen Geistes, des Ozeans von Leben und Bewußtsein. Das ist die wahrhaft schöpferische Essenz aller Lebensformen – der Ozean des Lebens an sich.

Der Lebensfunke in allen Wesen ist die Seele. Alle Wesen sind im Innersten Seele, Funke der Schöpferischen Lebenskraft. Schon aus diesem Grund sollten wir das Leben aller Lebensformen achten. Wenn wir anderen Wesen das körperliche Leben nehmen oder schmälern, stören wir die Balance und das subtile Gefüge unseres eigenen Lebens. Das wirkt sich automatisch auf unseren Geist aus, der von einer immer härter werdenden Kruste niederen Bewußtseins überzogen wird. Wenn wir ihren getöteten Körper in unseren eigenen aufnehmen, damit er weiterbestehen kann, verbinden wir unseren Geist mit ihrem Geist, ihrem Leiden. In den vielschichtig verwobenen Prozessen des Formativen Geistes werden wir verantwortlich. Das Energiefeld unseres Geistes ist besudelt und gezeichnet, unsere «Sünde» – wie all unser Handeln und Denken – wird im großen Buch des Geistes verzeichnet. All das gehört zum karmischen Prozeß, und wir werden später Rechenschaft abzulegen haben: Unsere Geist-Energie wird in diesem oder einem anderen späteren Leben entsprechenden Ausdruck finden.

Alle Körper sind Resultat eines vielschichtigen inneren Schöpfungsprozesses. Und die Schöpfung ereignet sich *jetzt*; der Schöpfer hat sie nicht irgendwann in der Vergangenheit angefertigt und macht seitdem Urlaub. Der Göttliche Puppenspieler ist in jedem noch so winzigen Teil dieser Schöpfung gegenwärtig. Er ist über sie erhaben und sorgt doch für alles. Der Prozeß der stetigen Manifestation aus dem Vakuum, ja sogar die unaufhörliche Bewegtheit der subatomaren Teilchen zeugt dafür. Der komplexe Aufbau aller aus träger Materie geformten Lebewesen bleibt nur so lange erhalten, wie ein von Geist-Energie modulierter Funke der Lebenskraft in ihnen vorhanden ist. Wenn die Seele, das Leben, entweicht, tritt der Tod und augenblicklich auch der Zerfall des Körpers ein. Ohne die Lebenskraft und den individuellen Geist bricht die Ganzheit der Körperprozesse sofort zusammen.

Die Evolutionisten haben nur die äußeren Übereinstimmungen zwischen den Arten betrachtet und daraus geschlossen, daß die höheren sich aus den niederen entwickelt haben. Wie sonst, sagen sie, könnte es solche Übereinstimmungen bei allen Lebensformen geben? Aber mit dem gleichen Recht könnte man bei chemischen Elementen mit ähnlichem Feinaufbau vermuten, das eine habe sich aus dem anderen entwickelt. Oder Salz aus Zucker, da sie ja beide ziemlich gleich aussehen. Aber das Erscheinungsbild allein läßt noch keine Rückschlüsse auf einen Evolutionszusammenhang zu. Es bedeutet wohl, daß ähnliche Konstruktionsprinzipien vorliegen oder daß die Baupläne auf ähnliche Weise entstanden sind – nicht aber, daß hier ein Evolutionsprozeß vorliegt.

Die herkömmliche Evolutionstheorie ist ein mechanistischer und zutiefst materialistischer Ansatz zur Deutung des Lebens. Wenn man die Antwort schuldig bleibt auf die Frage, wo all diese Materie überhaupt herkommt und was für ihre ständige Erhaltung sorgt, hat man alle höheren oder weiter innen liegenden Möglichkeiten ausgeschlossen. Man kann solche Fragen aber nicht unbeantwortet lassen. Die Übereinstimmungen zwischen den Lebewesen bestehen, weil wir alle Kinder desselben «Vaters» sind, alle Funken derselben Göttlichen Existenz. Die inneren Prozesse dieser

Schöpfung sind für uns alle gleich. Er hat den Geist und all seine Energien erschaffen. Unserem Karma – den Mustern im Formativen Geist – entsprechend, erhalten wir einen Körper, der aus den fünf Tattvas gefügt und von diesen inneren Energie-Essenzen strukturiert ist.

Wieviel Bewußtheit dieses subtile und grobstoffliche Fahrzeug einem Wesen erlaubt, hängt davon ab, wie viele Sphären der Schöpfung es in sich vereinigt. Der Mensch allein ist innen wie außen ein vollständiger Mikrokosmos, Abbild der gesamten Schöpfung. Die geistigen und materiellen Energiemuster, die die Seele anderer Wesen umgeben, sind nur Teil-Mikrokosmen. Dadurch sind sie, was sie sind. Für den Bewußtheitsgrad des Menschen fehlen ihnen die Voraussetzungen. Allein der Mensch hat daher die Möglichkeit, Gott zu realisieren – obgleich Er natürlich in der niedrigsten Mikrobe gegenwärtig ist.

Dennoch: Die inneren Essenzen des Geistes und der subtilen Energien sind von der gleichen Natur, und so finden wir auf der physischen Ebene Übereinstimmungen der Form. Das ist der Punkt, von dem wir in diesem Abschnitt ausgegangen sind. Aus den Ähnlichkeiten der Form und Funktion können wir schließen, daß es einen gemeinsamen Grund der inneren Strukturbildung geben muß. Die Unterschiede zwischen den Lebewesen bestehen nur aufgrund der Unterschiede in ihren inneren Bauplänen. Die Muster des Formativen Geistes bestimmen, wie die äußere Projektion, die Kreatur, unseren Sinnen erscheint.

## Das Heilen und der Formative Geist

Wenn wir den stofflichen Körper als das projizierte Abbild innerer Energiemuster betrachten, gelangen wir zu einer völlig neuen Auffassung des – schulmedizinischen wie alternativen – Heilens. Viele Dinge werden uns jetzt verständlich, die bisher unerklärlich blieben. Dazu müssen wir sehen, daß der Körper eine nach einem Plan erzeugte und beständig aufrechterhaltene Manifestation ist und daher nicht mehr als eine *Wirkung*. Eine Wirkung des Formativen Geistes, von der Energie der Seele angetrieben. Dieser gesamte stoffliche Bereich und alle Körper in ihm stellen in Wirklichkeit nur eine Welt der Wirkungen dar. Die *Ursache* liegt tiefer innen.

Körperliches Heilen befaßt sich also lediglich mit körperlichen Wirkungen und nur in seltenen Fällen mit dem subtilen Bauplan. Dieser ist der Ursprung psychosomatischer Zustände – aber eigentlich ist alles, was den Körper angeht, psychosomatisch, sogar das Krümmen eines Fingers. Jede Art von Heilkunst muß erkennen, daß sie von einem Punkt des Nichtwissens ausgeht. Wir können einen Teil des Prozesses, nach dem dieses projizierte Bild des Körpers zu funktionieren scheint, anhand bestimmter intellektueller Definitionen beschreiben. Das gilt dann als medizinisches Wissen. Aber eigentlich analysieren wir dabei nur ein Bild und erkunden weder den inneren Plan noch den Manifestationsprozeß. Wir betrachten nur, zu welchen Strukturen die Puzzlesteine zusammengefügt sind, und dabei erfahren wir nie, wie das Ganze eigentlich entstanden ist.

Heilen ist häufig ein Bemühen, das Bild umzugestalten, doch es fehlt das Wissen, wie das Bild überhaupt auf die Leinwand gekommen ist. Die Leinwand ist hier der Vakuumzustand, die Energie des Raumes, das also, was wir Ākāsha nennen. Wenn wir nicht verstehen, wie die von uns so genannten subatomaren Teilchen auf die Leinwand kommen, kann es mit unseren nachgeordneten Analysen – nämlich wie diese Teilchen sich als Atome, Moleküle, Bioelektrizität, Zellen, Organe und Organismen verhalten – nicht allzu weit her sein. Sie stehen auf einer Grundlage, die wir schlicht als Voraussetzung akzeptieren, anstatt die entscheidende Frage zu stellen: «Was untersuchen wir da eigentlich?» und: «Wer führt diese Untersuchung durch?»

Kurzum, wir studieren unseren Körper auf höchst unzureichende und naive Weise (insbesondere wenn finanzielle und sonstige egozentrische Interessen im Spiel sind). Wüßten wir um die Tiefe unserer Unwissenheit, wir würden die pharmazeutische Forschung beispielsweise gewiß anders betreiben. Diese Forschung geschieht gegenwärtig oft auf ganz empirische Weise: schlucken und abwarten, was passiert – ein klarer Hinweis auf unser mangelndes Verständnis für die grundlegenden formativen Prinzipien, die in unserem Körper wirken.

Es geht mir hier nicht darum, den Forschungsdrang zu kritisieren, denn wir Menschen werden in Unwissenheit geboren. Tragisch ist nur, daß wir um die Tiefe dieser Unwissenheit nicht wissen. Deshalb erkennen wir auch nicht, wie unendlich viel ein Mensch wissen kann, wenn er nur das Innere erforscht und sich der direkten Wahrnehmung bedient. Wir machen uns sogar lustig über Menschen, die hinter den Vorhang geschaut haben und uns mitzuteilen versuchen, was sie gesehen haben.

Aber wenn wir pragmatisch bleiben und unsere Unwissenheit zunächst einmal einfach annehmen, zeigt sich sofort, welcher Weg uns als einziger noch bleibt: *mit* der Natur, nicht *gegen* sie zu arbeiten, uns von unserem höheren Geist, unserer Intuition (aber nicht zu sehr von unserer Imagination!) leiten zu lassen, uns subtilen Einflüssen und Winken zu öffnen, still und demütig zu sein, unser menschliches Unterscheidungsvermögen zu nutzen und Geist und Intellekt zur Ruhe zu bringen.

Vielleicht werden wir nie in der Lage sein, die Formen und Muster der Natur zu verstehen, aber wir sollten versuchen, auf eine Wellenlänge, in Resonanz mit ihnen zu kommen. Das war schon immer das Kennzeichen aller großen Naturphilosophen und Ärzte. Dann werden sich uns viele Wege auftun, uns selbst und anderen Wesen zu helfen.

## Körpersprache und der Formative Geist

Geist, Motiv, Verhalten und Körper bilden eine verflochtene Einheit. Das ist die Grundlage der Körpersprache. Der Geist äußert sich unwillkürlich und meist auch unbewußt durch den Körper und seine Haltungen und Gebärden. Das ist wichtig für den Gesamthaushalt der Natur, denn die Lebewesen müssen erkennen können, was sie voneinander zu erwarten haben. Wäre ein Wolf wirklich in Körper und Gebaren eines Schafs gekleidet, kein Tier käme ihm als Jäger gleich. Er würde sich ganz unschuldig als ein harmloser Pflanzenfresser an sein Opfer heranmachen und erst im letzten Augenblick seine Reißzähne fletschen.

Wären Räuber immer erfolgreich, es wäre schnell geschehen um das Gleichgewicht der Natur. Aber sie sind es nicht, denn der Geist bekundet seine Absichten nur allzu deutlich: Jagdfieber und behagliche Zufriedenheit – beide Stimmungen kommen im Verhalten unserer Katze überdeutlich zum Ausdruck. Und sie kann nicht anders. Der Geist geht dem Handeln voraus und begleitet es, und er stellt sich dem aufmerksamen Blick offen dar.

Die Welten des Geistes sind ihrer Anlage nach Orte der Wechselwirkung und Teilnahme. Die Schöpfung ist ihrer Anlage nach ein Ort des Aus-Drucks, wo das Innere sich unwillkürlich im Äußeren offenbart. Das gilt für unseren physischen Geist und Körper ebenso wie in den schöpferischen Prozessen der höheren Welten. Das Äußere ist immer Spiegelbild des Inneren. Diesen Mechanismus in Aktion zu erleben ist eine Frage des Bewußtseins. Wenn jemand andere Motive hat, als er zu haben vorgibt, kann ein anderer ihn doch durchschauen, wenn er einen klaren Blick hat. Mancher Hund hat sich so schon als ausgezeichneter Menschenkenner erwiesen, besser als sein Herrchen.

# Körper und geistige Mikrokosmen

Der Körper, sagten wir, ist ein projiziertes Bild, Teil eines inneren Mikrokosmos, der ganz und gar aus subtilen Geist-Energien besteht. Letzten Endes nämlich haben auch die Tattvas ihren Ursprung im Geist; in ihrer ersten Keimform bilden sie sich im kausalen Bereich des Universalen Geistes.

Doch dieses Bild ist nicht nur einfach wie eine Projektion auf einer Leinwand, sondern muß als dynamische Energiestruktur aufgefaßt werden, die auch auf den «Projektor» zurückwirken kann. Das Äußere ist nicht nur ein Spiegelbild des Inneren, sondern Veränderungen des Äußeren teilen sich auch der inneren Struktur mit. Wir haben hier einen Prozeß, der in beiden Richtungen abläuft, eine schillernde, dynamische Projektion der von der Lebenskraft getragenen Energien des Formativen Geistes.

Das Leben oder die Seele ist in allen Kreaturen gleich. Die Unterschiede liegen in der mikrokosmischen Geiststruktur, die den Kern der Lebenskraft umhüllt. Je mehr Entsprechungen zwischen Mikrokosmos und Makrokosmos bestehen, desto größer ist das Bewußtseins-, Gewahrseins- oder Intelligenzpotential dieses Wesens. Und das gilt nicht nur für die Lebewesen dieser stofflichen Welt, sondern auch für den feinstofflichen, den astralen und den kausalen Bereich.

Warum aber werden manche Seelen mit menschlichem Körper geboren und andere nicht? Auch das geschieht nach dem Gesetz des Geistes, des Karma. Der individuelle Geist «verdient sich das Anrecht» auf eine bestimmte Geist-Körper-Struktur, eine bestimmte mikrokosmische Konfiguration, und zwar gemäß seiner eigenen früheren Taten. Das Gesetz wirkt selbsttätig und unfehlbar. Wir gehen dahin, wohin unser Geist – unser Karma – uns führt. Die Myriaden Lebensformen – gegenwärtige und alle, die je existiert haben – sind nur Ausdruck der verschiedenen Formen, die der subtile und wandelbare Geist annehmen kann. Wenn im großen Meer des Geistes sich etwas verschiebt, dann auch in den äußeren Formen. Das ist der Schlüssel zum Geheimnis der «Evolution». Die Natur ist von vollkommener Exaktheit. Geistige Tendenzen und körperliche Formen entsprechen einander jederzeit und vollkommen. Jede geistige Anlage hat ihr maßgeschneidertes physisches Gefäß, denn der Geist formt sich den Körper, in dem er wohnt. Die Entsprechung von Geist und Körper ist mehr als exakt, nämlich vorgegeben durch die Art und Weise, in der die Schöpfung sich manifestiert.

Deshalb nennen die Heiligen diese Welt ein Labyrinth, und die indischen Mystiker sprechen von *Chaurasi*, dem «Rad der vierundachtzig» – das heißt der 8 400 000 «Spezies». Sie sagen: Nachdem wir endlich als Menschen geboren sind, in der einzigen Gestalt, die ein Entkommen aus diesem Strudel der Körperlichkeit erlaubt, müssen wir alles daransetzen, wirkliche Befreiung zu finden. Das allerdings, fügen sie hinzu, ist nur mit der Hilfe eines Mystikers möglich, dem dieses Entkommen schon selbst gelungen ist (sofern er nicht einer der sehr seltenen direkt von Gott gesandten Erlöser ist, die schon beim Eintritt in diese Chaurasi-Welt vollkommen Befreite sind).

Wir empfangen nur das, was unser Geist begehrt. Menschliche Gestalt zu erlangen, ist ein sehr seltenes Ereignis. Das wird deutlich, wenn wir nur bedenken, wie viele Seelen in dieser Welt in andere Körper eingesperrt sind. Das Einzigartige an der menschlichen Gestalt besteht darin, daß die in ihr gefangene Seele das Potential besitzt, Gott zu werden, und das bedeutet wohl, daß wir diese Gabe nur erhalten, weil da irgendwo in uns ein Verlangen ist, in das größte aller Mysterien einzudringen, das Geheimnis des Lebens zu ergründen. Deshalb müssen wir alles daransetzen, diesen Funken, diesen Drang in uns frisch zu halten und den höchsten spirituellen Zielen nachzustreben. Nur so können wir die Evolution des Bewußtseins vorantreiben – andernfalls sinken wir vielleicht sogar zurück auf tiefere Stufen.

Solange wir nur beständig nach dem Höchsten streben, obliegt es dem Herrn, unsere Schritte zu Ihm hin zu lenken. Viele Wiedergeburten können nötig sein, bis unser Verlangen nach Ihm klar genug geworden ist und wir endlich so weit sind, daß wir einem echten Mystiker begegnen können. Viele Trittsteine aus religiösen, spirituellen, moralischen, ethischen oder sozialen Philosophien und Praktiken bilden vielleicht den Weg, bis unser Geist empfänglich wird für die schlichte und universale Majestät eines vollendeten Meisters. «Wenn der Schüler bereit ist, erscheint der Guru», lautet das alte Sprichwort. Aber auch bis zu diesem Punkt der Bereitschaft werden wir schon geführt. Wir werden innerlich so geformt und geleitet, daß wir den Lehrer erkennen, wenn wir ihm schließlich begegnen.

Schon vor diesem Augenblick lebt er vielleicht ganz in unserer Nähe, aber wir fühlen uns nicht zu ihm hingezogen, und seine Lehre sagt uns nichts. Unser Geist ist noch ganz im äußeren Tun befangen. Doch wir können nur das uns Mögliche tun, das, was unserem Verständnis entspricht. Alles übrige bleibt Gott überlassen. Und der Große Geist, der große innere Lebensquell ist an jedem Funken interessiert, der ihm entsprungen ist. Er hatte Seine Schöpfung sehr wohl im Auge. Er kennt Seine Absicht. Mag sie uns auch dunkel bleiben.

## Ebenen der Wahrnehmung und des Handelns

Einer der interessanten Aspekte des Formativen Geistes besteht darin, daß man ein und dasselbe Phänomen oder Ereignis auf vielerlei Weise und von ganz verschiedenen Ebenen her erklären kann. Hat man den schöpferischen Prozeß einmal erfaßt, wird die Ebene der Analyse weitgehend durch praktische Gesichtspunkte bestimmt. Es hängt davon ab, welche Wahrnehmungsebene man für die Betrachtung der Dinge wählt.

Das sind aber nicht die Ebenen, die wir meinen, wenn wir etwa von der «molekularen Ebene, der «atomaren Ebene» und der «subatomaren Ebene» sprechen. Hier bezeichnet «Ebene» nur gleichsam verschiedene Vergrößerungseinstellungen bei Beobachtungen auf der sensorischen Erfahrungsebene. Damit sind alle diese «Ebenen» dieselbe Ebene, und zwar die unterste und äußerste. Die Energieebenen des Formativen Geistes dagegen sind – nach innen hin – immer subtiler werdende Projektionsvorlagen, deren jede für die Manifestation der weiter außen gelegenen Schichten verantwortlich ist. Die äußeren Ebenen werden aus den weiter innen liegenden erschaffen, und es sind Ebenen entlang einer ontologischen Dimension, einer Dimension des Seins in uns selbst.

In Abhängigkeit von dem Ziel, das man vor Augen hat, analysiert man nun von der Ebene aus, die den besten Ansatz bietet. Wenn man es etwa mit einem Gewaltverbrecher zu tun hat, muß man zunächst ganz praktisch und diesseitig vorgehen. Solch destruktives Verhalten muß ganz einfach unterbunden werden, und so sperren wir den Betreffenden ein. Vermutlich haben wir es aber mit einer geistigen Konstitution zu tun, die solches Verhalten als unwiderstehlichen Zwang erlebt, wenn nicht als vollkommen in Ordnung empfindet. Man könnte auch argumentieren, wir alle seien mitverantwortlich für dieses Verhalten, da wir alle mitwirken an der Entstehung von Prägungen und sozialem Druck. Während man also die Gesellschaft vor dem *physischen* Handeln eines solchen Menschen schützt, wäre es wohl sinnvoll, zugleich eine Ebene höher zu gehen und den Versuch zu machen, ihm zu einem harmonischeren *Geistes*zustand zu verhelfen. Wenn wir die Dinge von der geistigen Ebene her betrachten, verflüchtigen sich Ideen wie Bestrafung, moralische Verurteilung oder Vergeltung ziemlich schnell. Wir verlegen unseren Wahrnehmungsstandpunkt und gelangen so zu einer verständnisvolleren und barmherzigeren Haltung.

Vom *spirituellen* Standpunkt her wäre hinzuzufügen, daß das unerkannte Leiden, das diesen Kriminellen umtreibt, seine Seele schließlich – vielleicht erst nach vielen Inkarnationen – zu Gott hintreibt und auf die Suche nach dem großen inneren Quell des Seins schickt, in dem aller innerer Kampf endet. Alle drei Vorgehensweisen sind nicht nur in ihrer jeweiligen Sphäre angebracht, sondern auch im praktischen Lebenszusammenhang durchaus miteinander vereinbar. Kein Widerspruch, wenn nur der Gesamtzusammenhang erfaßt wird.

Um Ziegel herzustellen und ein Haus zu bauen, müssen wir nichts von subatomarer Physik und den Grundkräften der Natur verstehen. Aber der rechte Blick für den Gesamtzusammenhang unseres Handelns kommt uns ganz gewiß auch in allen Dingen des Alltags zugute, denn in dieser Haltung handeln wir in Übereinstimmung mit den «Gesetzen» der Schöpfung: Wir erkennen in allen Dingen die spirituelle Seite und die Dimension des Formativen Geistes. Diese umfassende Wahrnehmung ist jedoch eine Frage von Bewußtsein, Gewahrsein, Intuition und Erfahrung – durch intellektuelle Analyse allein nicht zu erreichen.

Häufig ist es sogar unmöglich, die Dinge ganz auf der physikalischen Ebene zu verstehen, einfach weil Geist-Faktoren eine Rolle spielen, die bei der Beantwortung unserer Frage berücksichtigt werden müssen. Das betrifft auch all das, was wir im weitesten Sinne unter Heilkunst verstehen, denn der Körper entsteht überhaupt erst durch den Geist und die innere Lebenskraft, das Bewußtsein. Auch bei der Erforschung der Fossilienfunde müssen wir den Geist-Faktor einführen, wenn wir einigermaßen klar erkennen wollen, was da vorgegangen ist. Nichts können wir wirklich verstehen, solange wir nicht die Rolle des größeren Geistes im Projektionsprozeß berücksichtigen.

Es gibt zwei Weisen, diese Schöpfung zu betrachten:

1. Von oben nach unten – der Standpunkt des Schöpfers.
2. Von unten nach oben – der Standpunkt des Menschen.

Von oben betrachtet, sieht es so aus, als wäre der Schöpfer alles in allem. Er ist der einzige Akteur, und der Mensch wirkt wie eine Puppe, hin und her geschleudert von dem, der an den Fäden zieht. Es scheint keinen freien Willen zu geben im Menschen und daher auch keine Verantwortung auf seinen Schultern. Es ist Sein Spiel. Da gibt es kein Weshalb und Wozu. Alle Heiligen, wenn sie von oben schauen, beschreiben die Schöpfung als Seine Manifestation. Überall sehen sie Ihn wirken.

Schauen wir von unten, vom Standpunkt des Menschen aus, so begegnet uns eine «Vielheit» im Unterschied zur «Einheit». Ein jeder scheint mit einem Willen zu handeln, beeinflußt andere und wird von anderen beeinflußt, mit denen er in Berührung kommt. Der Mensch glaubt, er sei der Handelnde, und so wird er verantwortlich für sein Handeln und dessen Folgen. Alle Handlungen werden in seinem Geist und Gedächtnis verzeichnet und erzeugen Vorlieben und Abneigungen, und diese halten ihn – gemäß seines Handelns in früheren Leben im Zyklus der Transmigration – in der materiellen, astralen oder mentalen (kausalen) Sphäre fest. In diesen Regionen kann er nicht anders, als handeln, und wenn die Handlung vollzogen ist, kann er ihrem Einfluß nicht entgehen. Er handelt, als sei er der Handelnde, und daher trägt er die Folgen seines Handelns.

Wie schon gesagt, unterscheiden sich die Beobachtungen aufgrund der verschiedenen Blickwinkel. Beide sind richtig.

1. Der Mensch in seiner grobstofflichen Gestalt sieht nur die äußeren materiellen Formen. Sein Blick dringt nicht tiefer.

2. Würde er sich zum *Sahans dal Kanwal** erheben, so würde er sehen, daß der Geist Ursprung und Antrieb aller Formen ist. Die Form wäre dann nur sekundär; der Geist wäre der Erste Beweger in allem.
3. Der gleiche Mensch wird vom *Daswan Dwar** aus sehen, wie der Strom des Reinen Geistes überall wirkt und wie der größere Geist seine Kraft erhält vom Reinen Geist.
4. Vom *Sach Khand** aus stellt sich die gesamte Schöpfung als lauter Blasen dar, die sich im Ozean des Reinen Geistes bilden und wieder auflösen.

Maharaj Sawan Singh Ji, *Spiritual Gems*

* siehe Glossar

# 9. Der Formative Geist: Ordnung und der Tanz der Energie

## Synchronizität, Schwingung und Muster

Es gibt manchmal Entwicklungen, zwischen denen keine Verbindung zu bestehen scheint und die doch zu annähernd gleicher Zeit sehr ähnlich verlaufen. Im Wissenschaftsbetrieb ist dieses Phänomen wohlbekannt, aber man hat keine Erklärung dafür. Es kommt auch vor, daß die gleichen gesellschaftlichen oder philosophischen Veränderungen sich in ganz verschiedenen Gegenden der Welt zur gleichen Zeit einstellen. C. G. Jung war fasziniert von diesem Phänomen, das er *Synchronizität* nannte.

Man könnte zur Erklärung nun sagen, daß Menschen einfach auf die gleichen Reize reagieren. Das trifft zweifellos bis zu einem gewissen Grad zu. Aber es ist nicht alles. Wir schwimmen alle mit ein und derselben Welle. Wenn Sie am Meer die Brandung beobachten, werden Sie sehen, daß eine Welle auf breiter Front bricht, obgleich die Bewegung des Überschlagens von einzelnen Punkten ausgeht. Sie breiten sich sehr schnell aus und verschmelzen schließlich zu einem einzigen stürzenden Wogenkamm. Die Prozesse *in* der Welle sind das, was sie brechen macht; das Brechen gehört zu ihrem Sein. Weiterhin sind alle Wellen miteinander verbunden. Eine bildet sich hinter der anderen und in Reaktion auf die übrigen. Es ist ein zyklisches Muster. Darunter liegt der große Ozean, aus dem sich alle Wellen und Wellenkämme erheben und in dem sie alle miteinander verbunden sind.

Auf ähnliche Weise haben wir gemeinsam diese Welt erschaffen – und in weitaus tieferem Sinne, als wir vielleicht wissen. Wir alle spielen eine gewichtige Rolle im Gewebe der sich wandelnden Energiemuster, das unser Leben bildet – das Leben der einzelnen und des Ganzen. Wir sind alle verbunden wie Wellen auf diesem weiten Ozean des karmischen Geschehens, der Kontrolle und Lenkung des Formativen Geistes unterstellt. So ist also das große Schreckgespenst der modernen Physik, die unerklärliche «nichtlokale Verbindung», nichts weiter als das Prinzip, nach dem die subtilen Energien unseres Geistes die Matrix des Geschehens auf dieser Welt weben. Die Prozesse der subtileren Energiebereiche sind ihrer Natur nach enger verflochten als alles, was wir in der äußeren Welt beobachten können.

Das sehen wir ganz deutlich an den nationalen Eigentümlichkeiten eines Landes, dessen Erscheinungsbild durch die Mentalität seiner Bewohner geprägt ist. Wenn wir an einzelne Bau- oder Kunstwerke denken, ist natürlich klar, daß sich in ihnen der Geist des jeweiligen Schöpfers widerspiegelt. Doch diese Geister sind geprägt durch die Vergangenheit und reagieren auf die Strömungen der Gegenwart und erzeugen gemeinsam ein zwar variierendes, aber doch kohärentes Wandlungsmuster, etwa in der Architektur. Umgekehrt beeinflußt die Natur der Gegend den Geist ihrer Bewohner auf offensichtliche, aber auch auf subtile Weise. Küstenbewohner lieben die Weite des Blicks und interessieren sich für alles, was mit Fischfang und Schiffahrt zu tun hat. Gebirgsmenschen entwickeln eine entsprechend schroffe Mentalität und lieben die Majestät der Berge.

Aber solch horizontales und lineares Kausaldenken erschließt uns offenbar noch nicht das ganze Bild, denn eigentlich gehen die Einflüsse nicht von einzelnen Zügen, sondern von der Natur als

Ganzheit aus. Es gibt in jedem Gebiet eine alle Einzeleinflüsse zusammenfassende Grundschwingung der Natur. Die Umwelt, die Lebewesen und die allgemeine Denkrichtung der Menschen sind zu einem einzigen ganzheitlichen Muster verflochten.

In China beispielsweise haben sogar die Bäume diesen wunderbar filigranen Charakter, der sich auch in der Mentalität der alten Chinesen zeigte – die feine Detailarbeit, Sorgfalt und Raffinesse, die man hier in den Kunstwerken findet, in den gesellschaftlichen Bräuchen, in der ebenso anmutigen wie eleganten Anlage von Gebäuden und Gärten.

In China kann es sogar vorkommen, daß eine Familie generationenlang einen im Flußbett liegenden Stein pflegt, bis er schließlich zum Haus geholt wird und seinen Platz im Garten erhält. Und mit all der Sorgfalt und liebevollen Zuwendung, die er vielleicht über Jahrhunderte in seine energetische Struktur aufgenommen hat, ist er natürlich von ganz anderer Ausstrahlung als ein im Gartencenter gekaufter Stein, den man einfach nach Hause schleppt und neben der Terrasse aufbaut. Die geistige Haltung und Motivation ist in den beiden Situationen grundverschieden.

In gleicher Weise kümmerten sich die Chinesen auch um die Gestalt der Landschaft, in der sie lebten, und wählten den Standort von Gebäuden und Kunstwerken dementsprechend aus. Das Ergebnis solcher Sorgfalt war stets von großer Schönheit und Harmonie. Dieses Vermögen, die richtige Atmosphäre zu gestalten – die chinesische Wissenschaft des Feng Shui – ist der chinesischen Kultur zutiefst zu eigen – oder war es zumindest, denn der Einfluß der modernen Zeit macht sich jetzt auch hier bemerkbar. All das zeigt sich in diesem Land auch in der Umwelt, und nicht nur in der vom Menschen geformten Umwelt, sondern auch in der Natur. Der Geist in uns und allen anderen Lebewesen formt unsere Umwelt – ganz direkt, aber auch auf subtile Weise.

Sehr deutlich wurde mir das, als ich vor Jahren einmal im Frühling im Berner Oberland war. Wie verzaubert war ich von der

Schönheit der schneebedeckten Gipfel und blütenübersäten Hänge um die Täler, in denen die Bauern auf den Heuwiesen alles wachsen ließen, was da wachsen wollte. Alles, was man sich an Wildkräutern denken kann, gab es da, Kuckucksnelke, Vergißmeinnicht, wilder Sellerie, wilde Rübe, rote Lichtnelke, Storchschnabel und vieles mehr. Sie machten jede Wiese zu einer Inspiration, an der Monet sicher nicht vorbeigekommen wäre. Und überall erkannte man die pflegende Hand des Menschen, die sich auch an den mit viel Sinn für bauliche Schönheit gestalteten Bauernhäusern zeigte. Ich sah nur wenige Auswüche, wenige Angriffe des Menschen auf die Harmonie dieser allumfassenden Schwingung.

Beflügelt von dem Gedanken, meinen englischen Rasen einer Schweizer Heuwiese nachzubilden, kehrte ich heim. Aber ich brauchte mein kleines Gärtchen nur ein paar Minuten auf mich wirken zu lassen, bis mir klar wurde, daß die Artenvielfalt einer Schweizer Wiese nicht von ungefähr kommt, sondern eben diese subtile Atmosphäre und Schwingung zum Hintergrund hat, die mich so verzauberte. Die Kraft der Berge, diese hoch aufragenden Massen aus Fels und Kristall, die geschützten Täler, die ganze Lebensart – all das und vieles Ungreifbare war eingegangen in das Ganze der Natur, wie es sich in den Tälern von Lauterbrunnen, Wilderswil und Wengen manifestierte.

England ist England – eine andere Schwingung mit anderen subtilen und mentalen Eigenschaften. Also habe ich englische Wildblumensamen gesammelt, in meinem Rasen angesiedelt und gehegt und gepflegt, und es entstand ein Stückchen altenglische Wiese mit ihrer sanften, stillen Heiterkeit. Das ist die Harmonie und die tragende Schwingung Englands. Ganz anders, aber auch schön.

Andererseits gibt es ja Bedingungen, die überall auf der Welt mehr oder weniger gleich sind, und ich kann mir gut vorstellen, daß sehr ähnliche Arten «unabhängig» voneinander in ganz verschiedenen Teilen der Welt entstehen; sie zeigen dann Merkmale, die sowohl lokale Schwingungen zum Ausdruck bringen als auch durch die weltumspannende subtile Atmosphäre geprägt sind. Vielleicht irren sich die Paläontologen, wenn sie in verschiedenen Teilen der Welt ähnliche Fossilien finden und deshalb auf eine ehemalige Landverbindung schließen. Vielleicht sind diese Wesen gar nicht gewandert. Sie könnten sich «unabhängig» voneinander entwickelt haben, nämlich aufgrund der nichtlokalen Verbindung durch schöpferische Muster des überall gegenwärtigen Formativen Geistes.

Die Essenz jedes Lebewesens liegt in seiner subtilen mentalen Struktur, die dann äußerlich abgebildet wird in seinem grobstofflichen Körper und seinem Verhalten. Und die «Evolutions»-Schritte der Arten sind gewiß Reaktionen auf Veränderungen in der subtilen Atmosphäre. Ohne solche Veränderungen der Schwingung oder Atmosphäre wird sich auch in der äußeren Gestalt oder im Verhalten wenig ändern. Größere Veränderungen in der formativen mentalen Schwingung ziehen entsprechend große Veränderungen der äußeren Gestalt nach sich.

Wollen wir wirklich annehmen, daß die Lebewesen sich aufgrund von Zufallsmutationen ändern? Sie folgen einfach den sich wandelnden Mustern der Umwelt und der atmosphärischen Schwingungen. Nichts geschieht in der Natur zufällig. «Nicht ein einziges Blatt regt sich, es sei denn auf Sein Geheiß», sagt der große indische Mystiker Nanak. «Eure Haare auf dem Haupt (sind) alle gezählt», sagt Christus. Die große Universale Kraft ist in allem, und sie ist verantwortlich für alle Muster und allen Wandel in der Schöpfung.

## Die Angst vor der Ganzheit

Wo sich das Bewußtsein eines Menschen zu weiten beginnt, bildet sich in den intuitiven Tiefen des Geistes ganz von selbst eine ganzheitlichere Sicht, die sich dem Denken mitteilt. Wir sind dann dem

Linearitätswahn unseres von Gewohnheiten durchsetzten Intellekts nicht mehr so ausgeliefert und fangen an zu begreifen, daß es in der Natur – und in uns selbst – eine Ganzheit gibt. Ganzheit in der Vielheit ist ein Kennzeichen des Formativen Geistes. Das Ei des Brahmā, der Goldene Schoß, ist *ein* geeintes dynamisches Energiesystem des *Geistes.* Die äußere Schöpfung, das also, was wir Natur nennen, ist nur ein kleiner Teil des Ganzen. Die Einheit oder Ganzheit stammt von Gott – das ist die ursprüngliche, nicht erschaffene Kraft und Quelle der Energie, des Bewußtseins. Der Geist mag Muster erzeugen, doch die Einheit geht dabei nie verloren.

In dieser äußeren Welt sehen wir nur Wirkungen, und wenn wir etwas von der allem innewohnenden Einheit und Ganzheit erfassen, dann ist es ein intuitives Gewahrsein, daß Ganzheitlichkeit ein Prinzip der Natur ist. Kausalzusammenhänge sehen wir nur ausschnittweise: Die ersten Ursachen dessen, was in der stofflichen Welt vorgeht, sind dem Blick verborgen. Aber wenn unsere Seele erwacht und die tieferen Schichten unseres Geistes in Aktion treten, erfahren wir immer mehr von dieser Einheit.

Je niedriger unser Bewußtseinsgrad, desto geteilter auch unsere Wahrnehmung. Hier regieren Gewohnheit, Intoleranz, Egoismus, Engstirnigkeit, Materialismus und ein blindes Haften an religiösen, gesellschaftlichen, philosophischen und wissenschaftlichen Dogmen. Solch ein Geist verhärtet sich mehr oder weniger unbewußt gegenüber allen Ideen, die etwas von Universalität, Mystik, Spiritualität und Ganzheitlichkeit haben. Er schlägt zurück, ohne zu wissen, wie und weshalb er es tut – und manchmal merkt er nicht einmal, *daß* er es tut. Unwissenheit versteckt sich gern hinter autoritärem oder zynischem Auftreten. Selten sind die Wissenschaftler und Philosophen, die zugeben, daß sie vom Grundlegenden wenig oder nichts wissen. Der «Experte» und die «Autorität» – das sind vielleicht nur Masken für die Unwissenheit, die das Menschsein einfach mit sich bringt. Aber Dogmatiker haben immer unrecht. Wer frei ist in seinem Denken, wird sich niemals an einem anderen vergreifen, sei dieser noch so intolerant. Aber gib dem Intoleranten ein bißchen Macht, und schon rollen die Köpfe.

## Ordnung und die Gesetze der Natur

Die philosophischen Einschüsse der modernen Naturwissenschaft sind bisweilen recht erstaunlich. Wir haben die hochkomplexe und gesetzmäßige Struktur der DNS aufgeschlüsselt, die ans Wunderbare grenzende Vielschichtigkeit der ineinandergreifenden Prozesse in einer Zelle aufgedeckt, die schier unglaubliche Biochemie und Physiologie des Körpers erkundet, in der alles bis ins letzte planvoll und organisiert abläuft – und dann kommen viele Naturwissenschaftler daher und sagen, all das sei durch *Zufalls*mutationen aufgrund von wechselnden Umweltbedingungen entstanden.

Wir reden nur deshalb von Zufall, weil uns die wahren Kausalmuster unsichtbar sind. Im Grunde wissen wir nicht einmal, was Kausalität ist und wo sie ihren Ursprung hat. Da jedoch die meisten Wissenschaftler – wie wir übrigen – gar nicht gern zugeben, daß sie im Grunde nichts wissen, werden die abenteuerlichsten Theorien vorgetragen, um die Lücken in unserem Verständnis zuzuspachteln. Zu merkwürdig: Einerseits versuchen wir der Ordnung und Gesetzmäßigkeit in allen Dingen auf die Spur zu kommen, aber wo unser Gewahrsein nicht ausreicht, ziehen wir zur Erklärung flugs den Zufall als Erklärungsprinzip heran.

Tatsächlich verstehen wir weder die eigentliche Basis der deterministischen, mathematisch formulierten Naturgesetze (etwa der Gravitation) noch die der Wahrscheinlichkeitsgesetze oder statistischen Gesetze, die in der Quantenphysik eine Rolle spielen. Im Grunde besteht zwischen diesen beiden Arten von Gesetzen kein wesentlicher Unterschied, denn beide repräsentieren unsere Beobachtung von Mustern, Beziehungen und Kausalität – und über deren Ursprung wissen wir nichts. Mathematik, Geometrie und Statistik leisten nicht mehr als die Beschreibung von Mustern, doch das Zustandekommen dieser Muster erfaßt der Intellekt nicht.

Wäre die Naturwissenschaft des Menschen wirklich Wissenschaft, sie hätte eine Voraussagekraft, von der sie gegenwärtig nicht einmal träumen kann. Bei ein paar linearen Abläufen können wir das Ergebnis vorausberechnen – etwa beim Fall eines Apfels oder beim Abschuß einer Mondsonde –, aber wenn es darum geht, die Kenntnis aller Teile zu einem Verständnis des Ganzen zu integrieren, erweist sich unsere Logik als impotent. Wir können nicht einmal vorhersehen, was uns in den nächsten zwei Minuten passieren wird.

Immer wieder mal denken die Physiker, das Rätsel des Universums stehe kurz vor seiner Lösung, doch dabei übersehen sie vollkommen die Natur ihres eigenen Geistes, Lebens und Bewußtseins. Sie wissen nicht, von welcher Natur dieses «Ich» ist, das da nach universalem Durchblick strebt. Die Biologen meinen, durch Analyse einiger linearer Abläufe in lebendigen Organismen könnten sie der Natur des Lebens auf die Spur kommen. Aber keiner hat eine Ahnung, wie man vorgehen müßte, um auch nur den simpelsten Einzeller zu fabrizieren. Vollkommen vernachlässigt werden dabei Instinkt und Verhalten und die Frage, wie es sich anfühlt, irgendein anderes Lebewesen zu sein. Die herkömmliche Biologie weiß nicht, wie irgendein Instinkt oder Verhalten zustande kommt. Der Mensch begreift seine eigene Geist-Struktur nicht und die anderen Arten erst recht nicht.

Dennoch traut er diesem unbekannten und unerforschten Ding namens Menschengeist zu, ihm die Geheimnisse des Universums aufzudecken. Er verläßt sich ganz und gar auf ein Vermögen, dessen Natur er nicht kennt. Er benutzt seinen Geist als Instrument zum Erkunden dessen, was ist, doch sein Instrument hat weder eine Eichung, noch weiß er, was es eigentlich ist.

Diese Dinge zu verstehen übersteigt die Möglichkeit der diskursiven Naturwissenschaft und Philosophie. Die Natur ist nicht durch Analyse zu verstehen. Die begrenzte logische Analyse jenes winzigen Ausschnitts des Ganzen, den wir mit unserem Verstand und den Sinnen erreichen, wird uns nie zur Erkenntnis des grenzenlosen Ganzen führen. Zudem sind ja Verstand und Bewußtsein ebenfalls Teile dieses Ganzen. Wie soll ein Teil das Ganze erkennen, wenn er nicht das Ganze *wird*?

Diese Dinge sind nur durch innere Forschung im Labor des menschlichen Körpers zu erkennen. Als vollständiger Mikrokosmos hat der Mensch das Potential, alles im Universum in sich selbst zu entdecken und zu verstehen. Nur so kann der Teil das Ganze erkennen. Unsere reduktionistische, Teile analysierende Wissenschaft hat ihren Platz im Gesamtgefüge der Dinge, aber sie wird sich niemals anmaßen können, mit dieser Art des Denkens das Ganze zu verstehen. Das bleibt den höheren Vermögen von Geist und Seele überlassen.

## Mathematik, Geometrie und der Formative Geist

Mathematik und Geometrie sind Sprachen für die Beschreibung bestimmter Beziehungen innerhalb dieses großen Gewebes. Sie stellen jedoch nicht die Wirklichkeit selbst dar – ebenso wenig wie das Wort «Banane» eine Banane ist. Sie können auch nicht abbilden, auf welche Weise das Eine die Vielheit wird und doch in jedem Teil der Vielheit erhalten bleibt. Kurzum, sie können die hierarchische, vielschichtige Struktur des Formativen Geistes nicht abbilden. Sie haben ihren Wert, aber es ist wichtig, ihre Grenzen klar zu erfassen.

Jedes Ding in unserer äußeren Erfahrungswelt hat seine Grenzen und der Intellekt ganz bestimmt, wenn es darum geht, das Leben und alles andere wirklich zu erfassen. Lernen wir also, ihn richtig zu gebrauchen, das heißt in dem klaren Wissen um seine naturgegebene Begrenztheit. Naturwissenschaftliche Beschreibungen sind gegenwärtig meist nicht mehr als horizontale Darstellungen von Beziehungen: Wir analysieren Muster und Rhythmen, die wir mit den Sinnen an einem projizierten Bild wahrnehmen, und sagen dann, das sei «das Universum». Es gibt Ansätze, die ontologische Dimension des Formativen Geistes einzubeziehen (etwa die Erforschung der Beziehungen im stofflichen Universum unter dem Gesichtspunkt des Übergehens der Einheit in die Vielheit oder die mathematische Beschreibung des Vakuums), aber das sind noch sehr unvollständige Versuche.

Eine ausgeformte Geometrie oder Mathematik dieser Art sollte uns beispielsweise sagen können, woher die universalen «Konstanten» ihre Werte haben und wie die mathematisch und statistisch definierten «Naturgesetze» entstanden sind. Dazu müßten wir das Projektionssystem des Formativen Geistes kennen, denn nur dann wäre zu bestimmen, weshalb die Bilder auf der Leinwand gerade diese Formen und Rhythmen haben. Wenn wir die Körper von Organismen betrachten, sollten wir genau aufzeigen können, weshalb jeder Organismus eine sich wiederholende Zellstruktur mit identischen DNS-Molekülen in jedem Zellkern besitzt, weshalb eine Niere nierenförmig und die DNS DNS-förmig ist und wie überhaupt das gesamte dynamische, rhythmisch wechselnde und ganzheitliche Muster des Körpers zustande kommt und aufrechterhalten wird. Das erst wäre wirklich ein Modell des Körpers.

Es führt also kein Weg daran vorbei, die vertikale, formative Dimension und die Rolle des Formativen Geistes im schöpferischen Projektionsprozeß zu verstehen. Ohne dieses Verständnis verlieren wir uns in die Detailanalyse von Bildern und bemerken nie, welche Rolle dieser tiefere Geist in uns allen spielt. Uns entgeht der entscheidende Punkt, nämlich daß unser Geist nicht nur *Voraussetzung* ist für sensorische Beobachtung und Wahrnehmung, sondern daß die Dinge, die uns äußerlich und gegenständlich erscheinen, in Wahrheit Teil des größeren, Formativen Geistes sind; daß das stoffliche Universum eine *Geist*-Welt ist, deren sämtliche Gesetze eigentlich «Gesetze» des größeren Geistes sind, der sich auf der grobstofflichen Ebene manifestiert. Damit wird es uns unmöglich, die Natur des äußeren Universums als eine gemeinschaftliche Geist-Schöpfung zu erkennen, an der alle Seele-Geist-Körper-Weisheiten mitschaffen und Anteil haben. Kurz, wir realisieren nicht, daß Sein, Leben oder Bewußtsein die Essenz von allem Existierenden ist, sei es lebendig oder «unbelebt».

Auf einer tieferen Ebene sind wir alle Tropfen eines einzigen großen Ozeans und haben die Fähigkeit, unsere uranfängliche Einheit mit diesem Ozean zu realisieren. Der Ozean ist Sein und Bewußtsein an sich. Nichts in ihm kann also «unbelebt» sein. Es ist demnach ein schrecklicher Irrtum zu glauben, Leben, Sein und Geist seine Produkte der Materie. Tatsächlich trifft das Gegenteil zu: Materielle Substanz entsteht als Kristallisation des *Geistes*, wie er mit jeder menschlichen und nichtmenschlichen Seele verbunden ist. Der größere Geist erscheint äußerlich als individueller Geist, aber in der Tiefe ist alle Geistsubstanz zu einem Ganzen verwoben und enthält auch das, was wir stoffliche Materie oder Energie nennen.

Wir nehmen das nicht direkt wahr, weil unsere Aufmerksamkeit vom Augenzentrum weg nach unten und außen gerichtet ist. Mehr oder weniger große Nichtbewußtheit ist die Folge, denn je tiefer wir unter dieses Zentrum absinken, desto mehr schwindet das Bewußtsein. Wird die Konzentration jedoch durch richtige Meditationsübung zum Augenzentrum, dem Dritten Auge, zurückgelenkt, so nehmen wir immer mehr auf direkte Weise wahr, wie dieses Universum aufgebaut ist. Diese Erfahrung befriedigt uns weitaus mehr als jede intellektuelle oder philosophische Beschreibung, aber sie ist gänzlich jenseits jeder herkömmlichen wissenschaftlichen Verifizierbarkeit.

# Die Naturgesetze und der Formative Geist

Wenn wir das stoffliche Universum rein empirisch und physikalisch zu beschreiben versuchen, dann ist das etwa so, als nähmen wir bei der Wasserinstallation eines Hauses an, daß das Wasser beim Haupteinlaß irgendwie ganz von selbst und mit dem richtigen Druck vorhanden ist; oder bei der Elektroinstallation, daß der Strom sich ganz spontan in der Hauptleitung einfindet.

Wenn wir dem Charakter und den Eigenschaften von Wasser und Elektrizität eine exakte Definition als «universale Naturgesetze» geben, dann ist alles Nachgeordnete, hier die häusliche Installation, mühelos und widerspruchsfrei zu beschreiben. Und mit dieser Beschreibung läßt sich im praktischen Bereich sehr viel anfangen. Sie erlaubt uns jedoch nicht, die Natur des Wassers und des Wasserdrucks oder der Elektrizität und des Elektrons zu verstehen. Sie sagt uns nicht, was Wasser oder Elektrizität *ist.* Aber diese Frage, so interessant sie wäre, werden wir wohl aus dem Auge verlieren oder zumindest zurückstellen, denn schließlich haben wir ja alle Hände voll zu tun mit der praktischen Anwendung und all ihren Feinheiten und Verwicklungen.

Und so ist es mit den «Naturgesetzen» überhaupt. Durch empirische Forschung können wir sehr viel über das tatsächliche *Verhalten* der Naturkräfte in Erfahrung bringen, aber damit wissen wir noch nichts über ihre Herkunft. Wie kamen die universalen «Konstanten» zu ihren Werten? Weshalb ist $e = mc^2$? Weshalb breitet sich das Licht im Vakuum mit rund 300 000 Kilometern pro Sekunde aus? Was sind Masse und Energie? Woher kommen die mathematischen Gesetze, mit denen Schwerkraft, Optik und Elektromagnetismus beschrieben werden? Kurz, wodurch ist das stoffliche Universum so, wie es ist? Und wieso ist es so sicher, daß diese mathematisch formulierten Gesetze konstant bleiben? Ist es wirklich erwiesen, daß sie über Jahrmillionen konstant bleiben? Wenn wir nicht wissen, wie sie zustande kamen, wie können wir dann so sicher sein, daß sie nicht wie alles andere im Universum einer Periodizität unterliegen?

Solche Fragen werden unbeantwortbar bleiben, solange wir das stoffliche Universum als die einzige objektive Wirklichkeit ansehen und dabei vergessen, daß wir, die Beobachter, untrennbar mit ihm verflochten sind. Wenn wir das projizierte Bild als die einzige Wirklichkeit ansehen und nicht fragen, wer dieses «Ich» ist, das das Bild wahrnimmt, und welche Rolle dieses Ich spielt, werden wir die grundlegenden Fragen nie beantworten können. Erst wenn wir erkennen, wie eng das «äußerlich» Gegebene mit unserem eigenen Sein verschränkt ist, bewegen wir uns in die richtige Richtung. Dann nämlich entdecken wir, daß hinter jeder Form der größere, der Formative Geist steht. Wie wir in unseren zwischenmenschlichen Beziehungen immer deutlicher sehen, daß wir andere nur verstehen können, wenn wir nachvollziehen lernen, wie ihr Geist funktioniert, so erkennen wir jetzt auch, daß das für die gesamte Schöpfung gilt. Hinter diesem ganzen Schauspiel von Rhythmus und Muster steht der Formative Geist.

Schon im täglichen Umgang mit anderen spüren wir ja intuitiv, daß wir wenig vom Inneren eines Menschen erfahren, wenn wir ihn nur nach dem beurteilen, was wir äußerlich als sein Auftreten und Verhalten beobachten. Wir müssen zur Psyche, zum inneren Leben des anderen vordringen, wenn wir das Wie und Warum seines äußeren Tuns erfassen wollen. Ähnliches gilt für die gesamte Schöpfung. Wenn wir die Ur-Energie und die musterbildende Kraft des Formativen Geistes ignorieren, werden wir niemals wissen, wodurch und wie wir selbst ins Dasein gelangen und von welcher Herkunft die Materie ist. Wir können das projizierte Bild bis in alle Ewigkeit weiter analysieren, wir werden es doch nie verstehen, solange wir uns nicht dem Projektionssystem zuwenden. Alle Dinge finden ihren Platz, sobald wir erkennen, daß es ein Projektionssystem *gibt*, in das wir als Beobachter durch den Geist von vornherein eingebunden sind.

## Subtile Biologie und subtile Physik

Wir sind gewohnt zu denken, daß es Form, Struktur und Organisation nur in unserem Körper und in der Materie der Welt «da draußen» gibt. Aber, um es noch einmal zu wiederholen, diese Strukturierungen entstehen in der Energiehierarchie des Formativen Geistes. Es gilt daher zu erkennen, daß unsere subtilen Energiefelder, unsere subtilen Geist-Energien, ebenfalls Form und geordnete Struktur besitzen. Eine Wissenschaft, die das erforschte, könnte man als subtile Biologie bezeichnen.

Wenn wir jedoch diese Struktur tatsächlich wahrnehmen wollen, müssen wir den Standpunkt unserer Wahrnehmung in der Dimension des Seins nach oben verlagern. Es gibt Menschen mit «medialer» Begabung, die von innen her die Vorgänge in ihrem eigenen Gehirn und das Zusammenwirken von Geist und Gehirn beobachten können. Oder sie sehen die subtilen strukturbildenden Energien in ihrem eigenen Körper oder bei anderen Menschen und können Krankheiten durch direkte Wahrnehmung diagnostizieren. Solche Menschen, wenn sie ehrlich und klar genug sind und ihr Ego und ihre Imagination einigermaßen unter Kontrolle haben, können in Laboratorien oder medizinischen Einrichtungen sehr nützlich sein.

Bei dem psychischen Krankheitsbild, das wir als Autismus bezeichnen, ist der normale Kontakt der Betroffenen mit der Außenwelt mehr oder weniger vollständig unterbrochen, und doch besitzen diese Menschen manchmal ganz erstaunliche Talente. Von einem etwa ist bekannt, daß er komplexe Musik hören und augenblicklich auf dem Klavier oder der Gitarre reproduzieren kann. Ein anderer kann sich alle Linien und ornamentalen Details von Gebäuden einprägen und später detailgetreu nachzeichnen. Er beginnt aber nicht mit dem Umriß, den er dann füllt, sondern fängt oben oder in einer Ecke an und zeichnet das Ganze dann so, als würde man ein Blatt Papier abrollen. Er scheint ein vollständiges

Bild vor dem inneren Auge zu haben, das er lediglich abzeichnet. Ein solch fotografisches Gedächtnis setzt gewiß eine große Konzentrationskraft voraus.

Wieder ein anderer sagt einem in Sekundenschnelle den Wochentag zu jedem Datum in Vergangenheit oder Zukunft, das man ihm nennen mag. «Dritter Juni 1428?» . . . «Dienstag». Und dabei kann er nicht einmal richtig addieren. Zweifellos benutzt er da geistige Fähigkeiten, mit denen wir übrigen im allgemeinen nicht vertraut sind. Diese Menschen handhaben ihre ungewöhnlichen Begabungen so geläufig, wie wir die Wörter unserer Sprache benutzen, ohne zu wissen, wie wir das machen. Sie benutzen ihren Geist nicht nur anders als wir, sondern scheinen ihren Ausgangspunkt überhaupt an einer anderen Stelle der Seinsdimension zu haben.

Daniel lebt in Kanada, und er, scheint mir, demonstriert noch deutlicher als die anderen, daß die subtilen Energiefelder eine formative Struktur und Organisation besitzen. Daniel bastelt elektronisches Spielzeug, aber nach einer sehr unorthodoxen Methode: Er steckt hier einen Transistor hin, klemmt da einen Widerstand an und da noch einen Kondensator, in eine Ecke kommt ein Birnchen, in eine andere ein Schalter. Er verdrahtet sie nicht einmal! Allem Anschein nach klebt er sie völlig willkürlich auf ein Stück Plexiglas. Aber wenn er den Schalter umlegt, brennt die Birne. Sie brennt sogar dann, wenn jemand anders sie einschaltet und er gar nicht im Zimmer und mit etwas ganz anderem beschäftigt ist. Ein konstanter psychokinetischer Einfluß Daniels ist damit ausgeschlossen.

Ganz offensichtlich sieht Daniel im Geist die innere Struktur von Energiemustern der subatomaren Ebene und des Vakuumzustands. Und da ihm keine Ideen von «möglich» und «unmöglich» im Wege stehen, geht er einfach den Weg der Geist-Energie in die stoffliche Manifestation nach und arrangiert deren Energiemuster so, wie er sie gern haben möchte. Er hat dabei keinerlei weitergehende Absichten, sondern spielt einfach mit seinen Apparaturen und möchte gern, daß sie leuchten. Denkbar wäre auch, daß er uns etwas mitzuteilen versucht und sich nur nicht so erklären kann, wie es nach unserem Geschmack wäre. Das rätselhafte und irgendwie verschmitzte Lächeln jenes anderen, der zu jedem Datum den Wochentag nennen kann, scheint darauf hinzudeuten, daß er sehr wohl weiß, wie sehr er uns in unserer so selbstverständlichen Auffassung von möglich und unmöglich verblüfft.

Haben wir vielleicht in Daniels Spielzeugen die Prototypen einer Technologie des einundzwanzigsten Jahrhunderts, die Anwendungen einer subtilen Physik, vor uns? Ganz sicher haben wir noch so manches über die Musterbildungsprozesse des Vakuums und über subtile Energiefelder zu lernen, bevor wir Daniels Apparate mit «normalen» Mitteln nachbauen können. Aber vielleicht sehen wir hier zumindest ein wenig von dem, was möglich werden könnte, wenn wir erst verstehen, wie physikalische Energie sich als ein Aspekt des Formativen Geistes manifestiert.

Einstweilen geht es natürlich erst einmal darum, daß die große Mehrheit der Naturwissenschaftler solch eine subtile Biologie und Physik überhaupt ernst nimmt. Doch die Zeiten ändern sich bereits. Manche Wissenschaftler, die Daniels Spielzeuge in Aktion erlebt und sie dann in ihren Labors getestet haben, konnten nur noch fassungslos weinen: Alles, was sie gelernt und geglaubt hatten, war völlig auf den Kopf gestellt.

Aber eigentlich stimmt das nicht, denn sobald wir einsehen, daß unsere sogenannten Naturgesetze nur partielle Beschreibungen der Wirklichkeit, nicht aber der Natur immanent sind, sehen wir auch, daß immer Raum bleibt für eine Erweiterung dieser Beschreibungen. Einstein hat Newton nicht widerlegt, sondern lediglich gezeigt, daß seine Aussagen nur für eine bestimmte Beobachterposition gelten. So wird auch unsere gegenwärtige Naturwissenschaft samt Einstein und allen anderen sich als positionsgebunden erweisen – und diese Position ist nach wie vor die unterste

Sprosse auf der Leiter von Sein und Energie. In der Tat, die Zeiten ändern sich.

Was Daniel uns zeigt, hat ungeheure Implikationen. Unsere gegenwärtige elektronische Technologie besteht darin, verschiedene Effekte zu erzeugen und diese Effekte zu Schaltkreisen zu vernetzen und wiederum andere Effekte hervorzubringen – Wärme, Licht, Schall, Bewegung oder auch Effekte, die in Computern als Logik-, Schalt- und Speicherfunktionen ausgenutzt werden. Wir spielen mit Elektronen und wandeln Energien ineinander um, ohne zu wissen, was sie wirklich sind. Kein Physiker weiß, was ein Elektron oder was Elektrizität wirklich ist. Keine noch so exakte Beschreibung oder Theorie kann je die wahre Natur der Sache selbst wiedergeben.

Und Daniel, als Autist, ist von unseren wissenschaftlichen Begriffen gänzlich unbeleckt. Wenn er einen Transistor oder eine Glühbirne anschaut, sieht er deren Charakteristika und Möglichkeiten als Konfigurationen der Vakuum- oder Raumenergie. Und wenn er ein Stück Plexiglas nimmt und seine Komponenten daraufklebt, verbindet er dynamisch aktive Raummuster. Er strukturiert diese Muster sogar um, wenn die Komponenten nicht so recht tun wollen, was er möchte, und diese Umstrukturierung ist geistiger Natur.

Daniels Gabe sagt uns wohl, daß wir die Effekte, die wir wünschen – Licht, Schall, Fortbewegung und so weiter –, sehr viel effektiver und eleganter bewirken könnten, wenn es uns gelänge, die Energie des Vakuums oder Raums unseren Bedürfnissen entsprechend zu strukturieren. (Das tun wir übrigens ohnehin schon mit all unseren Drähten und sonstigen Komponenten.) Es wäre doch sehr praktisch, wenn wir die subatomaren Teilchen, diese räumlichen Energiewirbel, und vielleicht noch andere, verstecktere Strukturen des Vakuums direkt als unser Netz oder als Energiewandler benutzen könnten.

# Morphogenese und der Formative Geist

Alle Phänomene und Muster, die Rupert Sheldrake in seinem Buch *Das Gedächtnis der Natur* beschreibt, sind durch den Formativen Geist und das Prinzip der Schöpfung aus dem Vakuumzustand zu erklären. Der Formative Geist selbst ist der Musterbildner, und er folgt dabei den ihm selbst innewohnenden ganzheitlichen Gesetzen. Der Geist ist immer formbildend. Das ist seine Natur und Wirkungsweise.

Der Geist ist auf allen Ebenen der innere Bauplan, vom Universalen Geist und dem kausalen Bereich bis zum individuellen menschlichen Geist und seiner äußeren Manifestation als stofflicher Körper. Ob wir den Finger schütteln oder die Formen und Strukturen in unserem Körper oder sonstwo in der Natur beobachten, immer steht der Formative Geist hinter allen Formen und Vorgängen, die wir beobachten. Wir können die verborgenen Seiten der Psyche an uns selbst oder an anderen zu verstehen versuchen oder uns mit psychosomatischen Phänomenen auseinandersetzen oder staunend vor dem Wunderbaren und Übernatürlichen stehen – alles ist das Wirken des Formativen Geistes.

Wir verstehen ihn nicht, weil wir uns auf einer Stufe reduzierten Bewußtseins und reduzierter Wahrnehmung befinden und deshalb nicht klar sehen können. Klarheit und direkte Wahrnehmung stellen sich ein, wenn unser Bewußtsein sich weitet. Dann geht uns ganz allmählich auf, *wie* alle Dinge zustande kommen. Wir entdecken, wie wir selbst gemacht sind, und erkennen dabei zugleich, wie das Universum konstruiert ist, denn das eine ist ein Teil des anderen, und unsere menschliche Form ist ein höchst wunderbar gefügter Mikrokosmos. Dann erschließt sich uns die Natur dessen, was das «Universum» wirklich ist.

# Die Übernatur und der Formative Geist

Alles, was Lyall Watson in *Geheimes Wissen* und seinen anderen Büchern an faszinierenden Fakten unter der Überschrift «Übernatur» zusammenstellt, ist erklärbar, wenn man den vielschichtigen und doch ganzheitlichen Charakter des Formativen Geistes erkennt. Watson selbst nimmt wie Sheldrake an, daß Jungs kollektives Unbewußtes ein Teil dieses Bildes ist. Aber das kollektive Unbewußte ist, wie auch viele Ideen in der Physik, im allgemeinen nicht mehr als ein Begriff. In der Welt des Formativen Geistes dagegen ist alles eine Sache der Erfahrung, der Energie und des Seins – etwas, das man wirklich erfahren kann als formative, schöpferische Kraft. Aber das Labor für diese Erfahrung und Beobachtung ist unser eigener Geist. Wo es um die Dinge des höheren Geistes geht, hat es wenig Sinn, sensorische Erfahrungen zu analysieren.

Die Übernatur ist nichts anderes als der Formative Geist, wie er seine Muster um das innere Lebensprinzip herumwebt. Auf der stofflichen Ebene sehen wir nur die Oberflächenphänomene eines inneren, ganzheitlichen Wirkens von ungeheuren Dimensionen.

So sind auch die «große Ordnung», «Integration» und «Koinzidenz», die James Lovelock in seiner «Gaia-Hypothese» und Brandon Carter in seinem «Anthropischen Prinzip» anspricht, ohne weiteres zu verstehen, wenn man sich klarmacht, daß das stoffliche Universum nur ein Bild auf einer Leinwand ist, eine dynamische Projektion oder Kristallisation innerer Muster des Formativen Geistes. Diese beiden Ansätze lassen erkennen, daß das Universum geordnet und planvoll angelegt ist, und sie liefern klare wissenschaftliche Beweise für die Hypothese des Formativen Geistes.

# Die Totalität des Geistes

Der Geist ist also immer formativ. Das ist seine Natur. Ob wir Pläne in unserem «Bewußtsein» schmieden für Dinge, die wir tun oder uns verschaffen möchten, oder ob wir den Einfluß unseres unterbewußten Geistes auf unsere «bewußten» Gedanken und emotionalen Muster gewahren – immer ist der musterbildende, Formative Geist am Werk. Zuerst haben wir die Idee, den Plan, dann kommt das Handeln. Man nehme den Plan, den Denkprozeß, weg, schon sinken uns die Hände.

Aber unser Denken, so wunderbar es auch sein mag, ist nur ein Teil der Totalität des *Geistes*, und der gleiche formative Prozeß setzt sich durch alle *Geist*-Welten fort. Die Ereignisse unseres gegenwärtigen Lebens sind durch unsere Geist-Energien vorgegeben: Von hier aus gestalten mentale Eindrücke der Vergangenheit das Schicksal dieses Lebens, und aus den Mustern der Gegenwart formt sich später das Schicksal künftiger Existenzen.

Die Energiequelle der astralen Region, Sahasrāra, der Tausendblättrige Lotos, ist für alle niederen Bereiche der Schöpfung der Energieverteiler. Sahasrāra ist jedoch selbst auch nur ein Energiemuster, eine Projektion aus dem weiter innen liegenden kausalen Bereich. Diese kausale Region, die Welt des Universalen Geistes, ist der erste Musterbildner und der Urheber der Māyā, die das Gewebe der Illusion webt, das trügerische Gespinst der Formen, das uns so real erscheint.

Der *Geist* selbst jedoch existiert nur durch die Kraft des Bewußtseins, des Ozeans des Seins, nur durch die Kraft Gottes, der Ur-Kraft oder Ur-Energie. Das Licht und Lebensprinzip in dieser Büchse der Pandora mit all ihren Formen ist das Göttliche. Alle Muster des Universalen Geistes oder des menschlichen Denkens oder aller anderer Dinge im kausalen, astralen und physischen Universum sind nur Blasen auf dem großen Schöpferischen Ozean. Der *Geist* ist eine Schöpfung des Höchsten Bewußtseins.

Was wir Energie nennen, ist demnach nur ein vom Formativen Geist ins Werk gesetztes Muster im schöpferischen Strom des Lebens. Und da alles Bewußtsein *eine* ungeteilte Ganzheit ist, stehen alle Energiemuster miteinander in Beziehung – ein Phänomen, das wir als Kausalität erfahren. Was wir als die drei Welten des *Geistes* erfahren, ist eigentlich die Dreiteilung des Formativen Geistes. Das kommt auf allen Ebenen des geistigen Wirkens zum Ausdruck, auf der «bewußten», der begrifflichen, der unbewußten, der formativen und der kausalen. Oder, wie das yogische Wort sagt: «Der *Geist* erschlägt das Wirkliche.»

Im grobstofflichen, astralen und kausalen Bereich sind die Seelen von unterschiedlichen Geiststrukturen umgeben, die als Körper verschiedener Art nach außen projiziert werden. Solange wir nur die Körper sehen, werden wir irregeführt. Erst dann fangen wir an, wirklich zu sehen, wenn wir die verborgenen Gesetze des geistigen Wirkens erfassen. Und wenn die Seele schließlich nackt in den spirituellen Regionen steht, jenseits des Universalen Geistes, dann erst erkennen wir endlich unser wahres Ich.

Das freilich liegt außerhalb der Reichweite der meisten Meditationsformen. Nur ein vollendeter Mystiker kann die Seele in diese Höhe erheben. Die meisten mystischen Erfahrungen in dieser Welt, mögen sie auch voller Licht und Glückseligkeit sein und die Menschen ein Stück des Weges zur Einheit zurückführen, sind nur Erfahrungen in den subtilen Regionen des stofflichen Bereichs, immer noch unterhalb der subastralen Sphäre oder diese gelegentlich berührend. Solche Erfahrungen sind keineswegs zu verachten, sondern vielmehr von großer Bedeutung für den einzelnen, aber wir dürfen dabei nie vergessen, daß die Schöpfung sehr groß ist und die Reise zurück in ihre Ur-Heimat sehr weit. Solche Erfahrungen sind nur ein Anfang.

## Die Energie und der Formative Geist

Wir hören die Menschen oft von Körper, Geist und Seele sprechen, und jeder gibt diesen Wörtern eine etwas andere Bedeutung. Aber was sind diese «Entitäten» eigentlich? Und was ist Energie? Was sind Substanz und Materie? Vergegenwärtigen wir es uns noch einmal: Unsere Seele ist unser Bewußtsein, der innerste Lebensfunke in uns. Sie ist ein Teil des Formlosen Einen, des Einen Ozeans des Seins. Deshalb ist auch das Bewußtsein eins und ungeteilt. Wenn es aber ohne Teile ist, dann ist es auch ohne Form. Es hat kein inneres «Dies und Das», kein Muster, keine Dualität oder Polarität. Alles ist Eins, ein Ozean von Liebe und Leben. Das ist der Ursprung, der Unerschaffene Gott, die Absolute Wirklichkeit. Es ist das, was wir im Grunde sind.

«Der *Geist* erschlägt das Wirkliche.» Der *Geist* ist ein Teil des Schöpfungsprozesses. Zuerst entsteht in der Region des Universalen Geistes Dualität oder Polarität – Unterschied. Aus dieser Ur-Dualität entstehen Teilung und Form oder Muster und damit zugleich auch Raum und Zeit. Raum, Zeit und Muster implizieren Teilung oder Unterschied, sie alle sind Prinzipien der Trennung.

Die Realität des reinen Bewußtseins ist jetzt vom *Geist* überlagert, wenngleich der *Geist* keine unabhängige Existenz besitzt, sondern dem schöpferischen Drang des Bewußtseins entspringt. Diesen schöpferischen Drang nennen wir Das Wort oder Logos oder der Schöpferische Strom des Lebens. Es gibt auch die Bezeichnung Klangstrom oder Hörbarer Lebensstrom, denn diese Schwingung des Lebens kann in der mystischen Praxis hörbar werden. Sie ist eigentlich der Angelpunkt der höchsten mystischen Lehren. Und so beginnt auch das Johannesevangelium mit diesem «Im Anfang war das Wort». Die gleiche zentrale Stellung nimmt diese Kraft des Lebens in den Lehren der großen Mystiker ein, aber es gibt auch minderwertige Nachahmungen, die die gleiche Sprache zur Beschreibung niederer Bereiche der großen Hierarchie benutzen.

Die Muster des Formativen Geistes werden im Prozeß ihrer Projektion – vom Kausalen zum Astralen zum Stofflichen – immer komplexer. Alle Formen jedoch sind geistiger Natur, und wir können unseren Körper als ein Bild betrachten: Das reine Licht des Bewußtseins leuchtet durch die Muster des Formativen Geistes, und wir nehmen die so entstehende Projektion als Körper wahr. Die Muster, die wir Körper nennen, sind Abbilder des nach außen hin immer komplexer werdenden Wirkens des *Geistes*, letztlich also nichts weiter als ein Aspekt dieses *Geistes.* Und die Gedanken, Emotionen, Intuitionen und Instinkte, die wir zusammenfassend als unseren menschlichen Geist betrachten, sind nur ein kleiner Teil des größeren Geistes. Der *Geist* ist weit mehr, als wir von ihm erfahren. Er umfaßt *alles*, was wir erfahren, und vieles darüber hinaus.

Frischen wir die im ersten Kapitel entwickelte Terminologie noch einmal auf: Als *Universalen Geist* bezeichnen wir den *Geist* in den ersten Anfängen seines Wirkens, wo er über das Schöpferische Wort die ersten Muster zu weben beginnt. Das ist die Region des Kausalen. Unser individueller *menschlicher Geist* webt die Muster, die wir unser Schicksal nennen, aber auch all die anderen mentalen Erscheinungen unseres Lebens – Persönlichkeit, Denken, Fühlen, Gedächtnis, Intellekt und vieles mehr. Der *Formative Geist* steht für die Totalität aller Aspekte und Projektionsstufen des *Geistes*, er ist das große Ei des *Geistes.* Aber in jeder Form, als Menschengeist oder Universaler Geist, ist er formativ, denn das ist seine Natur.

Jetzt sehen wir auch, wie alles sich zusammenfügt, weil alle Dinge gleichermaßen Ausdruck dieses Universalen Formativen Geistes sind. Der *Geist* ist geschlossener und ganzheitlicher, als wir es uns je vorstellen könnten. Und die Wirklichkeit, die ihm zugrunde liegt, ist das Eine, das Bewußtsein. Dieser Grund des Einen ist das, wodurch alle Muster des Formativen Geistes miteinander verbunden sind. Und dieses durchgängige innere Bezogensein der Vielheit nennen wir Kausalität. Das ist das Karma Gesetz, natürliche Folge des Umstands, daß das Eine stets gegenwärtig ist in der Vielheit.

Was also ist Energie? Was wir als Energie wahrnehmen, beruht auf Unterschieden oder Mustern im Einen. Die Schöpfung *ist* Energie. Auch oberhalb des Universalen Geistes setzt sich die Schöpfung noch fort, nämlich in den spirituellen Regionen, die durch das allererste Ausströmen des Schöpferischen Wortes entstanden. Nur das undifferenzierte Eine ist jenseits der Schöpfung. Diese höchsten spirituellen Regionen sind die erste Manifestation der Schöpfung, der Verschiedenheit im Einen – die ersten Energiemuster.

Die Einfachheit dieser uranfänglichen Energieströme vervielfacht sich dadurch, daß der *Geist* in Aktion tritt; oder richtiger: der *Geist bildet* sich durch die Vervielfältigung der Ur-Energieströme, des ursprünglichen schöpferischen Dranges, des Ur-Unterschieds. Wenn viele Menschen heute das Energieparadigma als so grundlegend und allumfassend empfinden, so liegt das eben daran, daß die Energie, die wir erfahren, nichts anderes ist als die über das Eine gebreiteten Muster des Formativen Geistes. «Alles ist Energie», hören wir heute so oft sagen. Wir nehmen die Energie als das Eine in Aktion wahr, als das Eine, das, vom *Geist* geteilt, die Vielheit wurde.

In dieser stofflichen Welt und ganz pragmatisch gesehen, scheint das so zu sein, obwohl es, wie wir gesehen haben, auch jenseits des Formativen Geistes, in den rein spirituellen Regionen der Schöpfung, Ur-Energiemuster gibt. Aber der wahre Funke des Bewußtseins, des Lebens, ist die uranfängliche undifferenzierte Energie der Lebenskraft selbst.

In den Welten des *Geistes* nehmen wir die Energie als die Muster der Differenzierung wahr. Hier entsteht ein so feines und zartes Gewebe, daß wir meinen, der *Geist* sei der Schöpfer und die erste Ursache. Aus diesem Grund haben manche Mystiker irrtümlich angenommen, der Universale Geist sei das Höchste Wesen selbst.

Dann sprechen sie vom Göttlichen Geist und sagen, das Gesetz der Gerechtigkeit, des Karma oder der Kausalität sei das «göttliche» Ur-Gesetz. Daran erkennen wir gleich, von welcher Region und welchem «Herrn» hier die Rede ist. Das Gesetz des Höchsten nämlich ist das Gesetz der Liebe, des Verschmelzens und der Einheit. Der Gott der Gerechtigkeit ist der Universale Geist.

Hier liegt übrigens auch der Ursprung unserer Vorstellung vom «Widersacher». Satan nämlich ist der Universale Geist, die große Kraft, die in den drei Regionen des *Geistes* waltet. Somit ist der *Geist* selbst der «Teufel», der das Wirkliche erschlägt, obgleich er vom Höchsten erschaffen ist und Seinem Willen gemäß handelt. In diesen höheren Welten des *Geistes* ist der Teufel etwas höchst Faszinierendes und Betörendes – nichts von Feuer und Schwefel. Und vor allem handelt er nie gegen die Oberhoheit des Einen.

Das Bewußtsein in seiner reinsten Essenz ist eins und ungeteilt. Es ist undifferenzierte Ur-Kraft. Es ist auch Schöpfer und Träger aller Energiemuster, die doch nie von ihm getrennt sind – wie das Meer Träger seiner Wellen ist, die doch nie von ihm getrennt sind. Ganz in seinem Ursprung jedoch ist das Bewußtsein formlos und unerschaffen, ein Tropfen des Höchsten Seins.

Demnach ist die Energie sowohl der Schöpfer als auch die Schöpfung. In den Welten des *Geistes* ist die Energie das strukturbildende Prinzip dieser Urkraft. Aber die Macht, die in ihr wirkt und ihr Existenz verleiht, ist der Eine Ozean des Bewußtseins, der Schöpferische Lebensstrom. Oder ganz simpel ausgedrückt: Im Grunde geht da nur eine einzige Große Sache vor sich.

## Die Ganzheit des Energietanzes

Die Bildung zunehmend komplexer Muster von innen nach außen bietet uns ein atemberaubendes Schauspiel von Integration und Ganzheit, denn das Eine bleibt stets gegenwärtig in allem. Die weiter innen liegenden Muster oder Energien wandeln sich durch Projektion und Diversifikation zu den Mustern der äußeren Schichten, aber die Gesetze dieses ungeheuer vielschichtigen und facettenreichen Prozesses sind für den menschlichen Intellekt unerreichbar.

Von dieser Sicht der Ganzheit des *Geistes* ausgehend, können wir allmählich ahnen, wie unser Körper und dieses ganze stoffliche Universum aufgebaut sind. Doch sehen wir hier nur die äußeren Schalen dieser unglaublichen kosmischen Zwiebel. Wir sehen nur Wirkungen. Wir erfassen nun intuitiv, wie wichtig es ist, mit der Tatsache ins reine zu kommen, daß alle sensorische Erfahrung subjektiv, in unserem individuellen Geist und nicht mitteilbar ist – daß die «Außenwelt» in Wirklichkeit in unserer eigenen Geiststruktur existiert. Wenn wir erkennen, daß der Körper bei den Musterbildungsprozessen des Formativen Geistes lediglich die äußere Schale bildet, gewinnen wir einen Eindruck von den ganzheitlichen Projektionsprozessen, die ihn formten, und sehen, daß unser ganzes Sein eigentlich psychosomatisch ist – Geist und Körper sind gleichermaßen diesem einen Prozeß des *Geistes* zugehörig.

Wir erkennen das Körper-Emotion-Geist-Gefüge als Muster und Beziehungen der Energie, denn Muster und Beziehung sind das, was die Schöpfung ausmacht, die Natur der Form. Und wir sehen, was spirituelle Evolution bedeutet: Wir müssen unseren Wahrnehmungspunkt im Spektrum des *Geistes* immer weiter nach oben und innen verschieben. Dann wird auch klar, weshalb spiritueller Fortschritt Meditation erfordert, Beherrschung des Geistes. Und das höchste Ziel der Meditation ist es, sich der Schöpferischen Essenz in all den Ausdrucksformen des *Geistes* zu nähern, dem allem zugrunde liegenden Schöpferischen und Hörbaren Lebensstrom selbst.

Das Universum, heißt es, ist nicht mehr als ein Haar im Ozean, wenn wir es vor dem Hintergrund der tieferen Bereiche des *Geistes* sehen, und daraus wird auch deutlich, weshalb es so viele Schulen der Meditation gibt. «Meditation» bedeutet nämlich inzwischen soviel wie Kontakt aufnehmen zu den Teilen unseres Seins, die nicht grobstofflich sind – die äußeren Augen schließen und etwas im Innern tun, zum Beispiel die subtilen Muster oder Energien unserer physischen Hülle erkunden, die Prānas, Chakras und physischen Tattvas. Es mangelt nicht an inneren Dingen, die zu erkunden wären.

Wenn durch Meditation der eigene Geist allmählich subtiler wird, wird man mit der Zeit der subtilen Muster des Daseins deutlicher gewahr. Ganz von selbst stellen sich außersinnliche und telepathische Fähigkeiten ein, sogar heilerische Fähigkeiten und Wunderkräfte, wenn der Praktizierende intuitiv wahrzunehmen beginnt, wie die Muster zueinander in Beziehung stehen und zu einem Ganzen gefügt sind. Doch hier hat nun die noch nicht überwundene Ichverhaftung einen Ansatzpunkt, und es kommt vor, daß die Seele sich für lange Zeit von solchen Phänomenen einspinnen läßt, anstatt voranzuschreiten. Gewiß, die Seele hat höhere Etagen dieses vielgeschossigen Kaufhauses namens *Geist* erreicht, aber sie verstrickt sich hier in Spielereien und denkt nicht mehr an den zentralen Aufzugsschacht des Schöpferischen Wortes und an das Eine, das die Penthouse-Suite bewohnt.

Alles ist also ein einziger großer Schöpfungs-, Energie- und Mustertanz des Formativen Geistes. Zahllose Leben lang tanzen wir schon mit – mal als Ameise oder Pflanze, mal als Tier, mal als Mensch, manchmal vielleicht sogar vorübergehend als Bewohner des astralen oder sogar kausalen Bereichs. Immer jedoch müssen wir zur Melodie des *Geistes* tanzen und werden es weiterhin tun, die innere Bewußtseinsleiter mal auf-, mal absteigend, bis wir aus diesem großen Gefängnis der Schöpfung entlassen werden. Und das kann nur durch den Willen des Schöpfers selbst geschehen.

# Nachwort

Das Bild, das ich hier entworfen habe, ist nicht dazu da, irgendeine andere Theorie als völlig falsch hinzustellen. Es fügt nur eine weitere Dimension hinzu, nämlich den Gesichtspunkt der kontinuierlichen schöpferischen Energieprojektion durch *Geist* und Bewußtsein, und diese Dimension ermöglicht ein Verständnis vieler Dinge in Naturwissenschaft, Psychologie und Alltagserfahrung, die uns allen rätselhaft sind.

Es ist, als hätten wir unser Leben lang in einer zweidimensionalen Welt gelebt und gar nicht bemerkt, daß da tatsächlich eine dritte Raumdimension ist. Wenn diese Dimension uns schließlich gezeigt wird, erklärt sie so viele Phänomene auf so simple Weise, daß wir sie zunächst am liebsten vom Tisch fegen und zu unserer flachen, aber vertrauten Welt der Anomalien und Paradoxa zurückkehren würden.

Die hier gegebene Darstellung möchte ernstgenommen werden, denn keine andere ist derart weitreichend. Viele, viele Details sind noch einzufügen, aber im großen und ganzen, können wir sagen, erklärt sie uns:

- Den Ursprung von Leben und Bewußtsein.
- Den Ursprung aller Formen und Muster.

- Ursprung und Natur von Kausalität und Energie.
- Die Natur und innere Struktur des Menschen.
- Die Natur und innere Struktur aller anderen Lebewesen.
- Natur und Status der Naturwissenschaft – weshalb wir wiederkehrende Muster in der Natur beobachten und zu geometrischen, mathematischen und statistischen «Naturgesetzen» gelangen.
- Weshalb die «herkömmliche» moderne Physik eine Einheit sucht und noch nicht gefunden hat.
- Die Natur von Geist, Materie und Energie, die «Gesetze der Natur» und des Bewußtseins.
- Die Verbindungen zwischen Geist, Emotion, Körper, Psychotherapie und der Physiologie und Anatomie des Gehirns.
- Was es mit Neurosen, Psychosen, mentalen Störungen und verschiedenen anderen Geistes- und Bewußtseinszuständen auf sich hat.
- Die dynamische Energiestrukturierung des menschlichen Geistes und anderer Aspekte des größeren Geistes.
- In welcher Weise der Mensch sich von anderen Spezies unterscheidet und diese untereinander verschieden sind.
- Wie und wodurch der «Evolutions»prozeß (eigentlich ein Prozeß des Wandels) zustande gekommen ist.
- Welchen Hintergrund manche der «Anomalien» der Fossilienchronologie haben, etwa die «fehlenden Bindeglieder» oder die «unterbrochenen Äquilibrien».
- In welcher Beziehung äußere Ereignisse zum Inhalt unseres Geistes stehen.
- Wie es zu Koinzidenz und Synchronizität kommt.
- Wie es zu paranormalen Fähigkeiten und Phänomenen kommt.
- Die Natur der mystischen und religiösen Erfahrung.
- Weshalb die Religionen soviel Macht über den menschlichen Geist haben; weshalb sie im wesentlichen alle die gleiche spirituelle und moralische Basis haben; wie Religionen entstehen.

- Weshalb der Mensch schon den bloßen Gedanken einer verborgenen Einheit und tieferer Prozesse des Geistes ablehnt.
- Warum ganzheitliche Prinzipien so anziehend sind und welchen tieferen inneren Ursprung sie haben.
- Inwiefern das Universum so aufgebaut ist, daß man es als «symbolisches Universum» bezeichnen kann, und wie die erstaunlichen universalen Koinzidenzen, die zur Formulierung des «anthropischen Prinzips» geführt haben, entstanden sind.
- Inwiefern die in der «Gaia-Hypothese» beschriebene Erhaltung der Biosphäre durch das biologische Leben sowohl real als auch völlig nachvollziehbar und sogar vorhersagbar ist.
- Inwiefern zahlreiche Modelle und Theorien – Watsons Übernatur, Sheldrakes geschachtelte morphogenetische Felder, Jungs Archetypen und das kollektive Unbewußte, die Theorien des selbstorganisierenden Universums – nur äußere Aspekte einer vom Formativen Geist ins Werk gesetzten inneren und ganzheitlichen Schöpfung erfassen.

Diese und alle anderen Aspekte von Geist und Erfahrung finden ihre Erklärung innerhalb dieses Rahmens, der uns sagt, wie das Universum aufgebaut ist und welche relative Position jedes einzelne Ding hat. Und es ist kein Dogma, ja nicht einmal eine Philosophie im üblichen Sinn des Wortes, denn er verweist ja letztlich auf eine empirische Erfahrung. Nichts existiert außerhalb unserer subjektiven Erfahrung, und letztlich ist der gesamte Aufbau der Schöpfung und der Schöpfer selbst aufgrund einer Weitung des Bewußtseins durch direkte Erfahrung zu erkennen.

Wir wissen, daß wir existieren, und müssen es nicht erst beweisen; so können wir auch zum Wissen um die höhere Wahrheit des Daseins in der inneren mystischen Erfahrung gelangen und erkennen diese Erfahrung unmittelbar als real, ohne erst Belege für ihre Realität beibringen zu müssen. Dann *wissen* wir, und alles Mutmaßen hat ein Ende.

Im übrigen ist diese Auffassung von der Natur des Lebens nicht neu. Im Grunde entspricht sie der mystischen Philosophie, die wir in fast allen Kulturen antreffen, wenn sie auch häufig von menschlicher Verblendung überlagert ist. Ich verwende nur eine moderne Sprache und zeitgemäße Denkmuster, um die Position der modernen Naturwissenschaft gegenüber dieser uralten Philosophie aufzuzeigen. Daher mag das, was ich schreibe, neu klingen, aber es ist im Grunde so alt wie die Schöpfung selbst. Es ist die Naturgeschichte der Schöpfung und nicht irgendein Hirngespinst des verwirrten Menschengeistes. Und so kann ich wohl sagen, daß ich nur ein wenig modernes Material zusammengetragen habe zur Verifikation eines Gefühls, das viele Menschen heute haben: daß das Universum der «Körper» oder die Projektion Gottes ist, Manifestation Seiner Pläne und Absichten.

Die wirklichen Antworten sind nur in der inneren mystischen Erfahrung zu finden. Vor über zweitausend Jahren sagten griechische Mystiker, daß wir alles erkennen können, wenn wir – bestimmten Techniken folgend – nach innen schauen. Spätere griechische Sophisten haben diese Aussage mißverstanden und gemeint, man könne alles durch *Nachdenken* verstehen – ein Mißverständnis, das erhalten geblieben ist. Diese alten Mystiker meinten vielmehr, daß alles in uns ist und in der höchsten mystischen Erfahrung erkannt und verstanden werden kann. Das Denken und die echte mystische Erfahrung führen zu zwei ganz verschiedenen Arten des Wissens.

# Literaturverzeichnis

## Tiere und andere Spezies


Backster, Cleve: «Evidence of Primary Perception in Plant Life», in *International Journal of Parapsychology* 10, 1968.

Bonner, William N.: *Whales*, Blandford Press, 1980.

Boone, J. Allen: *Kinship with all Life*, Harper und Row, 1954.

Callahan, Philip: *Tuning in to Nature*, Devin-Adair, 1975.

Corbett, Jim: *Man-Eaters of Kumaon*, Penguin, 1944.

Downer, John: *Die Supersinne der Tiere*, Hamburg (Hoffmann und Campe) 1990.

Fenton, Melville B.: *Communication in the Chiroptera*, Indiana University Press, 1985.

Lawick-Goodall, Jane van: *Wilde Schimpansen*, Reinbek (Rowohlt) 1971.

Lorenz, Konrad: *Er redet mit dem Vieh, den Vögeln und den Fischen*, München (dtv 173) $^{34}$1989.

Norris, K. S.: «Some Problems of Echolocation in Cetaceans», in *The Biology of Marine Mammals*, hrsg. v. H. T. Anderson, Academic Press, 1969.

Savage-Rumbaugh, E. Sue: *Ape Language*, Columbia University Press, 1986.

Tompkins, Peter, und Christopher Bird: *Das geheime Leben der Pflanzen*, Frankfurt/M (Fischer Tb 1977) 1990.

Watson, Lyall: *Geheimes Wissen*, Frankfurt/M (S. Fischer) 1977.

# Mystik und mystische Erfahrung

Bütler, René: *Die Mystik der Welt*, Bern u. a. (O. W. Barth) 1991.
Gollancz, Victor: *A New Year of Grace*, Victor Gollancz, 1961.
James, Joseph: *The Way of Mysticism*, Jonathan Cape, 1950.
Jeffries, Richard: *The Story of My Heart*, Longman, Greene and Co., 1883.
Johnson, Raynor C.: *The Watcher on the Hills*, Hodder and Stoughton, 1959.
–: *The Imprisoned Splendour*, Hodder and Stoughton, 1953.
Maharaj Sawan Singh Ji: *The Master Answers*, Radha Soami Satsang Beas, 1966.
–: *Philosophy of the Master*, Radha Soami Satsang Beas, 1965.
–: *Spiritual Gems*, Radha Soami Satsang Beas, 1965.
Mingana, A.: *Early Christian Mystics*, W. Heffer and Sons, 1934.
Yogananda, Paramahansa: *Autobiographie eines Yogi*, Bern u. a. (O. W. Barth), 24. Auflage 1990.

# Organisation und Ordnung im Universum

Barrow, John D., und Frank J. Tipler: *The Anthropic Cosmological Principle*, Oxford University Press, 1979.
Greenstein, George: *The Symbiotic Universe*, William Morrow, 1988.
Jantsch, Erich: *Die Selbstorganisation des Universums*, München (dtv 4397) 1988.
Lawlor, Rober: *Sacred Geometry*, Thames and Hudson, 1982.
Lovelock, James E.: *Das Gaia-Prinzip*, München (Artemis) 1991.
–: *Die Erde ist ein Lebewesen*, Bern u. a. (Scherz) 1992.
–: *Unsere Erde wird überleben*, München (Heyne Tb 7246) 1984.
Progogine, Ilya, und Isabelle Stengers: *Dialog mit der Natur*, München (Piper) 1990.
Sheldrake, Rupert: *Das schöpferische Universum*, München (Goldmann Tb 14014) 1985.
–: *Das Gedächtnis der Natur*, Bern u. a. (Scherz) 1990.
–: *Die Wiedergeburt der Natur*, Bern u. a. (Scherz) 1991.

# Sonstiges

Beston, Henry: *The Outermost House*, Selwyn and Blount, 1928.
Murphy, Michael, und Rhea White: *PSI im Sport*, München (Hugendubel) 1983.
van der Post, Laurens: *Walking with a White Bushman*, Chatto and Windus, 1986.

# Glossar

**Ākāsha:** Wörtlich: das «Alldurchdringende». Das feinste der fünf «Elemente» oder Tattvas.

**Anda:** Wörtlich «Ei». Der astrale Bereich zwischen der kausalen Region (oberhalb) und Pinda, dem stofflichen Universum (unterhalb). Im astralen Bereich liegen die Himmel, von denen in den meisten Religionen die Rede ist.

**Astrale Region:** → Anda.

**Augen-Zentrum:** Das sechste Chakra des → Pinda-Bereichs; es liegt zwischen und hinter den beiden körperlichen Augen, hat aber keine bestimmte anatomische Lokalisation. Manchmal auch «Drittes Auge» genannt. Durch Sammlung auf diesen Punkt unter Anleitung durch einen fähigen Guru kann der Schüler Aufmerksamkeit und Bewußtsein vom physischen Körper abziehen und in die inneren Regionen der Schöpfung gelangen. Er stirbt, während er noch in diesem Körper lebt.

**Aum:** Das Schöpferische Wort der Region des Universalen Geistes. Andere Schreibweise: Om. Siehe auch Lebenskraft.

**Brahmā:** «Herr» oder «Herrscher» der Region des Universalen Geistes.

**Brahmānda:** Wörtlich «Ei des Brahmā». Bezieht sich entweder auf die kausale Region des Universalen Geistes oder auf → Anda und Brahmānda zusammen.

**Chakra:** Zentrum der prānischen Energie und Organisation im grobstofflichen Körper. Es gibt fünf solche Zentren, jedes mit einem der fünf → Tattvas verbunden, und als sechstes ein «Kontrollzentrum», das → Augen-Zentrum. Im Westen ist mitunter von einem siebten, dem «Scheitel»-Chakra die Rede, doch das ist eigentlich irreführend, denn es gehört zum → Sahasrāra, das keineswegs ein Teil von → Pinda ist. Beim Tod werden die → Prānas zurückgezogen, und die Chakras lösen sich auf. Sahasrāra jedoch wird vom körperlichen Tod nicht berührt.

**Chaurasi:** Das Rad der 8 400 000 Spezies oder körperlichen Gestaltungen, in denen eine Seele sich in der stofflichen Welt verkörpern kann.

**Daswan Dwar:** Wörtlich «zehnte Pforte». Die erste Region des reinen, nichtmentalen Geistes, unmittelbar über dem Universalen Geist. Hier erkennt sich die Seele erstmals als reine Seele. Diese hohe mystische Erfahrung ist die wahre Selbstverwirklichung. Der Name rührt daher, daß die Region des Universalen Geistes der Tradition zufolge neun «Durchgänge» oder «Ströme» oder «Pforten» nach unten zum Bereich der niederen Schöpfung hat und nur eine, die nach oben führt – die zehnte Pforte.

**DNS:** Desoxyribonukleinsäure. Hauptbestandteil der Chromosomen aller lebendigen Organismen (mit Ausnahme einiger Viren); spielt eine wichtige Rolle bei der Eiweißsynthese und für die Weitergabe erblicher Merkmale.

**Dualität:** Das stoffliche Universum wird als die Welt der Dualität – der Paare und Gegensätze – bezeichnet: heiß und kalt, wahr und unwahr, positiv und negativ, aktiv und träge und so weiter. Solche Teilungen entstehen in Keimform im Universalen Geist und finden ihre extremste Ausprägung auf der stofflichen Ebene.

**Ei des Brahmā** → Brahmānda.

**Endokrine Drüsen:** Drüsen, die → Hormone produzieren.

**Feng Shui:** Wörtlich «Wind und Wasser». Die chinesische Kunst, die Umgebung (im Haus und außerhalb) so zu arrangieren, daß sie dem Strom der feinstofflichen Energie (Ch'i) am besten entspricht. Damit soll eine gesunde, günstige und harmonische Atmosphäre geschaffen werden.

**Gunas:** Die drei grundlegenden Seins- oder Funktionsweisen in allen Welten des Geistes. Sie entspringen der Region des Universalen Geistes und durchziehen dann die gesamte Schöpfung, zum Beispiel als: Erschaffung, Bewahrung, Zerstörung; Zukunft, Gegenwart, Vergangenheit; Geburt, Leben, Tod; Expansion, Gleichgewicht, Kontraktion; Aktivität, Harmonie, Trägheit; positiv, null, negativ.

**Guru:** Wörtlich «Einer, der Licht gibt». Ein spiritueller Lehrer; ein mystischer Lehrer; einer, der die praktischen Techniken der spirituellen und mystischen Entwicklung lehrt; ein Meister. Ein vollendeter Guru (Satguru) oder Vollkommener Meister kommt direkt aus dem Ozean des Seins, um bestimmte Seelen aus dem Kreislauf von Geburt und Tod zu erlösen. Er ist eins mit dem Schöpferischen Wort – er ist «das fleischgewordene Wort». Überhaupt ist das Wort, nicht die Person, der eigentliche Meister. Zu jeder Zeit ist mindestens ein Vollkommener Meister inkarniert. Siehe auch Karma.

**Hormone:** Biochemische Substanzen, die von bestimmten Organen (z. B. den endokrinen Drüsen) oder Geweben eines Organismus produziert werden. Sie üben spezifische Wirkungen auf die verschiedenen Gewebe dieses Organismus aus.

**Indriyas:** Die sensorischen und motorischen Organe, von denen es jeweils fünf gibt. Jede sensorische und motorische Funktion besitzt zwei Aspekte: das physische Organ und seine mentale Entsprechung. Im vorliegenden Buch (wie auch in manchen yogischen Texten) sind mit den Indriyas nur die mentalen Entsprechungen gemeint.

**Kali:** Die Negative Kraft; Satan; der Herr oder Herrscher des Universalen Geistes; Brahmā.

**Karma:** Das Gesetz des großen Geistes, nach dem die Seelen, wenn der Körper gestorben ist, unter dem Einfluß ihres individuellen Geistes erneut in stofflicher Form geboren werden. Es ist ein selbsttätiges und natürliches Gesetz von Ursache und Wirkung, das nicht Gnade und Vergebung, sondern strikte Gerechtigkeit walten läßt. Das Karma wird im größeren Geist in Form von Eindrücken verzeichnet – die Samenformen aller Taten dieser Seele und aller Gedanken und Wünsche, die sie je gehegt hat. Es gibt drei Arten von Karma:

1. Schicksalskarma – die Ereignisse des Lebens, die zum Zeitpunkt der Geburt schon festliegen und unausweichlich sind. Sie sind die guten und schlechten Wirkungen der Taten, Gedanken und Wünsche früherer Leben. Das Schicksal ist in das komplexe energetische Gewebe unseres Geistes hineingewirkt.

2. Neues Karma – neue Handlungen oder Wünsche dieses gegenwärtigen Lebens, die als mentale Eindrücke die Samen für das Schicksal künftiger Leben werden.

3. Speicherkarma – Es kommt vor, daß wir in einem Leben mehr neues Karma ansammeln, als in einem einzigen künftigen Leben abgegolten werden kann. Jeder Überschuß dieser Art wird gespeichert. Das kann im Laufe der Zeit eine große Bürde für die Seele werden, die sie an das Rad von Geburt und Tod fesselt. In dieser Lage bleibt sie dann schier endlos, bis sie das Glück hat, einem Meister zu begegnen, der aus den Regionen jenseits des Karma kommt und die Kraft hat, die Rückzahlung dieser ungeheuren Schuldenlast zu übernehmen, um so die Seele zu befreien.

Karma bedeutet auch «Sünde», und vom mystischen Standpunkt aus bedeutet «Vergebung der Sünden» eigentlich Hilfe und Anleitung beim Abtragen dieses Berges von Speicherkarma durch einen lebenden Meister, der dazu befähigt ist und den Göttlichen Auftrag hat. Solch ein Meister stellt die innere Verbindung zwischen der Seele und dem Schöpferischen Wort oder Logos – dem eigentlichen Meister – wieder her. Die Versunkenheit von Geist und Seele in den Klang und das Licht des Schöpferischen Wortes reinigt die Seele von allem alten Karma, hebt sie schließlich aus der Sphäre von *Geist* und Māyā heraus und zieht sie zurück zu Gott. Siehe auch Guru.

**Kausale Region** → Brahmānda.

**Lebenskraft:** Dieser Begriff wird von den verschiedenen Autoren unterschiedlich verwendet. Im vorliegenden Buch bezeichnet er die schöpferische Kraft Gottes, Seine Ur-Emanation, von der alle weiteren Emanationen abgeleitet sind. Die Lebenskraft ist die Ur-Schwingung, die allen anderen Schwingungen und Bewegungen zugrunde liegt. Nichts, auf welcher Ebene der Schöpfung auch immer, existiert ohne diese unaufhörliche Bewegtheit. Und wie unsere Sinne gewisse physikalische Schwingungen wahrnehmen können, so haben unser Geist und unsere Seele das

Vermögen, diese Ur-Schwingung innen, als mystische Erfahrung, zu hören. Auch das innere Licht stammt von diesem Ur-Laut, den wir auch bezeichnet finden als: Logos, Wort, Schöpferisches Wort, Klangstrom, Hörbarer Lebensstrom oder einfach Lebensstrom. Diesem Leben spendenden Strom, der in der Region des Universalen Geistes zu hören ist, ordnen die Vedas den Laut AUM oder OM zu.

**Logos** → Lebenskraft.

**Māyā:** Wörtlich «Illusion». Entspringt in der Region des Universalen Geistes als Gewebe von Mustern und Rhythmen, das über den nichtmentalen reinen Geist gebreitet ist. Illusion wird die Māyā genannt, weil der menschliche Geist diese Muster und Rhythmen für wirklich hält und den Einen Schöpfer in allen Dingen aus dem Auge verliert. Sowohl die sensorischen Welten des stofflichen Universums als auch die höheren mentalen Regionen sind letztlich Illusion – Māyā.

**Mittelhirn:** Die zentralen Regionen des Gehirns.

**Pheromone:** Von vielen Lebewesen abgesonderte Substanzen, die als Botenstoffe dienen, vorwiegend für die Kommunikation innerhalb einer Art.

**Pinda:** Das stoffliche Universum mit seinen grobstofflichen und feinstofflichen Aspekten; auch der physische Körper, der Mikrokosmos, der in Wechselwirkung mit dem stofflichen Universum steht und dieses manifestiert.

**Prāna:** Die → Lebenskraft, gleichsam heruntertransformiert zu der Energie, die dem physischen Körper Leben gibt. Subtile Schwingung oder Energie des Lebens, die das erstaunliche Mosaik biochemischer und körperlicher Prozesse ordnet und integriert.

**Purānas:** Wörtlich «die Alten». Werke einer nicht in den → Vedas enthaltenen Klasse von Sanskrit-Schriften, deren Kompilation dem Rishi (Yogi oder Weisen) Vyāsa zugeschrieben wird.

**Radar:** Eine Einrichtung zum Erfassen von Positionen und Geschwindigkeit von Objekten. Ein feiner Strahl elektromagnetischer Pulse wird ausgesendet und von den Objekten in der Umgebung reflektiert; die Reflexion kann sichtbar gemacht werden und gibt Aufschluß über die Objekte. Die Instrumente des Menschen funktionieren mit elektromagnetischen Pulsen, aber im Tierreich finden wir auch Schallpulse. Daher der Ausdruck «Akustisches Radar», auch Sonar oder Echolokation genannt.

**Sach Khand:** Wörtlich «wahre Heimat». Die ewige Region der Seele, nicht der Auflösung unterworfen; das «himmlische Königreich».

**Sahans dal Kanwal** → Sahasrāra.

**Sahasrāra:** Die zentrale Energiequelle der astralen Region (→ Anda), die alle tieferen Regionen der Schöpfung versorgt. Auch → Tausendblättriger Lotos und Sahans dal Kanwal genannt.

**Sanskrit:** Antike Sprache Indiens; die Sprache der Vedas und der umfangreichen wissenschaftlichen und philosophischen Literatur seit dem ersten vorchristlichen Jahrtausend. Älteste bezeugte Sprache des indischen Zweigs der indo-europäischen Sprachfamilie, die im achtzehnten Jahrhundert aufgrund von Vergleichen des Griechischen und Lateinischen mit dem Sanskrit als solche erkannt wurde.

**Sat:** Wörtlich «Wahrheit», insbesondere Göttliche Wahrheit, das, was bleibt und sich nicht wandelt oder auflöst.

**Schöpferisches Wort** → Lebenskraft.

**Steroide:** Eine große Gruppe fettlöslicher biochemischer Substanzen mit einer charakteristischen chemischen Ringstruktur. Die meisten, zum Beipsiel D-Vitamine und viele Hormone, haben wichtige physiologische Wirkungen.

**Tattvas:** Energie-Essenzen; Ur-Elemente. Sie manifestieren sich zuerst in der Region des Universalen Geistes als ultrasubtile mentale Essenzen, Baupläne oder Energien und erscheinen als Widerspiegelungen auf der physischen Ebene, wo sie an allen groben und subtilen Aspekten des physischen Lebens beteiligt sind.

**Tausendblättriger Lotos:** So genannt, weil er aus 1000 Energieströmen besteht, gespeist durch Energieströme, die ihm von oben zufließen. Auch → Sahasrāra genannt.

**Vedas:** Wörtlich «göttliches Wissen». Die vier großen heiligen Schriften der Hindus, in alter Zeit von den großen Weisen und Mystikern verfaßt.

**Upanishads:** Wörtlich «sich nahe bei jemandem niedersetzen», und das heißt «durch die Offenbarung des Wissens vom Höchsten Geist das verblendete Denken zur Ruhe bringen». Gemeint ist daher mystische Lehre oder Unterweisung. Die Upanishads stellen eine 108 Werke umfassende Klasse von Hindu-Schriften dar, deren Ziel es ist, den geheimen oder mystischen Sinn der Vedas auszudeuten.

**Waltiere** *(cetacea):* Eine Ordnung von Meeressäugetieren, die durch ein Atemloch atmen und keine Hintergliedmaßen besitzen. Zum Beispiel Wale und Delphine.

**Yin und Yang:** Die Dualität des stofflichen Universums. In der chinesischen Philosophie bezieht Yin sich auf den empfänglichen, negativen, weiblichen Pol und Yang auf den aktiven, positiven, männlichen Pol. Siehe auch Dualität.

**Yugas:** Wörtlich «Zeitalter». Wie die Hindu-Weisen sagen, durchläuft das Universum in seinen Zyklen sowohl Zeitalter von großer Spiritualität (Sat-Yugas) als auch solche von großer spiritueller Armut (Kali-Yugas). Ein vollständiger Zyklus dauert 4,32 Millionen Jahre. Wie der Frühling den Winter ablöst, so folgt auf ein Kali-Yuga ein Sat-Yuga. Gegenwärtig befinden wir uns in einem Kali-Yuga.

# Register